尹 莉 张 奇 编 著

航海力学

上海交通大学出版社
SHANGHAI JIAO TONG UNIVERSITY PRESS

内容提要

全书分 12 章,包括静力学、材料力学、流体力学基础三大部分。静力学部分包括平面简单力系和一般力系的简化分析;空间简单力系和一般力系的简化分析;静定问题的平衡条件;重心与简单图形形心位置的确定方法等主要内容。材料力学部分包括应力、应变等基本概念;材料的基础力学性能试验;杆件轴向拉伸与压缩、剪切与挤压、扭转、弯曲等截面上的内力、应力的计算,强度及相应变形的计算分析。流体力学部分包括流体静力学和流体动力学基本概念、基本方程,以及在工程中的一些应用。

本书适用于高等学校工科本科航海技术专业的课程教学,也可作为高职高专与成人高校相关专业师生的选用教材,还可供有关工程技术专业人员参考。

图书在版编目(CIP)数据

航海力学 / 尹莉,张奇编著. —上海:上海交通
大学出版社,2015(2021重印)
ISBN 978-7-313-13751-7

Ⅰ.①航… Ⅱ.①尹… ②张… Ⅲ.①船舶流体力学
Ⅳ.①U661.1

中国版本图书馆 CIP 数据核字(2015)第 215789 号

航海力学

编 著:尹 莉 张 奇	
出版发行:上海交通大学出版社	地 址:上海市番禺路 951 号
邮政编码:200030	电 话:021-64071208
印 制:苏州市越洋印刷有限公司	经 销:全国新华书店
开 本:787 mm×1092 mm 1/16	印 张:15
字 数:331 千字	
版 次:2015 年 9 月第 1 版	印 次:2021 年 8 月第 4 次印刷
书 号:ISBN 978-7-313-13751-7	
定 价:45.00 元	

前　言

　　航海力学是高等工科院校航海技术相关专业重要的基础课程。通过学习本课程，使学生掌握静力学、材料力学、流体力学的基本知识，能使用这些知识解决一些实际问题，并为后续专业课程（"船舶原理"，"船舶设备与结构"，"船舶操纵"等）打下必要的理论基础。

　　本书是专门为航海技术相关专业本科生编写的教材。作者根据航海力学课程教学大纲的基本要求并结合多年教学经验编写而成。教材特点是：① 基本概念讲解简练，内容层层递进，注重培养学生对基础知识的掌握；② 各章节选取具有代表性的例题，概念阐释后面的例题，有助于对概念、理论知识的理解及计算方法的掌握。

　　本书由上海海事大学尹莉副教授担任主编，张奇老师参编。其中第1章到第6章由张奇编写，第7章到第12章由尹莉编写，全书由尹莉统稿。本教材承上海海事大学郑苏教授认真审阅，提出了许多宝贵意见，在此深表感谢。

　　由于编者水平有限，书中存在的不足之处，恳请读者批评指正。

目　录

第一篇　刚体静力学

第 3 章　空间力系 47

第二篇　材 料 力 学

第 4 章　材料力学概述 61

第一篇

HANG HAI LI XUE　　HANG HAI LI XUE

刚 体 静 力 学

在工程中,把物体相对于地面静止或作匀速直线运动的状态称为平衡。如桥梁,码头,沿直线匀速行进的汽车。根据牛顿第一定律,物体如不受到力的作用则必然保持平衡。但客观世界中任何物体都不可避免地受到力的作用,通常一个物体总是受到多个力的作用,作用于物体上的一群力称为力系。物体上作用的力只要满足一定的条件,即可使物体保持平衡,静力学就是研究物体受力平衡的一般规律的科学。

刚体静力学理论是从生产实践中总结出来的,是对工程结构构件进行受力分析和计算的基础,在工程技术中有着广泛的应用。静力学主要研究以下3个问题:

(1) 物体的受力分析。分析物体受几个力作用,以及每个力的作用点、大小和方向。

(2) 力系的等效替换与简化。若作用于物体上的某一力系可以用另一个力系来代替,而不改变它对物体的作用效应(运动效应),那么这两个力系是互为等效的。如果一个力与一个力系等效,那么这个力称为该力系的合力,原力系的各力称为合力的分力。将一个复杂的力系用一个简单的等效力系代替的过程称为力系的简化。这样,一个复杂力系是否为平衡力系,就可根据其等效的简单力系是否为平衡力系来判断。

(3) 力系的平衡条件及其应用。研究物体在各种力系作用下的平衡条件,根据这些条件可求出处于平衡状态物体上的某些未知作用力。

第1章　静力学基本概念及物体受力分析

1.1　静力学的基本概念、基本公理

1.1.1　力的概念

力是物体间相互的机械作用,这种作用对物体有两方面的作用效果:一方面使物体的机械运动状态发生变化;另一方面使物体的形状发生变化。力使物体的运动状态发生变化的效应,称为力的运动效应(外效应),而平衡状态是其特殊情形。力使物体形状发生变化的效应称为变形效应(内效应)。静力学只研究力的运动效应,力的变形效应将在材料力学中讨论。

实践表明,力对物体的作用效应取决于3个要素:即力的大小、力的方向和力的作用点。因此,力是矢量,可用有向线段表示力的大小,箭头指向表明其作用方向。在图1-1中力的名称用斜体表示(黑体字表示矢量,如 F)。本书采用国际单位制,力的单位是牛顿(N)或千牛顿(kN)。

一般而言,力作用在具有一定尺寸的面上,当不考虑力的作用面大小时,可以认为力是作用在一点上,即为集中力。需要考虑力的作用面大小时,力的作用形式是分布力(面分布力或线分布力)。

实际上,两个物体接触处多数情况下不是一个点,而是具有一定尺寸的面积。因此无论是施力体还是受力体,其接触处所受的力都是作用在接触面积上的分布力。例如,桥面上静止的汽车通过轮胎作用在水平桥面上的力,当轮胎与桥面接触面积较小时,即可视为集中力 F_1、F_2,如图1-1所示。由于路面以及桥梁自身具有重量,在平面问题中,这部分力当作

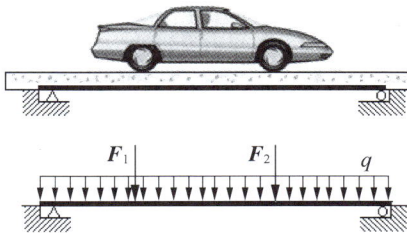

图1-1　集中力与分布力

单位长度所受力(线分布力)加载在桥梁上。线分布力的大小用符号 q 表示。q 称为荷载集度,单位为 N/m。

1.1.2　物体的简化模型——刚体

所谓刚体,是指在力的作用下不变形的物体,即在力的作用下其内部任意两点的距离保

持不变的物体。事实上,在受力状态下不变形的物体是不存在的。当物体的变形很小,在所研究的问题中变形忽略不计,并不会对问题的性质带来本质的影响时,就可将该物体近似看作刚体。刚体是在一定条件下研究物体受力和运动规律时的科学抽象,这种抽象不仅使问题大大简化,也能得出足够精确的结果,它是一种理想化的力学模型。因此,静力学又称为刚体静力学。同样,在静力学部分中,如果没有特别的说明,我们所说的物体均指刚体。

1.1.3　静力学公理

静力学公理是人类在长期的实践和经验中对力学现象进行概括和总结得出的结论,静力学公理概括了力的一些基本性质,是建立静力学全部理论的基础。

公理1　力的平行四边形公理

作用在物体上同一点的两个力,可以合成为一个合力。合力的作用点仍在该点,合力的大小和方向,由以这两个力为邻边构成的平行四边形的对角线确定。如图 1-2(a)所示,设力 $\boldsymbol{F}_1$ 和 $\boldsymbol{F}_2$ 作用于物体的 A 点,以 $\boldsymbol{F}_R$ 表示其合力,则有

$$\boldsymbol{F}_R = \boldsymbol{F}_1 + \boldsymbol{F}_2 \tag{1-1}$$

即合力矢 $\boldsymbol{F}_R$ 是两个分力矢 $\boldsymbol{F}_1$ 和 $\boldsymbol{F}_2$ 的矢量和。

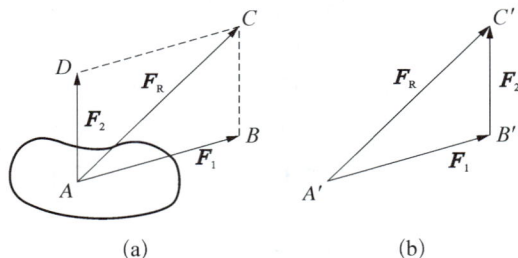

图 1-2　力的平行四边形法则和三角形法则

亦可依次将 $\boldsymbol{F}_1$ 和 $\boldsymbol{F}_2$ 首尾相接画出,得到一个折线 $A'B'C'$,最后从第一个力的起点 A' 开始向第二个力的终点 C' 画出矢量线,形成折线的封闭边 $A'C'$,即为此二力的合力矢 $\boldsymbol{F}_R$,如图 1-2(b)所示,称为力的三角形法则。

公理2　二力平衡公理

作用于刚体上的两个力,使刚体处于平衡状态的充分与必要条件是:此两力大小相等、方向相反、作用线沿同一直线。这是一个最简单的平衡力系(不受力除外)。

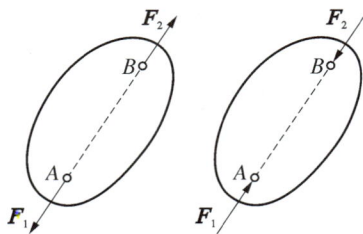

图 1-3　二力平衡公理

这个原理揭示了作用于物体上最简单的力系在平衡时所必须满足的条件,它是静力学中最基本的平衡条件。对于刚体来说,这个条件既是必要的又是充分的,如图 1-3所示。但对于非刚体,这个条件是必要的但是不充分的。例如,软绳受两个等值、反向、共线的拉力作用可以平衡,而受两个等值、反向、共线的压力作用就不能

平衡。

　　工程上将只受两个力作用而处于平衡状态的物体统称为**二力构件**(或二力杆)。该构件的受力特点是：两个力大小相等、方向相反，作用线是沿两个力作用点的连线，如图 1-4 所示。

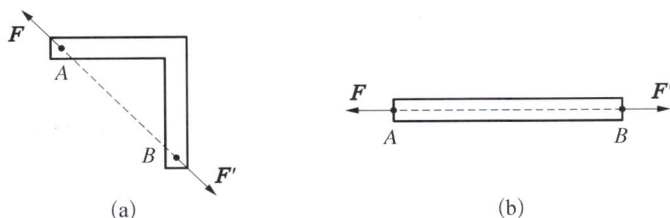

图 1-4　二力构件

公理 3　加减平衡力系公理

　　在已知力系上加上或减去任意的平衡力系，并不改变原力系对刚体的作用效果。这是因为平衡力系对刚体作用的总效应等于零，它不会改变刚体的平衡或运动的状态。这一公理是研究力系等效替换与简化的重要依据。根据上述公理可以导出如下两个重要推论：

推论 1　力的可传性原理

　　作用在刚体上某点的力，可以沿着该力的作用线移动到此刚体上任意一点，而不改变力对刚体的作用效果，如图 1-5 所示。用相同的力在 A 点推车与在 B 点拉车对车的作用效果是相同的。

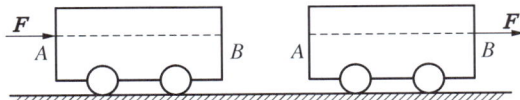

图 1-5　力的可传性应用

　　证明：如图 1-6 所示，设力 F 作用于刚体上 A 点。在刚体力 F 作用线上任选一点 B，在 B 点加一对平衡力 F_1 和 F_2，并使 $F_1 = -F_2 = F$。因为 (F_1, F_2) 是平衡力系，由公理 3 知，力系 (F, F_1, F_2) 与图 a 的力 F 等效。如图 1-6(b) 中 F 与 F_1 二力等值，反向，共线，构成一平衡力系，减去该平衡力系，得到图 1-6(c)，由公理 3 知，图 c 中的 F_2 与力系 (F, F_1, F_2) 等效。从而得到 1-6(a) 与图 1-6(c) 是等效的。这相当于将力 F 沿其作用线从 A 点移至 B 点，而不改变原力对刚体的效应。

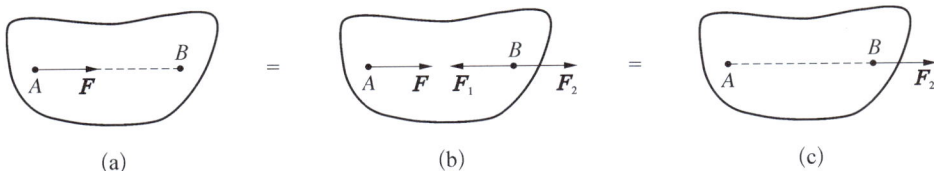

图 1-6　力的可传性原理

　　公理 3 及推论 1 只适用于刚体而不适用于变形体。例如，在图 1-7(a) 中弹簧受平衡力 F_1 与 F_2 作用，产生拉伸变形。如果将此二力沿作用线移动到图 1-7(b) 所示的位置，弹簧产生压缩变形。如果减去平衡力系 $(F_1、F_2)$，则弹簧的变形将消失。

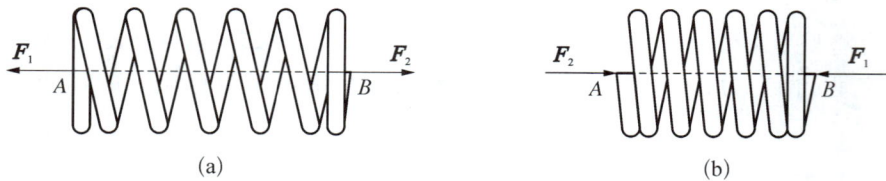

图 1-7　变形体受两力作用

推论 2　三力平衡汇交定理

若刚体受 3 个力作用而平衡,且其中两个力的作用线相交于一点,则此 3 个力必共面且汇交于同一点。

证明:刚体受三力 F_1、F_2、F_3 作用而平衡,如图 1-8(a)所示。根据力的可传性,将力 F_1 和 F_2 沿力线移到汇交点 O,并合成为一个力 F_{R12},如图 1-8(b)所示。根据二力平衡条件,F_3 与 F_{R12} 必等值、反向、共线,所以 F_3 必通过 O 点,且与 F_1、F_2 共面,定理即已证明。

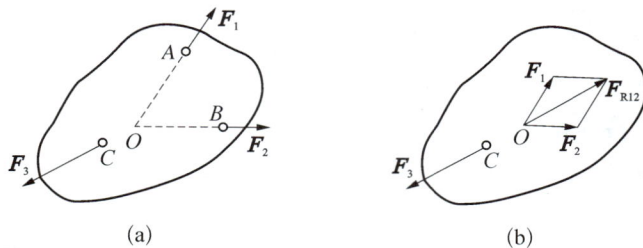

图 1-8　三力平衡汇交定理

公理 4　作用与反作用定律

两物体间相互作用的力,总是大小相等、作用线相同而指向相反,分别作用在这两个物体上。若用 F 表示作用力,则用 F' 表示反作用力。

这个定律概括了自然界中物体间相互作用力的关系,表明一切力总是成对出现的,有作用力就必有反作用力,它们彼此互为依存条件,同时存在,又同时消失。不论对刚体还是变形本,不论对静止的物体还是运动的物体,作用与反作用定律都是适用的。

1.2　约束及约束力

物体的受力分两类:主动力和约束力。主动力是能够引起物体运动或使其有运动趋势的力,如重力、风力、土压力和水压力等。主动力往往是给定的或已知的。在一般情况下,由于有主动力的作用,才引起约束力。

1.2.1　约束与约束反力

物体按照运动所受限制条件的不同可以分为两类:自由体与非自由体。自由体是指可以在空间任意方向有位移的物体,即运动不受任何限制。如空中飞行的炮弹、飞机、人造卫星等。非自由体是指在某些方向的位移受到一定限制而不能随意运动的物体,例如在钢轨上行驶的列车,置于地板上的课桌。对非自由体的位移起限制作用的周围物体称为约束,如铁轨是列车的约束,地板是课桌的约束。

由于有约束存在,使得物体在某方向的位移受到阻碍,因此约束与被约束物体之间有相互作用力,该作用力称为约束力。约束力的作用点在约束与被约束物体的接触处。约束力的方向,总是与该约束所能阻止的运动方向相反。约束力的大小通常是未知的,可以根据下一章的平衡方程计算得到。

静力学求解的主要任务就是对研究对象进行受力分析,再根据力系的平衡条件,利用已知主动力确定约束力。

然而约束力与约束形式有很大的关系。下面介绍几种工程中常见的简单约束及其约束力。

1.2.2　常见约束类型及其约束力

1) 柔索约束

由绳索、链条、皮带等所构成的约束统称为柔索约束,由于柔索本身只承受拉力,所以它给物体的约束力也只可能是拉力。因此,柔索对物体的约束力作用在接触点上,方向沿柔索且背离物体,限制物体沿柔索伸长方向运动。如图 1-9(c)所示,以灯为研究对象,因为灯沿绳索向下的位移受到限制,所以灯受到绳索的约束力 $\boldsymbol{F}_T$ 的方向与位移限制的方向相反,即沿绳索向上。

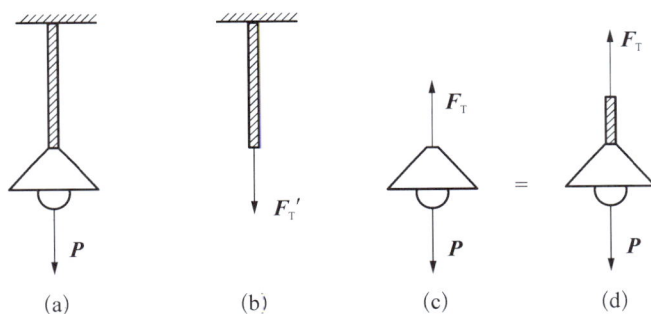

图 1-9　柔索约束

由于绳索只受拉力,如图 1-9(d)所示,将柔索截开并与灯作为一个整体考虑,绳索部分也只受拉力,此时研究对象受力仍与图 1-9(c)等效。

如图 1-10 所示,分析皮带轮所受的约束力,可将与轮接触的部分柔索和轮子一起作为研究对象。此时作用于柔索的拉力沿绳索方向背离物体,即为轮所受皮带的约束力。

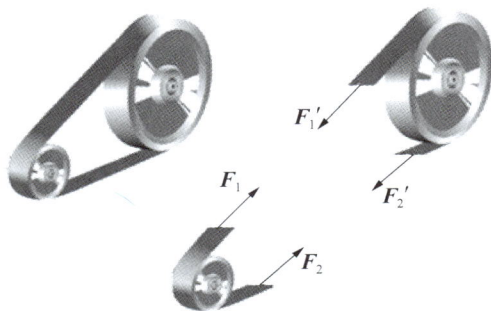

图 1-10　柔索的受力

2）光滑接触面约束

当两物体接触面上的摩擦力比其他作用力小很多时，摩擦力就成了次要因素，可以忽略不计，这样的接触面被认为是光滑的。此时，不论接触面是平面还是曲面，都不能限制物体沿接触面切线方向的运动，而只能限制物体沿接触面公法线方向的运动，故约束力必过接触点沿接触面法向并指向被约束物体，通常用符号 F_N 表示此类约束力。

如图 1-11 所示，圆盘在 A，B 处均为光滑接触面约束，约束力 F_{NA}、F_{NB} 力线分别过接触点 A，B，沿接触处的公法线指向受力物体。

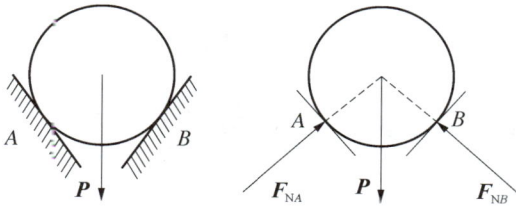

图 1-11   光滑接触约束力

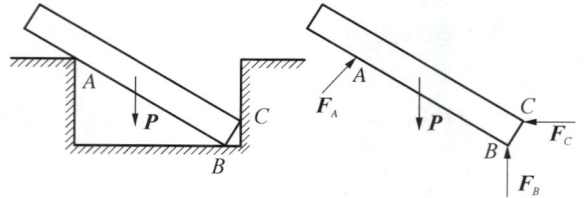

图 1-12   光滑尖点接触约束力

当物体平面与另一物体尖点接触形成相互约束时（见图 1-12），可把尖点视为极小的圆弧。按照光滑面约束特点，物体在尖点处所受约束力的方向沿接触面的公法线，即垂直于平面并指向受力物体。因此约束力 F_A、F_B 和 F_C 的方向如图 1-12 所示。

3）光滑铰链约束

光滑铰链约束，在工程应用和生产实践中很常见，总结起来一般有以下几种类型。

（1）光滑圆柱铰链。圆柱铰链是由两个钻有圆孔的构件采用圆柱定位销所形成的连接，如图 1-13（a）所示。固定门窗的活页就是一种圆柱铰链。

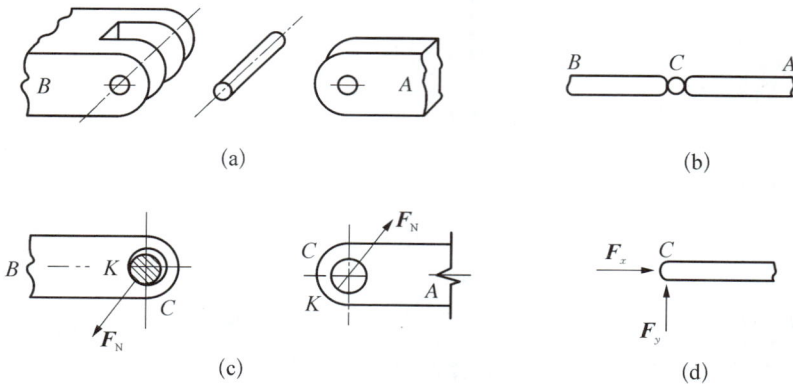

(a)

(b)

(c)

(d)

图 1-13   光滑圆柱铰链

（a）结构图   （b）结构简图   （c）约束力   （d）正交约束分力

如果销钉和圆孔是光滑的，那么销钉只限制两构件在垂直于销钉轴线的平面内相对移动，而不限制两构件绕销钉轴线的相对转动。这样的约束称为光滑圆柱铰链，图 1-13（b）是它的简图。如图 1-13（c）所示，销钉与构件之间实质为光滑圆柱面接触。因此销钉给构件 A 的约束力 F_N 过接触点 K，沿公法线方向通过圆孔中心，指向 A 构件。

由于接触点 K 的位置与构件所受外力相关,一般不能预先确定,所以约束力 $\boldsymbol{F}_N$ 的方向也不能确定。为了计算分析方便,一般用垂直于销钉轴线平面内的两个正交分力 $\boldsymbol{F}_x$ 和 $\boldsymbol{F}_y$ 来表示。如图 1-13(d)所示,这两个分力的指向是假设的,它们确切的方向和大小将由杆件所受实际外力以及平衡方程确定。

(2) 固定铰支座。这类约束可认为是光滑圆柱铰链约束的演变形式,两个构件中有一个固定在地面、墙、柱和机身等支承物上时,便构成固定铰链支座约束,简称固定铰支座,如图 1-14(a)所示。图 1-14(b)是其结构简图。这种约束的约束力与光滑圆柱铰链约束相同,用大小未知的两个垂直分力表示,如图 1-14(c)所示。

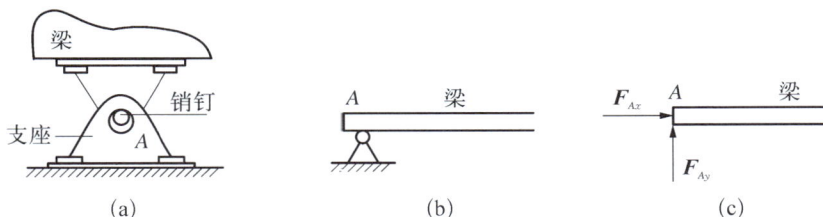

图 1-14 固定铰支座

在图 1-15(a)所示结构中,各物体均为光滑圆柱铰链约束,由于杆件 AB,CD 均为二力杆,即约束力作用线的方向可由二力平衡公理确定,因此其受力如图 1-15(b)所示。

(3) 轴承。轴承是机械中常见的一种约束,常见的轴承有两种形式。一种是图 1-16(a)所示的径向轴承,它限制转轴径向位移,并不限制它的轴向运动和绕轴转动,其性质和圆柱铰链类似。因此径向轴承的约束力作用在轴的横截面上,用两个垂直于轴长方向的正交分力表示,如图 1-16(b),(c)所示。

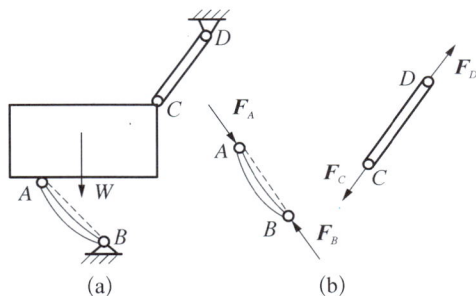

图 1-15 二力杆

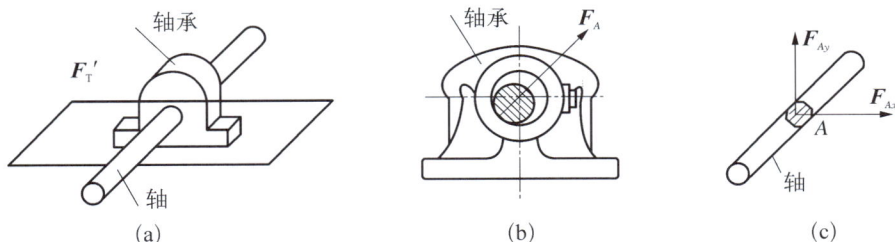

图 1-16 轴承

另一种是径向止推轴承,它既限制转轴的径向位移,又限制它的轴向运动,只允许绕轴转动,其约束力用 3 个大小未知的正交分力表示,如图 1-17(b)所示。

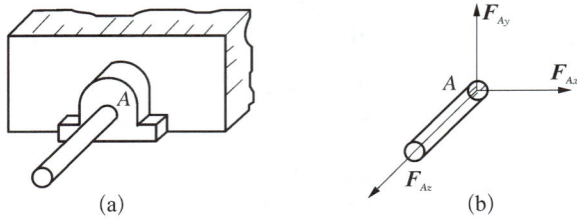

图 1 - 17　径向止推轴承

4）辊轴支座（活动铰支座）

如图 1 - 18(a)所示将构件的铰链支座用几个辊轴支承在光滑平面上，就成为辊轴支座，也称为可动铰支座或活动铰支座。这种约束只能限制物体在与支座接触处垂直于支承面的运动，而不能阻止沿着支承面的运动或绕着销钉的转动，因此，辊轴支座的约束力通过销钉中心，垂直于支承面，其指向待定。这种支座的简图如图 1 - 18(b)或(c)所示，其约束力如图 1 - 18(d)所示。

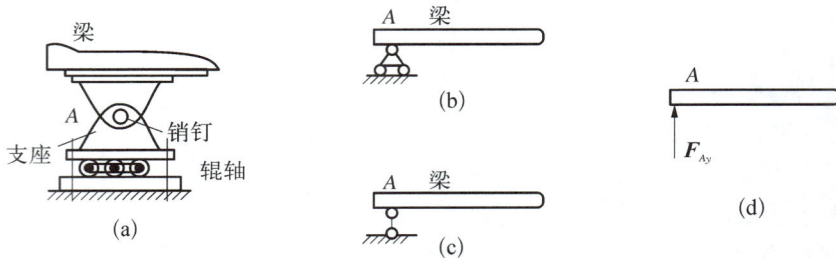

图 1 - 18　辊轴支座

在桥梁、屋架和其他工程结构上经常采用活动铰支座，以便保证在温度变化时，允许结构做微量的伸缩，从而可避免产生温度应力。

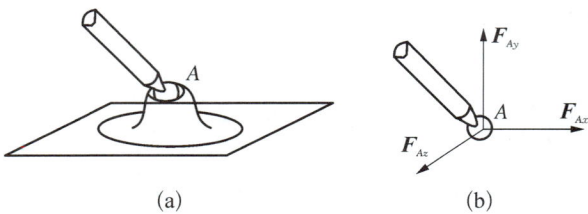

图 1 - 19　球铰

5）球形铰支座

光滑球形铰链约束是一种空间类型的约束，其结构简图及简化表示如图 1 - 19 所示。一个物体的球形窝内放入另一物体的球形部分，球窝和球的直径相差甚小，忽略摩擦，就构成了光滑球形铰链约束。根据光滑接触约束力的特点，球窝作用于球的约束力通过球心。由于球与球窝的接触点未定，约束力的空间方位不定，因而，通常用通过球心的 3 个正交分力 F_x，F_y，F_z 来表示。

以上只介绍了几种常见的约束类型。在实际工程中，约束的形式如同事物的存在形式一样，千变万化，形态各异。这就需要我们在遇到这类问题时，根据实际情况进行判断分析。在以后的某些章节中，我们将再介绍一些约束类型。

1.3　物体的受力分析

静力学的中心问题是研究物体在力系（包括主动力和约束力）作用下的平衡条件，以便应用力系的平衡条件去解决具体的工程实际问题。在对实际问题进行计算前，首先要弄清楚下面两个问题。

第一，确定研究对象，根据已知条件从有关物体中选择研究对象（研究对象可以是一个物体，可以是几个物体的组合，也可以是整个物体系统）。

第二，对研究对象进行受力分析，分析它受哪些力的作用，其中哪些力是已知的（主动力），哪些力是未知的。然后应用力系的平衡条件，根据已知量把未知量计算出来。

为了清晰地分析物体或构件的一部分情况，需要把研究的构件从周围的物体中分离出来，也就是对物体系中的一部分物体进行单独受力分析，单独作出它们的受力简图，这个步骤叫做选择研究对象或取分离体。然后将研究对象所受的全部力画出来，即为物体的受力图。

画物体受力图时一般遵循以下步骤：

（1）首先明确研究对象，解除约束，用简图画出研究对象，即为取分离体。

（2）在研究对象上画出已知力（主动力）。

（3）根据约束性质，在研究对象的相应约束位置画出约束力。

（4）检查是否漏画力、作用力与反作用力关系、二力构件等。

对物体系统中各构件进行受力分析，正确画出物体的受力图，是求解平衡问题的第一步，是解决力学问题的重要基础，因此必须熟练掌握。如果没有特殊说明，则物体的重力一般不计，并认为一切接触面都是光滑的。下面举例说明受力分析和画受力图的方法。

例 1-1　重量为 P 的球放在光滑的斜面上，并用绳子系住，如图 1-20(a)所示。试画出球的受力图。

解：（1）取球为研究对象，并画出其简图。

（2）画主动力 P。

（3）画约束力。球与外界有两个接触点 A 和 B，依据这两点的约束类型分别画出相应的约束力。球在 A 点受到绳索给它的约束力（拉力）F_A 作用，在 B 点受到光滑接触斜面给它的法向力 F_B 作用。球的受力图如图 1-20(b)所示。

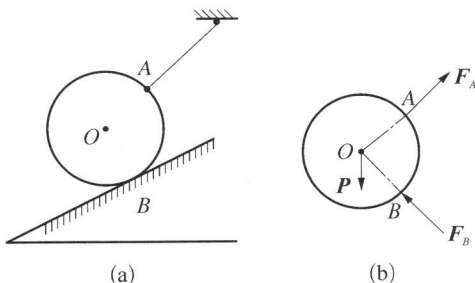

图 1-20　例 1-1 图

例 1-2　刚架在 B 点受一水平力 F 作用，如图 1-21(a)所示。不计刚架的重量，试画出该刚架的受力图。

解：（1）取刚架为研究对象，并画出其简图。

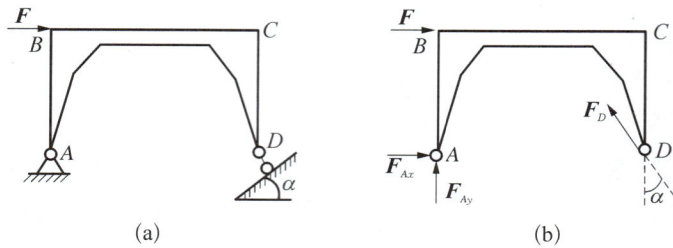

图 1-21   例 1-2 图

（2）画刚架受到的主动水平力 F。

（3）画约束力。刚架与外界有两个接触点 A 和 D，依据其约束类型画出相应的约束力。D 点处为活动铰支座，故约束力 F_D 通过点 D，垂直于支承斜面，假设指向向上。A 点处为固定铰支座，故约束力以互相垂直的两个分力 F_{Ax} 和 F_{Ay} 表示，它们的指向习惯上均按 x，y 轴的正向假定。则刚架受力如图 1-21(b)所示。

例 1-3   简单承重结构如图 1-22(a)所示，悬挂的重物重量为 P，横梁 AB 和斜杆 CD 的自重不计。试分别画出斜杆 CD、横梁 AB 及整体的受力图。

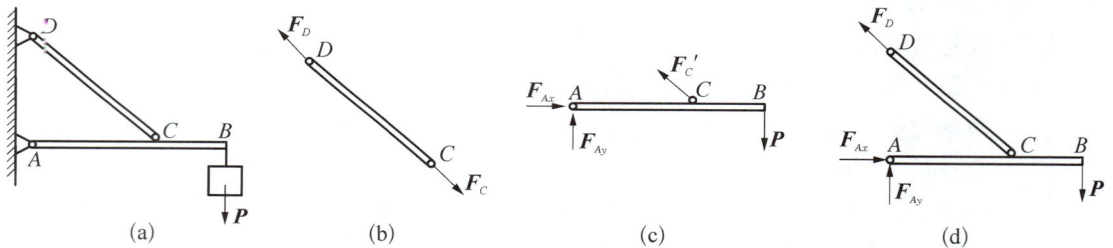

图 1-22   例 1-3 图   分析法一

解   （1）画斜杆 CD 的受力图：

① 取斜杆 CD 为研究对象，画其简图；

② 斜杆 CD 两端均为铰链约束，约束力 F_C、F_D 分别通过 C 点和 D 点。由于不计杆的自重，故斜杆 CD 为二力构件。F_C 与 F_D 大小相等，方向相反，沿 C，D 两点连线。受力如图1-22(b)所示。

（2）画横梁 AB 的受力图：

① 画横梁 AB 简图；

② 画 AB 受到的主动力 P；

③ 画其受到的约束力。横梁 AB 与外界有两个接触点 A 和 C。C 处受到斜杆 CD 的作用力 F_C'，F_C' 与 F_C 互为作用力与反作用力。A 处为固定铰支座，约束力用两个正交分力 F_{Ax}、F_{Ay} 表示。图 1-22(c)为横梁的受力图。

（3）画整体的受力图：

① 取整体为研究对象，并画出其简图；

② 画整体受到的主动力 P；

③ 整体与外界有两个接触点 A 和 D。约束力为 $\boldsymbol{F}_D$ 及 $\boldsymbol{F}_{Ax}$、$\boldsymbol{F}_{Ay}$。图 1-22(d) 为整体的受力图。

另一种方法：由于横梁 AB 自重不计，只在 A，B 和 C 3 个位置受力，且已知在 B 和 C 两个位置所受力线方位，二个力 $\boldsymbol{P}$，$\boldsymbol{F}_C'$ 的作用线相交于 O 点，根据三力平衡汇交定理，A 处的约束力 $\boldsymbol{F}_A$ 的力线也必定通过它们的汇交点 O，指向假设如图 1-23(a) 所示。整体的受力如图 1-23(b) 所示。

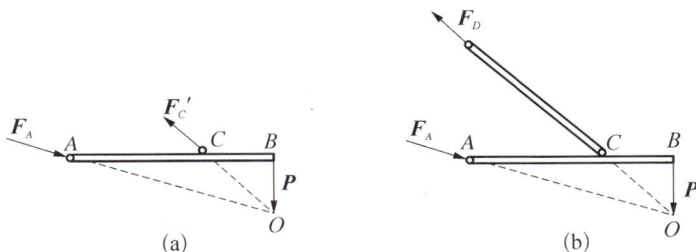

图 1-23　例 1-3 图　分析法二

讨论：本题的整体受力图上为什么不画出力 $\boldsymbol{F}_C'$ 与 $\boldsymbol{F}_C$ 呢？这是因为，力 $\boldsymbol{F}_C'$ 与 $\boldsymbol{F}_C$ 是承重结构整体内两物体之间的相互作用力，对于整体而言，内力是研究对象内各部分之间的相互作用力，不必画出。但应注意，外力与内力不是固定不变的，它们可以随研究对象的不同而变化，例如力 $\boldsymbol{F}_C'$ 与 $\boldsymbol{F}_C$，若以整体为研究对象，则为内力；若以斜杆 CD 或横梁 AB 为研究对象，则为外力。

例 1-4　图 1-24(a) 所示的平面构架，由杆 AB、DC 及 DB 铰接而成。A 为辊轴支座，E 为圆柱铰链。钢丝绳一端拴在 H 处，另一端绕过定滑轮 I 和动滑轮 II 后拴在销钉 B 上。物重为 P，各杆及滑轮的自重不计。ⓐ 分别画出各杆、各滑轮、销钉 B 以及整个系统的受力图；ⓑ 画出销钉 B 与滑轮 I 一起的受力图；ⓒ 画出杆 AB、滑轮 I，II 及钢丝绳和重物作为一个系统时的受力图。

解：要求所画各受力图如图 1-24 所示。其中(b)图中 BD 杆、(c)图中 AB 杆、(e)图中滑轮 I 在 B 处均不包含销钉 B(为没有销钉的孔)。在题目中没要求或不用画销钉受力图时，可把销钉认为归属于与之相连的任一构件上，不用单独取出，例如(b)图中 DB 杆 D 处，(d)图中 DE 杆 D 处。在要求分析或必须分析销钉受力时，则需把销钉单独取出，画出销钉受力图，如图(g)为销钉 B 受力图。

1.4　小　　结

（1）静力学研究的是作用于物体上的力系的平衡问题。具体要明确力、刚体、力系和平衡的概念，这是解决具体问题的基本理论基础。尤其是物体受力分析和平衡条件，是必须要掌握的内容。

（2）力是物体间相互的机械作用，这种作用使物体的机械运动状态发生了变化，同样这种变化也包括变形。

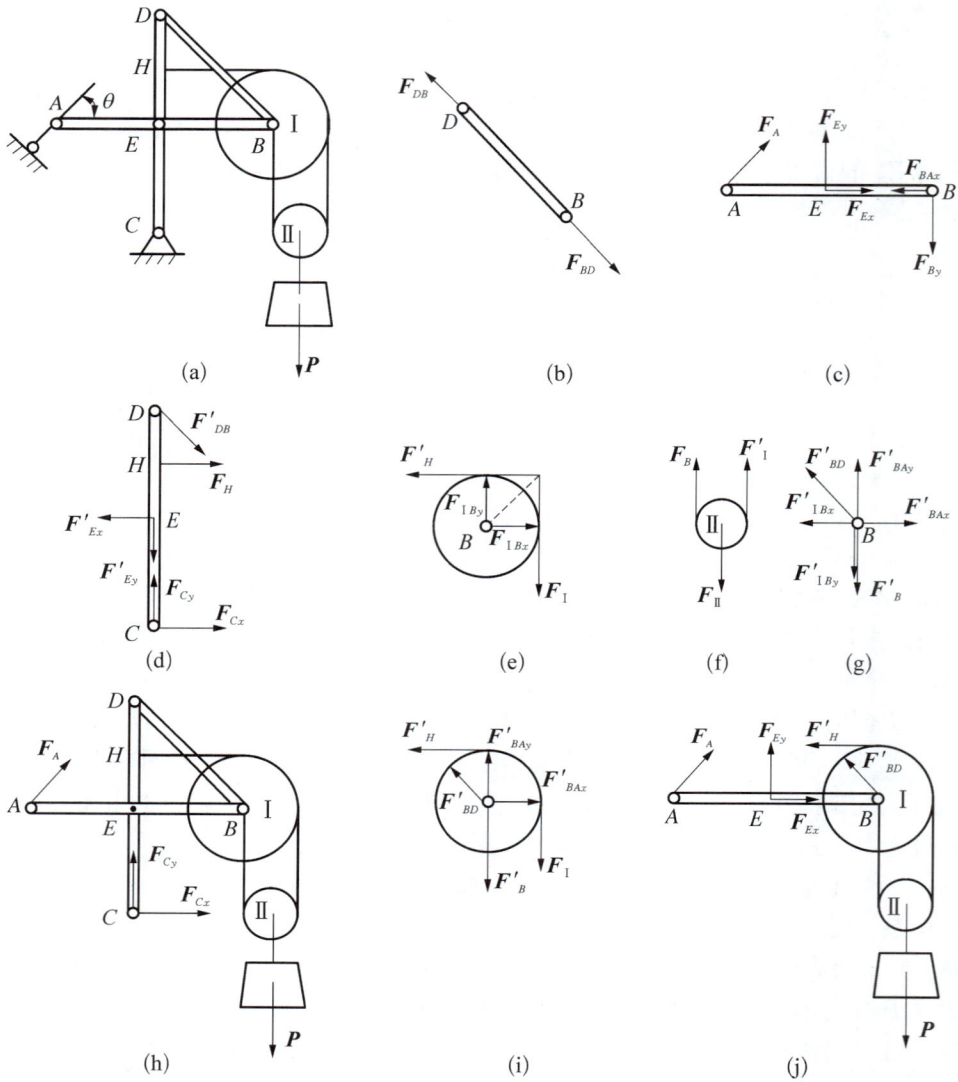

图 1 - 24   例 1 - 4 图

力的作用效果应由力的大小、方向和作用点决定。大小、方向和作用点,称为力的三要素。力是矢量,它不仅有大小,也有方向,在对物体受力分析时应全面考虑,注意方向性。作用在刚体上的力可沿作用线移动。

(3)静力学公理是力学最基本、最普遍的客观规律。

公理 1 和公理 2 阐明了作用在一个物体上的最简单的力系的合成法则及其平衡条件。

公理 3 是研究力系等效的主要依据。

公理 4 的实质就是高中所学习的牛顿第三定律,是在分析约束与约束力时必须要遵守的准则。

(4)约束和约束力。限制非自由体某些位移的周围物体,称为约束,如绳索、光滑铰链、滚动支座、二力构件、球铰链等。约束对非自由体施加的力称为约束力。约束力的方向与该约束所能阻碍的位移方向相反。画约束力时,应分别根据每个约束本身的特性来确定其约束力的方向。

（5）物体的受力分析和受力图是研究物体平衡和运动的前提。画物体受力图时,首先要明确研究对象（即取分离体）。物体受的力分为主动力和约束力。当分析多个物体组成的系统受力时,要注意分清内力与外力,内力成对可不画;还要注意作用力与反作用力之间的相互关系。取分离体,并对其正确进行受力分析,画出受力图,是解决力学问题的关键所在。

习　题　1

题 1-1　　画出题 1-1 图所示各物体的受力图。凡未标出自重的物体,均不计自重,且各接触面均为光滑接触面。

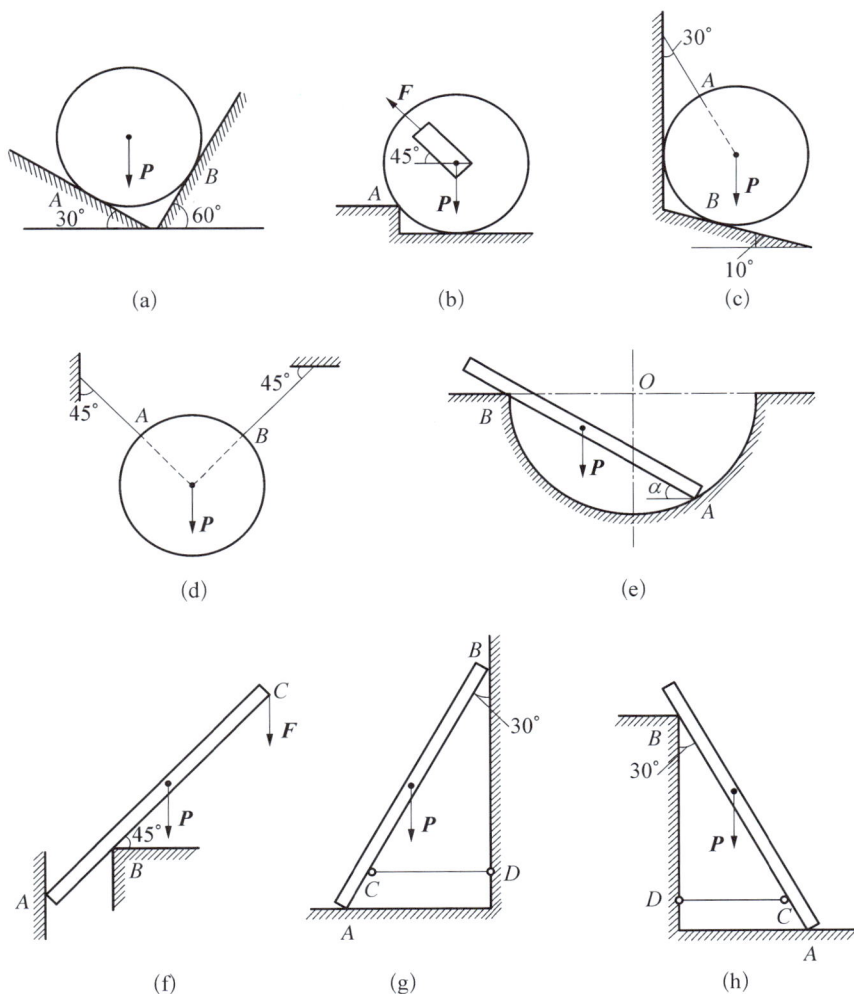

题 1-1 图

题 **1－2**　试作下列杆件 AB 的受力图。

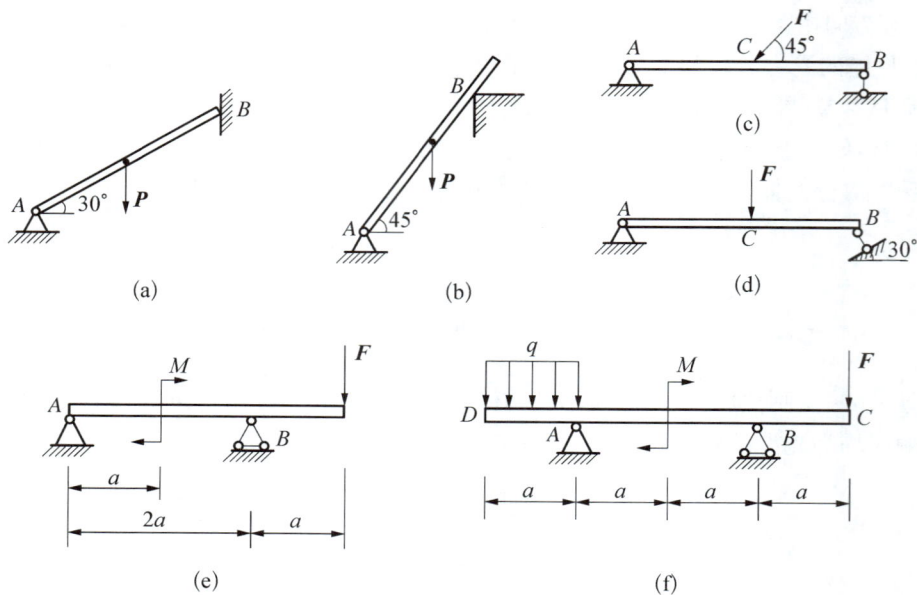

题 1－2 图

题 **1－3**　试作下列图中各部件及整个系统的受力图。

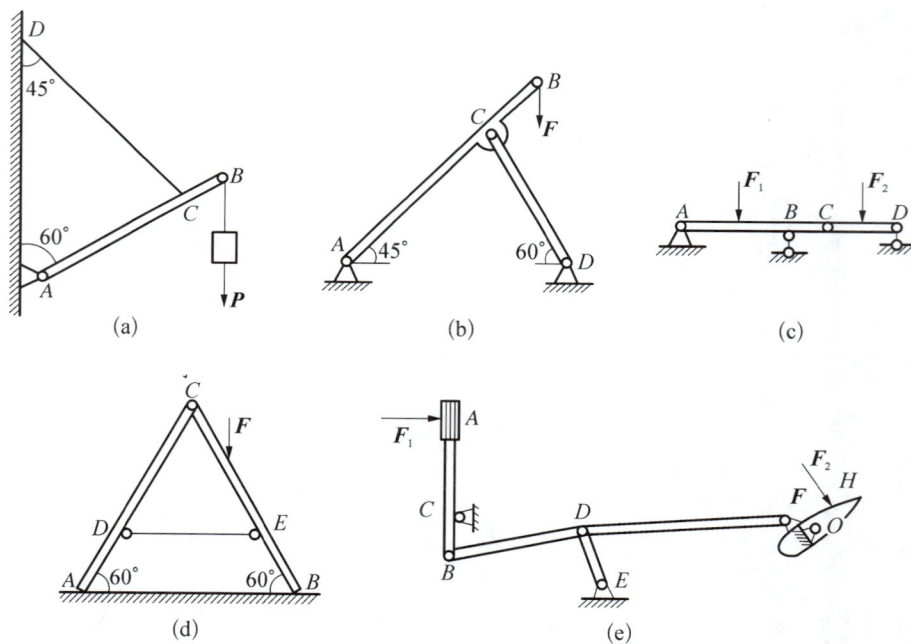

题 1－3 图

第2章 平面力系

作用在物体上的力系,按照其作用线分布可分为平面力系或空间力系。平面力系是指各个力的作用线都分布在同一平面内,它是一种最常见的力系,也是研究空间力系的基础。平面力系又可分为平面汇交力系、平面力偶系,平面平行力系和平面任意力系。本章着重研究平面力系的合成和平衡问题。

2.1 平面汇交力系的合成与平衡

平面汇交力系是指各力的作用线都在同一平面内且汇交于一点的力系。工程中经常遇到平面汇交力系问题。例如,当吊车起吊重为 G 的钢梁时,如图 2-1 所示,钢梁受重力 G 以及钢丝绳的拉力 F_{TA}、F_{TB} 的作用,这 3 个力在同一平面内,且相交于一点,这就是一个平面汇交力系。

平面汇交力系的合成可以分为几何法和解析法两种。几何法就是采用几何作图的方式,利用力的平行四边形(或三角形)法则,对力系进行合成。在这里侧重给大家介绍的是解析法,解析法通过矢量在坐标轴上的投影来求合力与诸分力之间的关系。为此先阐明力在坐标轴上的投影。

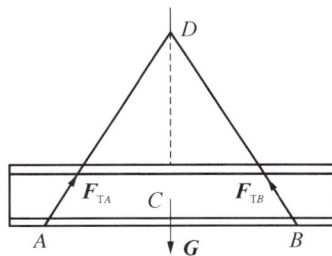

图 2-1 平面汇交力系实例

2.1.1 力在坐标轴上的投影

在 A 点作用力 F 所在的平面内建立直角坐标系 Oxy,如图 2-2 所示。从力的两端 A 和 B 分别向 x 轴和 y 轴作垂线,得线段 a_1b_1、a_2b_2。其中 a_1b_1 称为力 F 在 x 轴上的投影,以 F_x 表示;a_2b_2 称为力 F 在 y 轴上的投影,以 F_y 表示。

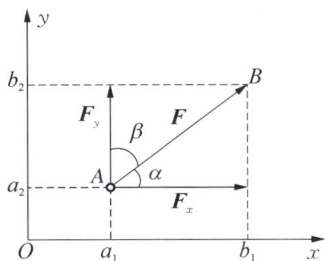

图 2-2 力在坐标轴上的投影

力在坐标轴上的投影是个代数量,其正负号规定为:由力 F 的始端投影 a 指向末端投影 b 与轴的正向相同时,力在该方向投影为正值,反之为负值。设力 F 与 x 轴正向成 α 角,与 y 轴正向成 β 角,则力 F 在 x,y 轴上的投影为

$$F_x = F\cos\alpha$$
$$F_y = F\cos\beta$$

(2 - 1)

由上式可知,力在某轴上的投影,等于力的模乘以力与该轴的正向间夹角的余弦。当 α,β 为锐角时,F_x,F_y 均为正值;当 α,β 为钝角时,F_x 或 F_y 为负值。

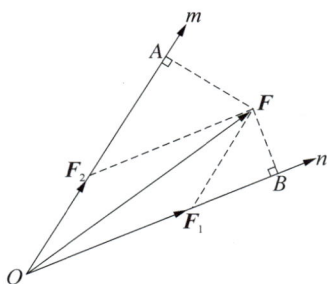

图 2 - 3 力的投影与分力

值得注意的是:力的投影与力的分量(分力)是两个不同的概念。力的投影是代数量。如图 2 - 3 所示,力 $\boldsymbol{F}$ 沿 On 和 Om 轴上的分力分别为 $\boldsymbol{F}_1$ 和 $\boldsymbol{F}_2$,它们满足力的平行四边形法则。而 $\boldsymbol{F}$ 在 Om 和 On 轴上的投影分别是 OA 和 OB。显然力 $\boldsymbol{F}$ 在 Om 和 On 轴上的分力的大小不等于 $\boldsymbol{F}$ 在 Om 和 On 轴上的投影值。

当投影轴相互垂直时,利用力的平行四边形法则,可将力 $\boldsymbol{F}$ 沿正交的 x,y 坐标轴方向分解为两个分力 $\boldsymbol{F}_x$ 和 $\boldsymbol{F}_y$。此时力在两坐标轴上的投影与该方向分力的大小相等。可见当投影轴相互垂直时,即在直角坐标系中,力在轴上的投影才与力沿该轴分力的大小相等。

由此可知,力 $\boldsymbol{F}$ 沿平面正交的 x,y 坐标轴分解的表达式为

$$\boldsymbol{F} = \boldsymbol{F}_x + \boldsymbol{F}_y = F_x\boldsymbol{i} + F_y\boldsymbol{j}$$

(2 - 2)

式中,F_x 和 F_y 为力 $\boldsymbol{F}$ 沿坐标轴 x 和 y 轴上的投影,$\boldsymbol{i}$,$\boldsymbol{j}$ 为沿坐标轴 x 和 y 正向的单位矢量。

若已知力 $\boldsymbol{F}$ 在坐标轴上的投影 F_x 和 F_y,则该力的大小及方向与其投影的关系为

$$F = \sqrt{F_x^2 + F_y^2}$$
$$\cos\alpha = \frac{F_x}{F}, \ \cos\beta = \frac{F_y}{F}$$

(2 - 3)

例 2 - 1   如图 2 - 4 所示,计算作用在平面上 A、B 和 C 点上 3 个力 $\boldsymbol{F}_A$、$\boldsymbol{F}_B$ 和 $\boldsymbol{F}_C$ 分别在坐标 x、y 轴上的投影。

解:三个力在坐标 x、y 轴上的投影分别为

$$F_{Ax} = F_A \cdot \cos\alpha$$

$$F_{Ay} = F_A \cdot \cos\left(\frac{\pi}{2} - \alpha\right) = F_A \cdot \sin\alpha$$

$$F_{Bx} = F_B \cdot \cos\left(\frac{\pi}{2} + \beta\right) = -F_B \cdot \sin\beta$$

$$F_{By} = F_B \cdot \cos\beta$$

$$F_{Cx} = F_C \cdot \cos\frac{\pi}{2} = 0$$

$$F_{Cy} = F_C \cdot \cos\pi = -F_C$$

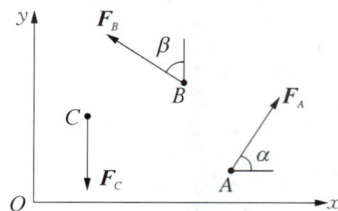

图 2 - 4 例 2 - 1 图

例 2 - 2　证明合力 $\boldsymbol{R}$ 在某轴上的投影等于分力 $\boldsymbol{F}_1$ 和 $\boldsymbol{F}_2$ 在该轴上投影的代数和。

证明：如图 2 - 5 所示，将分力 $\boldsymbol{F}_1$、$\boldsymbol{F}_2$ 以及合力 $\boldsymbol{R}$ 向 x 轴投影得

$$F_{1x} = Ob$$

由于 $\boldsymbol{R}$ 是合力，根据平行四边形法则，$OA \parallel BC$ 且 $OA = BC$，故

图 2 - 5　例 2 - 2 图

$$F_{2x} = Oa = bc$$

则

$$R_x = Oc = Ob + bc = Ob + Oa = F_{1x} + F_{2x}$$

即证明：合力在某一轴上的投影等于分力在同一轴上投影的代数和（合力投影定理）。

2.1.2　平面汇交力系合成的解析法

利用力的大小及方向与其投影的关系，以及合力投影定理就可以对平面汇交力系进行合成。

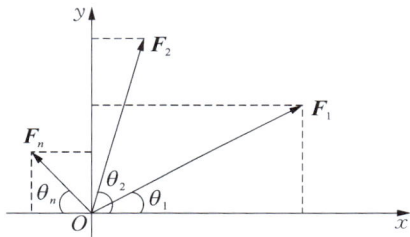

图 2 - 6　合力的计算

设由 n 个力组成的平面汇交力系 $\boldsymbol{F}_1$，$\boldsymbol{F}_2$，…，$\boldsymbol{F}_n$ 作用于刚体上的 O 点，$\boldsymbol{F}_\mathrm{R}$ 为 $\boldsymbol{F}_1$，$\boldsymbol{F}_2$，…，$\boldsymbol{F}_n$ 的合力，建立直角坐标系 Oxy，如图 2 - 6 所示。令 $F_{\mathrm{R}x}$，$F_{\mathrm{R}y}$ 为合力 $\boldsymbol{F}_\mathrm{R}$ 在 x，y 轴上的投影，F_{ix}，F_{iy} 为任意分力 $\boldsymbol{F}_i$ 在 x，y 轴上的投影，则由矢量投影定理有

$$F_{\mathrm{R}x} = F_{1x} + F_{2x} + \cdots + F_{nx} = \sum F_{ix}$$
$$F_{\mathrm{R}y} = F_{1y} + F_{2y} + \cdots + F_{ny} = \sum F_{iy} \tag{2-4}$$

由此可进一步求得合力 $\boldsymbol{F}_\mathrm{R}$ 的大小和方向

$$F_\mathrm{R} = \sqrt{F_{\mathrm{R}x}^2 + F_{\mathrm{R}y}^2} = \sqrt{\left(\sum F_{ix}\right)^2 + \left(\sum F_{iy}\right)^2}$$
$$\cos(\boldsymbol{F}_\mathrm{R}, \boldsymbol{i}) = \frac{\sum F_{ix}}{F_\mathrm{R}}, \quad \cos(\boldsymbol{F}_\mathrm{R}, \boldsymbol{j}) = \frac{\sum F_{iy}}{F_\mathrm{R}} \tag{2-5}$$

例 2 - 3　用解析法求图 2 - 7 所示平面汇交力系合力的大小和方向。已知 $F_1 = 1.5$ kN，$F_2 = 0.5$ kN，$F_3 = 0.25$ kN，$F_4 = 1$ kN。

解：根据式(2 - 4)和(2 - 5)计算。

$$F_{\mathrm{R}x} = \sum F_{ix} = F_1 \cos 90° + F_2 \cos 180° + F_3 \cos 60° + F_4 \cos 45° = 0.332 \text{ kN}$$

$$F_{\mathrm{R}y} = \sum F_{iy} = F_1 \cos 180° + F_2 \cos 90° + F_3 \cos 30° + F_4 \cos 135° = -1.99 \text{ kN}$$

$$F_\mathrm{R} = \sqrt{F_{\mathrm{R}x}^2 + F_{\mathrm{R}y}^2} = \sqrt{(0.332)^2 + (-1.99)^2} = 2.02 \text{ kN}$$

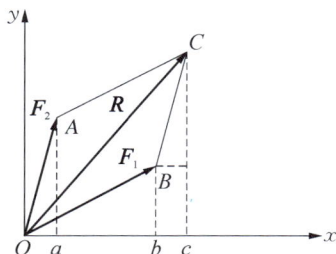

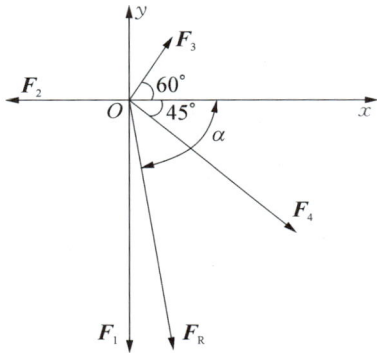

图 2-7 例 2-3 图

设合力 F_R 与 x，y 轴正向夹角分别为 α 和 β。

$$\cos\alpha = \frac{\sum F_{ix}}{F_R} = \frac{0.332}{2.02} = 0.164$$

$$\cos\beta = \frac{\sum F_{iy}}{F_R} = \frac{-1.99}{2.02} = -0.986$$

则

$$\alpha = 80.57°，\beta = 170.57°$$

2.1.3 平面汇交力系的平衡方程

由于平面汇交力系可用其合力来代替，显然，平面汇交力系平衡的必要和充分条件是该力系的合力为零，即 $F_R = 0$。由式(2-4)及(2-5)有

$$F_{Rx} = \sum F_{ix} = 0，F_{Ry} = \sum F_{iy} = 0 \qquad (2-6)$$

平面汇交力系平衡的解析条件是：力系中各力在两个坐标轴上投影的代数和分别等于零。式(2-6)称为平面汇交力系的平衡方程。运用这两个平衡方程，可以求解出两个未知量。

当应用式(2-6)求解平衡问题时，未知约束力的指向可先行假设，代入平衡方程计算。若得到的结果为正值，则表示该约束力的指向与实际指向相同；如为负值，则表示所假设约束力的指向与实际指向相反。下面举例说明平面汇交力系平衡方程的应用。

例 2-4 如图 2-8(a)所示，重物重量 $G = 20$ kN，用钢丝绳绕在支架的滑轮 B 上，钢丝绳的另一端缠绕在铰车 D 上。杆 AB 与 BC 铰接，并以铰链 A、C 与墙连接。如两杆和滑轮的自重不计，并忽略轴的摩擦和滑轮的大小，求平衡时杆 AB 和 BC 所受的力。

解：(1) 取研究对象。由于 AB、BC 两杆都是二力杆，假设杆 AB 受拉力、杆 BC 受压

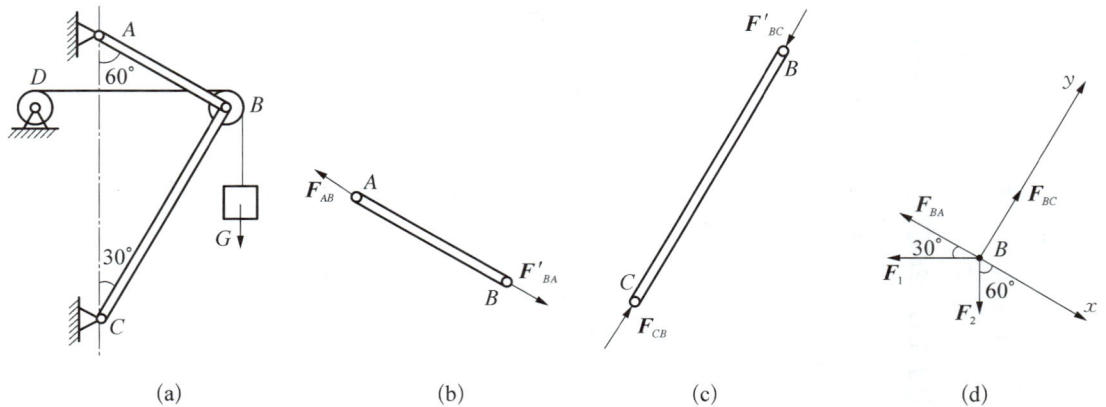

(a)   (b)   (c)   (d)

图 2-8 例 2-4 图

力,如图 2-8(b)、(c)所示。为了求出这两个未知力,可通过求两杆对滑轮的约束力来解决。因此选取滑轮 B 为研究对象。

(2)画受力图。滑轮受到钢丝绳拉力 $\boldsymbol{F}_1$ 和 $\boldsymbol{F}_2$,杆 AB 和 BC 对滑轮的约束力为 $\boldsymbol{F}_{BA}$ 和 $\boldsymbol{F}_{BC}$,如图 2-8(d)所示。由于滑轮的大小忽略不计,故这些力可看作是汇交力系。

(3)列平衡方程。选取坐标轴如图 2-8(d)所示。为使每个未知力只在一个轴上有投影,在另一轴上的投影为零,坐标轴应尽量取在与未知力作用线相垂直的方向。这样在一个平衡方程中只有一个未知数,不必解联立方程,即

整理:

$$\sum F_x = 0, \ F_2 \cos 60° - F_1 \cos 30° - F_{BA} = 0$$

$$\sum F_y = 0, \ F_{BC} - F_1 \sin 30° - F_2 \sin 60° = 0$$

且:
$$F_1 = F_2 = G$$

(4)求解方程,得

$$F_{BA} = -0.366G = -7.32 \text{ kN}$$
$$F_{BC} = 1.366G = 27.32 \text{ kN}$$

所求结果,F_{BC} 为正值,表示 BC 杆实际受力方向与假设方向一致,即 BC 受压。F_{BA} 为负值,表示这力的假设方向与实际方向相反,即杆 AB 实际是受压力。

2.2 平面力对点之矩·平面力偶

与力的概念一样,力矩和力偶也是力学中最基本的概念,它们在力学及实际工程应用中有着极其重要的意义。在讨论力的概念时曾指出,力对刚体的作用效果是使刚体的运动状态发生改变(包括移动和转动)。其中,力对刚体的移动效果可用力矢来度量;而力对刚体的转动效果可用力对点的矩(也称之为力矩)来度量,即力矩是度量力对刚体转动效应的物理量。

2.2.1 力对点之矩

1)力矩的概念

人们早已学会利用各种简单机械(如杠杆和滑车等)来获得机械效益,在这些机械的工作原理中都包含着力矩的概念。如图 2-9 所示为用扳手拧螺母的情形。力 $\boldsymbol{F}$ 与点 O 形成一个平面,此作用面称为力矩作用面。在此平面内,力 $\boldsymbol{F}$ 使扳手连同螺钉绕 O 点转动,经验表明:加在扳手上的力越大,离螺钉中心越远,则转动螺钉就越容易。

这表明力 $\boldsymbol{F}$ 使扳手绕 O 点转动的效应,不仅与力 $\boldsymbol{F}$

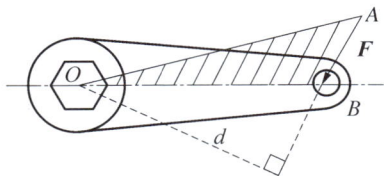

图 2-9 力矩的定义

的大小有关,还与 O 点到力 $\boldsymbol{F}$ 作用线的垂直距离 d 有关。因此,我们用乘积 Fd 表示力 $\boldsymbol{F}$ 使物体绕某点(如 O 点)转动的效应,并称为力 $\boldsymbol{F}$ 对 O 点的力矩,记为 $m_O(\boldsymbol{F})$,表示如下:

$$m_O(\boldsymbol{F}) = \pm Fd \tag{2-7}$$

点 O 称为矩心,矩心 O 到力线的距离 d 称为力臂。

式中符号规定:力使物体绕矩心作逆时针方向转动时,力矩取正号;顺时针方向转动时,取负号。根据以上情况,平面内力对点的矩,只取决于力矩的大小及旋转方向,因此平面内力对点的矩是代数量。

由图 2-9 及式(2-7)可知,力矩的大小正好等于以矩心为顶点,以力矢量为底边的三角形面积的 2 倍,即

$$m_O(\boldsymbol{F}) = \pm 2\triangle OAB$$

力矩是力和力臂的乘积,它的常用单位有 N·m 或 kN·m。

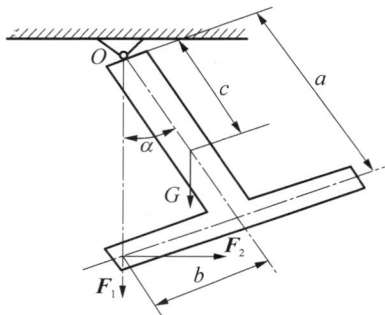

图 2-10　例 2-5 图

例 2-5　丁字杆与顶面铰接,受力情况如图 2-10 所示,图上所注之力、距离、角度等均为已知。试求各力对转动中心 O 点之矩。

解　　　$m_O(\boldsymbol{F}_1) = 0$

$$m_O(\boldsymbol{G}) = -Gc\sin\alpha$$

$$m_O(\boldsymbol{F}_2) = F_2\sqrt{a^2+b^2}$$

2) 合力矩定理

当一个力与一个力系等效,则称此力为该力系的合力。该力系中各力相应地称为分力。显然,各分力绕矩心 O 的转动作用之和必然与合力对同一点 O 的转动作用等效。所以若平面力系有合力时,合力对平面内任一点之矩等于各分力对同一点之矩的代数和,即

$$m_O(\boldsymbol{F}_R) = \sum m_O(\boldsymbol{F}_i) \tag{2-8}$$

这就是平面力系的**合力矩定理**,该定理提供了求力矩的另一种方法。

例 2-6　如图 2-11(a)所示直杆 AB 的长为 L,与水平方向成 α 斜角放置,力 $\boldsymbol{F}$ 作用在 B 点,力线与水平方向成 β 斜角($\beta > \alpha$),计算力 $\boldsymbol{F}$ 对 A 点的力矩。

解一:如图 2-11(b)过矩心 A 作 $\boldsymbol{F}$ 力线的垂线 AC,则 $AC = AB \cdot \sin(\beta-\alpha)$

$$m_A(F) = F \cdot AC = F \cdot L\sin(\beta-\alpha)$$

解二:如图 2-11(c)将力 $\boldsymbol{F}$ 沿水平方向和及竖直方向分解得到分力 $\boldsymbol{F}_x$ 和 $\boldsymbol{F}_y$:

$$F_x = F \cdot \cos\beta$$

$$F_y = F \cdot \sin\beta$$

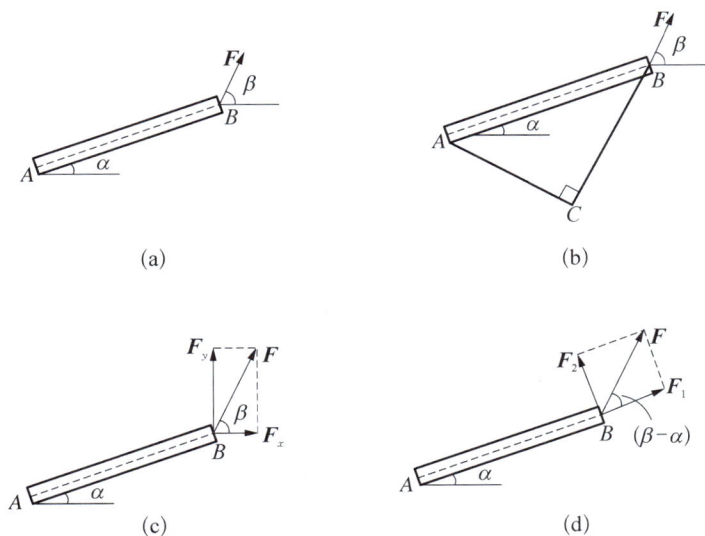

(a)

(b)

(c)

(d)

图 2-11 例 2-6 图

根据合力矩定理得

$$m_A(F) = m_A(F_y) + m_A(F_x)$$
$$= F_y \cdot L\cos\alpha - F_x \cdot L\sin\alpha$$
$$= FL\sin\beta\cos\alpha - FL\cos\beta\sin\alpha$$
$$= FL\sin(\beta - \alpha)$$

解三：如图 2-11(d) 将力 F 沿 AB 方向及垂直于 AB 方向分解得到分力 F_1 和 F_2，由于 F_1 力线过 A 点，所以该力对 A 点的力矩为零。根据合力矩定理得

$$m_A(F) = m_A(F_1) + m_A(F_2) = 0 + F_2 \cdot L = FL\sin(\beta - \alpha)$$

由上可见，求力矩既可以按照定义计算，也可以根据实际情况将力分解，利用合力矩定理求解。

2.2.2 平面力偶

1）力偶的概念

在日常生活和生产实践中，常看到物体同时受到大小相等，方向相反，作用线互相平行的两个力的作用，如图 2-12(a)，(b) 所示的水龙头和方向盘。这两个力由于不满足二力平衡条件，显然不会平衡。实践证明，这样的两个力 F，F' 对物体只产生转动效应，而不产生移动效应。在力学上把大小相等，方向相反，作用线互相平行的两个力称为力偶，并记为 (F, F')。力偶中两力所在的平面叫力偶的作用面，两力作用线间的垂直距离叫力偶臂，以 d 表示，如图 2-12(c) 所示。

由实践可知，在力偶的作用面内，力偶对物体的转动效应，取决于组成力偶两反向平行

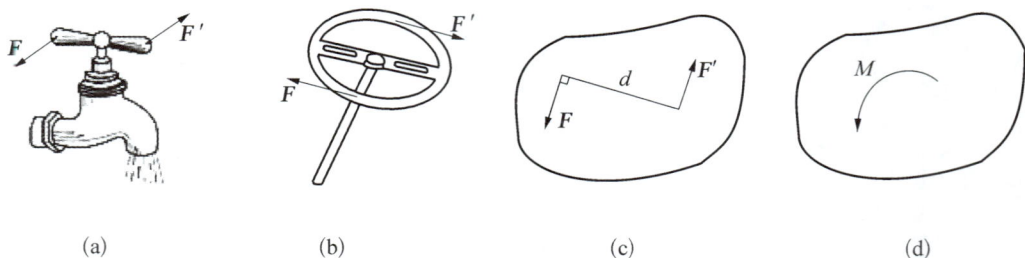

(a)   (b)   (c)   (d)

图 2 - 12 　力偶的概念

力 F 的大小、力偶臂 d 的大小以及力偶的转向。因此,用乘积 Fd 表示力偶使物体转动的效应,称为力偶矩,记为 M,表示如下

$$M = \pm Fd \qquad\qquad (2-9)$$

式(2-9)中的正负号表示力偶的转动方向,规定逆时针方向转动时为正;顺时针转动时为负。由此可见在平面内,力偶矩是代数量。也可用图 2-12(d)方法表示一个力偶。力偶矩的单位与力矩的单位相同,(N・m)或(kN・m)。

与力的概念一样,力矩和力偶也是力学中最基本的概念,它们在力学及实际工程应用中有着极其重要的意义。

2) 力偶的主要性质

(1) 力偶在任意轴上的投影都为零,力偶没有合力。

力偶中的两个力大小相等,方向相反,作用线互相平行,因而这两个力在任何坐标轴上投影之和等于零,如图 2-13 所示。即力偶对物体不产生移动效应,只能产生转动效应。所以力偶不可能与一个力等效,也不能和一个力平衡。力偶与单个力一样是构成力系的基本元素。

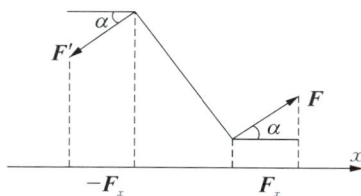

图 2 - 13 　力偶的性质

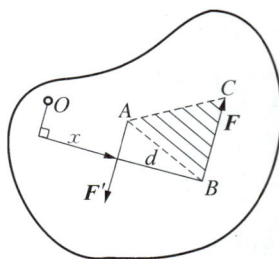

图 2 - 14 　力偶矩

(2) 力偶对其作用面内任一点的矩恒等于力偶矩,与矩心的位置无关。

如图 2-14 所示,力偶(F,F')在力偶平面内任取一点 O 为矩心,设 O 点与力 F 作用线的距离为 x,则力偶的两个力对于 O 点之矩的和为

$$M_O = M_O(F) + M_O(F') = -F'x + F(x+d) = Fd$$

由此可见,力偶对矩心 O 点的力矩只与力 F 和力偶臂 d 的大小有关,而与矩心位置无

关,这也正是力偶矩与力矩的主要区别。在平面力系中,无论力偶中力的大小、力的作用位置和力偶臂的长度发生怎样改变,只要力偶矩(大小和转向)不变,力偶对刚体的转动效应不会改变。从而可以得出下面两个推论:

推论 1:力偶可以在其作用面内任意移动而不会改变它对刚体的转动效应。

推论 2:只要保持力偶矩不变,可同时改变力偶中两反向平行力的大小、方位以及力偶臂的大小,而力偶的作用效应不变。

以上两个推论可以用图 2-15 表示。图 2-15(a)、(b)中即使改变力偶的力偶臂及力的大小、方向,只要力偶矩相同,则力偶对刚体的作用效应就完全相同。可简明地以一个带箭头的弧线表示力偶作用,由于力偶的作用位置不影响其对刚体作用效果,因此也与如图 2-15(c)和(d)所示力偶的作用等效。

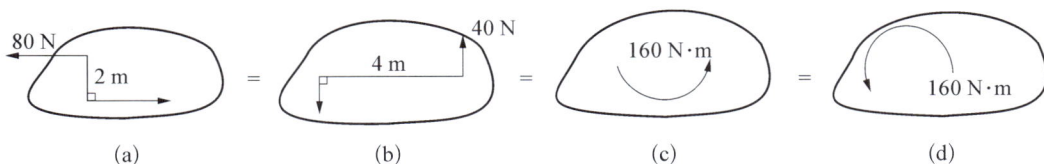

图 2-15　力偶等效

2.2.3　平面力偶系的合成与平衡

作用在同一平面内的许多力偶称为平面力偶系。设在刚体某平面上有两个力偶 M_1 和 M_2 的作用,如图 2-16(a)所示,现求其合成的结果。

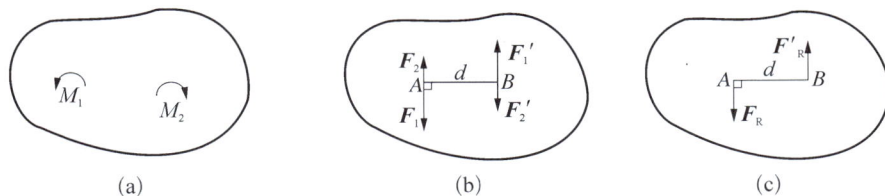

图 2-16　力偶合成

在平面上任取一线段 $AB = d$ 当作公共力偶臂,并把每一个力偶化为一组作用在 A、B 两点的反向平行力,如图 2-16(b)所示。根据力系等效条件,有

$$F_1 = M_1/d, \ F_2 = M_2/d$$

于是在 A,B 两点各得一组共线力系,其合力各为 $\boldsymbol{F}_R$ 与 $\boldsymbol{F}'_R$,如图 2-16(c)所示,且有

$$F_R = F'_R = F_1 - F_2$$
$$M = F_R d = (F_1 - F_2) \, d = M_1 + M_2$$

若在刚体上有若干力偶作用,采用上述方法叠加,可得合力偶矩为

$$M = M_1 + M_2 + \cdots + M_n = \sum M_i \tag{2-10}$$

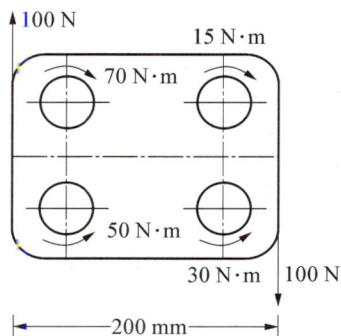

图 2-17 例 2-7 图

由上可知,平面力偶系的合成结果为一合力偶,合力偶矩等于各已知力偶矩的代数和。

例 2-7   刚体受平面力偶系作用如图 2-17 所示,计算该力系的合力偶矩。

解:合力偶矩等于各已知力偶矩的代数和。即

$$M = 50 + 30 - 70 - 15 - 100 \times 0.2 = -25 \text{ N} \cdot \text{m}$$

结果中的负号表明合力偶是顺时针转向。

若平面力偶系合成结果是合力偶矩为零,则该平面力偶系平衡,即

$$\sum M_i = 0 \qquad\qquad (2-11)$$

由此可知,平面力偶系平衡的必要和充分条件是:力偶系中各力偶矩的代数和等于零。式(2-11)是求解平面力偶系平衡问题的基本方程,运用这个平衡方程,可求出一个未知量。

例 2-8   如图 2-18(a)所示,已知在 AB 杆上作用顺时针转向的力偶 M,求 A,B 处的约束力。

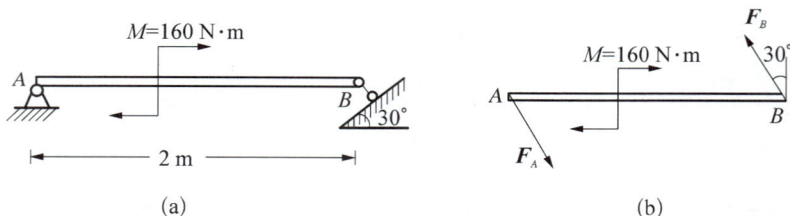

(a)   (b)

图 2-18 例 2-8 图

解:(1) AB 杆为研究对象,B 处是活动铰链约束,因此 AB 杆在 B 处受到垂直于斜面方向的约束力,要使 AB 杆平衡,则 A、B 处的约束力一定大小相等、方向相反,构成一个力偶与已知力偶 M 平衡,AB 受力如图 2-18(b)所示。

(2) 建立平衡方程

$$F_B \cos 30° \times 2 - M = 0$$

$$F_B = F_A = 92.38 \text{ N}$$

例 2-9   如图 2-19(a)所示,机构自重不计。圆轮上的销子 A 放在摇杆 BC 上的光滑导槽内,圆轮上作用一力偶,其力偶矩的大小为 $M_1 = 2 \text{ kN} \cdot \text{m}$,$OA = r = 0.5 \text{ m}$。图示位置 OA 和 OB 垂直,$\alpha = 30°$,且系统平衡。求作用于摇杆 BC 上的力偶矩 M_2 及铰链 O、B 处的约束反力。

解:(1) 先取圆轮为研究对象,并画出其简图。如图 2-19(b)所示,圆轮受主动力偶 M_1 和 O,A 两处的约束反力平衡。由于力偶必须由力偶来平衡;因而 F_O 与 F_A 必定组成一个力偶,力偶矩的方向与 M_1 相反,由此可以确定 F_A 指向如图 2-19(b)所示。由力偶平衡条件得

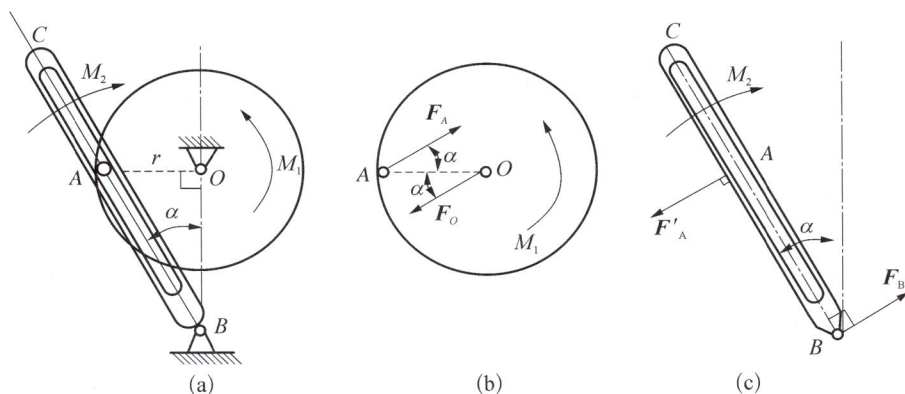

图 2-19 例 2-9 图

$$M_1 - F_A r \sin \alpha = 0$$

$$F_A = \frac{M_1}{r \sin \alpha}$$

（2）取摇杆 BC 为研究对象。其受力偶 M_2、F'_A 与 F_B 的作用。根据力偶的性质，约束力 F'_A 与 F_B 必然组成一个力偶，画工件受力如图 2-19(c) 所示。由力偶平衡条件得

$$-M_2 + F_A \frac{r}{\sin \alpha} = 0$$

$$M_2 = 4M_1 = 8 \text{ kN} \cdot \text{m}$$

$$F_O = F_A = F_B = \frac{M_1}{r \sin 30°} = 8 \text{ kN}$$

2.3 平面一般力系的简化

在前两节中已经研究了平面汇交力系和平面力偶系的合成与平衡，本节将在此基础上讨论平面一般力系的简化与平衡问题。所谓平面一般力系，即作用在物体上的力都分布在同一平面内，各力的作用线既不汇交于同一点，也不完全平行。工程计算中的很多实际问题都可简化为平面一般力系问题来处理。例如图 2-20(a) 所示的吊车，横梁 AB 的自重 G、荷载 F、拉杆 BC 的拉力 F_B 以及支座约束力可简化为如图 2-20(b) 所示的平面一般力系。

此外，当物体所受的力和支承都对称于某一平面时，也可以简化为平面一般力系的问题来研究。例如结构工程中的梁，一般都具有一个纵向对称面，当分布于梁上的载荷与之对称时，即可认为载荷作用在纵向对称面内；又如沿直线行驶的汽车，若不考虑左右车轮所经路面的不平度所引起的摇摆或侧滑，汽车所受的重力、空气阻力、地面对左右轮的约束力的合

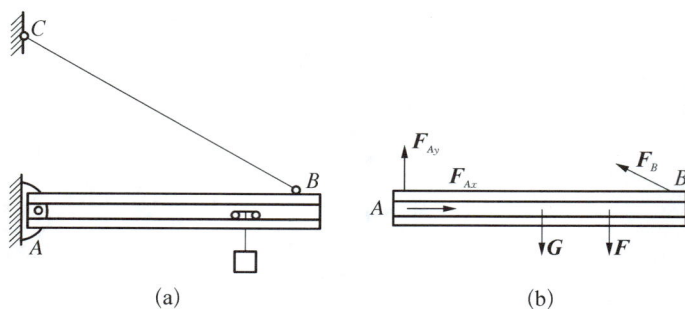

图 2‐20　平面一般力系

力等便可简化为平面力系来研究。所以,对平面力系的研究在理论上和实际应用上都有重要意义。

2.3.1　力的平移定理

平面力系向一点简化的理论基础是力的平移定理。如图 2‐21(a)所示,假设在刚体上 A 点作用一个力 $\boldsymbol{F}$,现要将它平行移动到刚体内任一点 O,而不改变它对刚体的效应。为此,可在 O 点加上一对平衡力 $\boldsymbol{F}'$ 和 $\boldsymbol{F}''$,并使它们的作用线与力 $\boldsymbol{F}$ 的作用线平行,且 $\boldsymbol{F}' = -\boldsymbol{F}' = -\boldsymbol{F}$,如图 2‐21(b)所示。根据加减平衡力系公理,3 个力 $\boldsymbol{F}'$、$\boldsymbol{F}''$、$\boldsymbol{F}$ 与原力 $\boldsymbol{F}$ 对刚体的效应相同。力 $\boldsymbol{F}$、$\boldsymbol{F}''$ 组成一个力偶 M,其力偶矩等于原力 $\boldsymbol{F}$ 对 O 点之矩,即

$$M = \boldsymbol{F}d$$

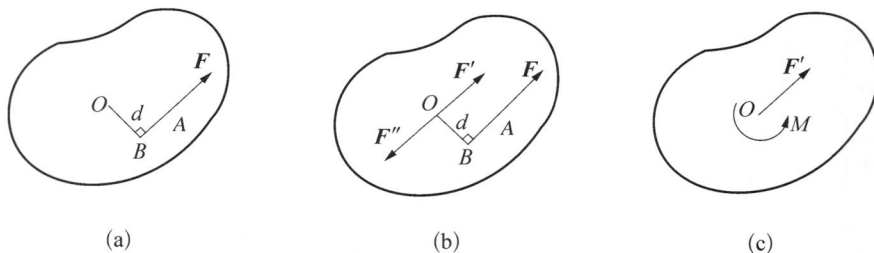

图 2‐21　力的平移定理

这样,就把作用于 A 点的力 $\boldsymbol{F}$ 平行移动到了任一点 O,但同时必须加上一个相应的力偶,称为附加力偶,如图 2‐21(c)所示。由此得到力的平移定理:作用于刚体上的力可以平行移动到刚体内任一指定点,但必须同时附加一个力偶,此附加力偶的矩等于原力对指定点之矩。

2.3.2　平面一般力系向作用面内一点简化

设刚体上作用一平面一般力系 $\boldsymbol{F}_1$,$\boldsymbol{F}_2$,$\cdots$,$\boldsymbol{F}_n$ 如图 2‐22(a)所示。在力系所在平面内任选一点 O,称为简化中心。应用力的平移定理,将各力平移到 O 点。于是得到作用于 O 点的力 $\boldsymbol{F}'_1$,$\boldsymbol{F}'_2$,$\cdots$,$\boldsymbol{F}'_n$,以及相应的附加力偶,其矩分别为 M_1,M_2,$\cdots$,M_n,如图 2‐22(b)

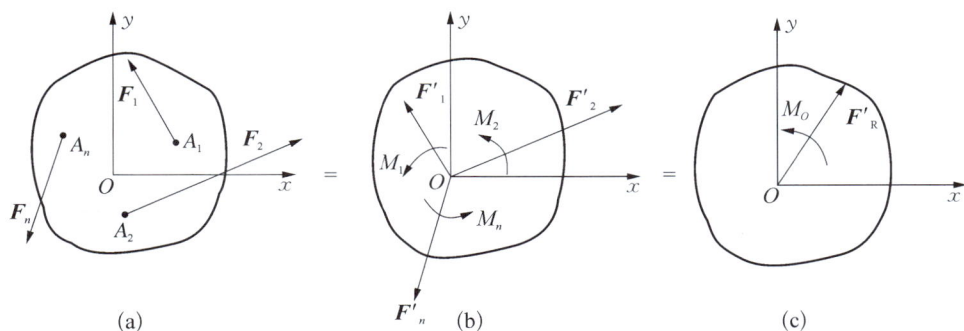

图 2 - 22　平面一般力系向一点简化

所示。这些附加力偶的矩分别为

$$M_i = M_O(\boldsymbol{F}_i) \tag{2-12}$$

这样,就把原来的平面力系等效分解为一个平面汇交力系和一个平面附加力偶系。

平面汇交力系可合成为作用线通过点 O 的一个力 $\boldsymbol{F}'_{\mathrm{R}}$,如图 2 - 22(c)所示。因为各力矢 $\boldsymbol{F}'_i = \boldsymbol{F}_i(i = 1, 2, \cdots, n)$,所以

$$\boldsymbol{F}'_{\mathrm{R}} = \boldsymbol{F}'_1 + \boldsymbol{F}'_2 + \cdots + \boldsymbol{F}'_n = \sum \boldsymbol{F}_i \tag{2-13}$$

即力矢 $\boldsymbol{F}'_{\mathrm{R}}$ 等于原来各力的矢量和。

通过 O 点作直角坐标系 Oxy。根据合力投影定理,力系主矢的大小和方向余弦可由下式确定

$$F'_{\mathrm{R}} = \sqrt{\left(\sum F_{ix}\right)^2 + \left(\sum F_{iy}\right)^2}$$

$$\cos(\boldsymbol{F}'_{\mathrm{R}}, \boldsymbol{i}) = \frac{\sum F_{ix}}{F'_{\mathrm{R}}}, \ \cos(\boldsymbol{F}'_{\mathrm{R}}, \boldsymbol{j}) = \frac{\sum F_{iy}}{F'_{\mathrm{R}}} \tag{2-14}$$

附加的平面力偶系可合成为一个力偶,这个力偶的矩 M_O 等于各附加力偶矩之和,又等于原来各力对简化中心 O 的力矩之和,即

$$M_O = M_1 + M_2 + \cdots + M_n = \sum M_O(\boldsymbol{F}_i) \tag{2-15}$$

综上所述可得出如下结论:平面力系向作用面内任一点 O 简化,可得一个力 $\boldsymbol{F}'_{\mathrm{R}}$ 和一个力偶 M_O。$\boldsymbol{F}'_{\mathrm{R}}$ 作用于简化中心,称为该力系的主矢,它等于原力系中所有各力的矢量和;M_O 称为该力系对于简化中心的主矩,它等于原力系中所有各力对于简化中心力矩的代数和。

值得注意的是,主矢 $\boldsymbol{F}'_{\mathrm{R}}$ 只是原力系中各力的矢量和,所以它与简化中心的选择无关。而主矩 M_O 显然与简化中心的选择有关,选择不同的点为简化中心时,各力的力臂一般将要改变,因而各力对简化中心之矩也将随之改变。以后对于主矩,应指明力系是对哪个简化中心的主矩,符号 M_O 中的下标就是指明简化中心为 O 点。

作为平面力系简化理论的应用实例,下面将分析固定端约束的约束力。

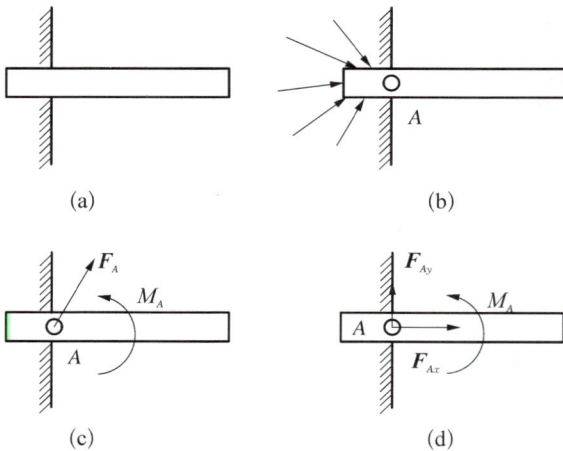

图 2 - 23   固定端处约束力

固定端或称插入端是一种常见的约束形式,固定端约束是指物体的一端嵌入另一物体内,或与另一物体以一定的接触面相固连的约束,如下端埋入地面的电线杆,固定于刀架上的车刀,建筑中一端嵌入墙体的梁,以及焊接于物体上的杆件等所受到的约束都是固定端约束的实例。这类约束的特点是连接处有很大的刚性,限制了构件与约束之间的任何相对移动和转动,其简图如图 2 - 23(a)所示。

构件插入部分(即固定端)与墙接触的各点都会受到大小和方向各不相同的约束力作用,如图 2 - 23(b)所示。这些任意分布的约束力是分布在接触面上的平面一般力系。若将此力系向构件端部截面中心 A 点简化,则得到一个作用于 A 点的约束力(即主矢) F_A 和一个力偶矩为 M_A 的力偶,如图 2 - 23(c)所示。因为约束力 F_A 的方向未知,所以通常用两个互相垂直的分力 F_{Ax},F_{Ay} 表示,如图 2 - 23(d)所示。故一般情况下,固定端约束有 3 个未知量,即 F_{Ax},F_{Ay},M_A,其中力的指向和力偶的转向均可任意假设,由计算结果来判定假设的正确性。值得注意的是,正是因为固定端比铰链多了一个约束力偶,才使约束和被约束物体之间没有相对转动。

2.3.3   平面一般力系的简化结果分析

平面一般力系向作用面内任一点简化得到主矢 F_R' 和主矩 M_O,可能存在以下 4 种情况,即:ⓐ $F_R' = 0$,$M_O \neq 0$;ⓑ $F_R' \neq 0$,$M_O = 0$;ⓒ $F_R' \neq 0$,$M_O \neq 0$;ⓓ $F_R' = 0$,$M_O = 0$。下面对这几种情况作进一步的分析讨论。

1) $F_R' = 0$,$M_O \neq 0$

若 $F_R' = 0$,$M_O \neq 0$,则力系简化为一个合力偶,其力偶矩等于原力系中各力对于简化中心之矩的代数和。若将力系再向其他简化中心简化,其主矩应等于此合力偶对新简化中心之矩。由力偶性质可知,两者是相同的。此时,力系的主矩与简化中心的选择无关。

2) $F_R' \neq 0$,$M_O = 0$

若 $F_R' \neq 0$,$M_O = 0$,主矢不等于零而主矩等于零,原力系等效于一个作用线通过简化中心 O 的合力 F_R',显然 F_R' 就是原力系的合力。

3) $F_R' \neq 0$,$M_O \neq 0$

若将该力系向简化中心 O 简化的结果是主矢和主矩都不等于零,如图 2 - 24(a)所示,即 $F_R' \neq 0$,$M_O \neq 0$。根据力的平移定理,显然此力和力偶组成的力系,并非最简形式,它们可以进一步简化为一合力。将矩为 M_O 的力偶用两个力 F_R 和 F_R'' 表示,并令 $F_R' = F_R = -F_R''$,如图 2 - 24(b)所示。再去掉一对平衡力 F_R' 和 F_R'',则作用于 O 点的力 F_R' 和力偶 M_O 合成

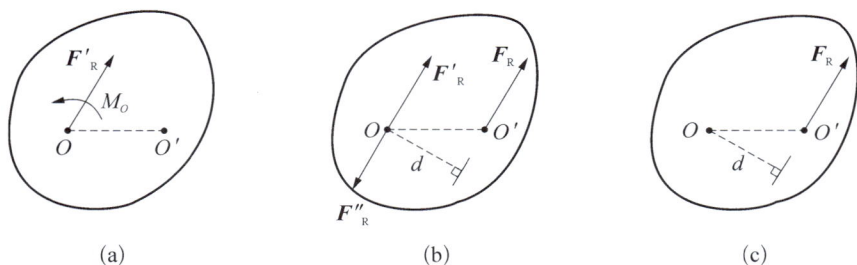

图 2 - 24　力与力偶的合成

为一个作用于 O' 点的力 $\boldsymbol{F}_R$，如图 2 - 24(c)所示，此力 $\boldsymbol{F}_R$ 即为原力系的合力，只是简化中心发生了变化，其作用线到 O 点的距离 d 可以按下式求得

$$d = \frac{M_O}{F_R} \qquad (2-16)$$

至于合力的作用线在 O 点的哪一侧应根据 $\boldsymbol{F}'_R$ 的指向和 M_O 的转向确定。

4）$\boldsymbol{F}'_R = 0$，$M_O = 0$

若 $\boldsymbol{F}'_R = 0$，$M_O = 0$，主矢和主矩都等于零，则原平面一般力系是一个平衡力系。这种情况将在下节详细讨论。

2.4　平面一般力系的平衡

由前述平面一般力系简化理论可知：当力系的主矢 $\boldsymbol{F}'_R$ 和对任一确定点 O 的主矩 M_O 全为零时，则合力为零，即力系为平衡力系；相反，当两者至少有一个不为零时，则力系的最简结果或是一力偶，或是一不为零的合力，即力系均为非平衡力系。前者说明，主矢 $\boldsymbol{F}'_R$ 和主矩 M_O 全为零是力系平衡的充分条件，后者则说明主矢 $\boldsymbol{F}'_R$ 和主矩 M_O 均为零是力系平衡的必要条件。即**平面任意力系平衡的充分必要条件是：力系的主矢 $\boldsymbol{F}'_R$ 和对任意点 O 的主矩 M_O 均为零**，数学表达式则为

$$\boldsymbol{F}'_R = 0, \quad M_O = 0 \qquad (2-17)$$

将式（2-14），（2-15）代入式（2-17），可得

$$\sum F_x = 0, \quad \sum F_y = 0, \quad \sum M_O(\boldsymbol{F}_i) = 0 \qquad (2-18)$$

由此可得结论，**平面一般力系平衡的解析条件是：所有各力在两个任选的坐标轴上的投影的代数和分别等于零，以及各力对于任意一点的矩的代数和也等于零**。式（2-18）称为平面一般力系的平衡方程，前两式为力在 x，y 轴上的投影方程，第三式为力矩方程，它是平衡方程的基本形式。由于只有 3 个独立的方程，所以只能求解出 3 个未知量。

力系平衡方程是力系平衡时必须满足的条件，它提供了非自由刚体在平衡状态下，所受

的全部外力必须满足的量值关系。因此,平衡方程的一个重要应用即是用该关系求解平衡刚体所受到的未知约束力,下面举例说明。

例 2 - 10 图 2 - 25(a)所示梁 AB,其 A 端为固定铰链支座,B 端为活动铰链支座。梁的跨度为 $l = 4a$,梁的左半部分作用有集度为 q 的均布荷载,在 D 截面处有矩为 M_e 的力偶作用。梁的自重及各处摩擦均不计。试求 A 和 B 处的支座约束力。

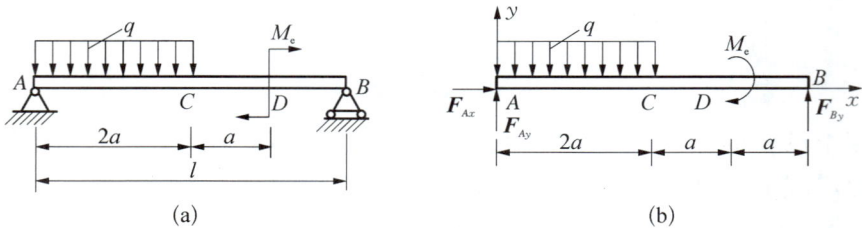

图 2 - 25   例 2 - 10 图

解:(1) 取 AB 为研究对象,并画出其简图。

(2) 分析杆 AB 的受力情况。AB 受到分布载荷 q,力偶 M_e,与外界有两个接触点 A 和 B,按其约束类型画出相应的约束力 $\boldsymbol{F}_{By}$,$\boldsymbol{F}_{Ax}$,$\boldsymbol{F}_{Ay}$,如图 2 - 25(b)所示。

(3) 列平衡方程:

$$\sum F_x = 0 \quad F_{Ax} = 0$$

$$\sum F_y = 0 \quad F_{Ay} + F_{By} - q \cdot 2a = 0$$

$$\sum M_A(\boldsymbol{F}_i) = 0 \quad F_{By} \cdot 4a - M_e - q \cdot 2a \cdot a = 0$$

求解以上方程,得

$$F_{By} = \frac{M_e}{4a} + \frac{qa}{2}$$

$$F_{Ax} = 0$$

$$F_{Ay} = \frac{3qa}{2} - \frac{M_e}{4a}$$

计算所得 $\boldsymbol{F}_{Ax}$,$\boldsymbol{F}_{Ay}$,$\boldsymbol{F}_{By}$ 皆为正值,表明假定的指向与实际的指向相同。

例 2 - 11   图 2 - 26(a)所示刚架 ABC,已知 $F = 3$ kN,$q = 3$ kN/m,$a = 1$ m,不计刚架自重。求固定端 A 处的约束力。

解:(1) 取 ABC 为研究对象,并画出其简图。

(2) 分析杆 ABC 的受力情况。ABC 受到分布载荷 q,集中力 $\boldsymbol{F}$,AB 与外界有一个接触点 A,按其约束类型画出相应的约束力 $\boldsymbol{F}_{Ax}$,$\boldsymbol{F}_{Ay}$,$\boldsymbol{M}_A$,如图 2 - 26(b)所示。

(3) 列平衡方程:

$$\sum F_x = 0 \quad F_{Ax} + F = 0$$

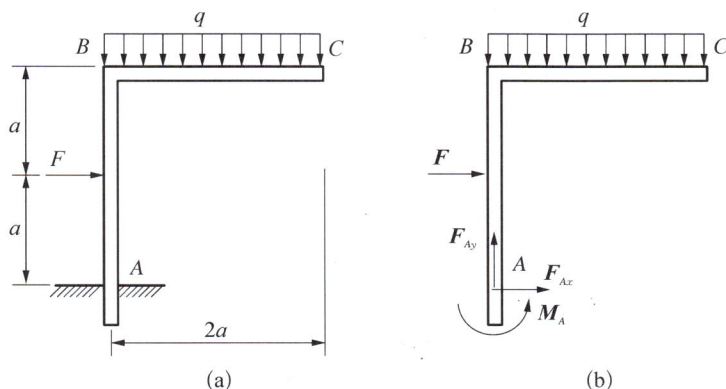

图 2 - 26　例 2 - 11 图

$$\sum F_y = 0 \quad F_{Ay} - q \cdot 2a = 0$$

$$\sum M_A(\boldsymbol{F}_i) = 0 \quad M_A - F \cdot a - q \cdot 2a \cdot a = 0$$

求解以上方程,得

$$F_{Ax} = -F$$

$$F_{Ay} = 2qa$$

$$M_A = 2qa^2 + Fa$$

例 2 - 12　图 2 - 27(a)为起重机,A,B,C 处均为光滑铰链,水平杆 AB 的重量 $P = 5$ kN,荷载 $F = 12$ kN,有关尺寸如图所示,BC 杆自重不计。试求 BC 杆所受的拉力和铰链 A 给杆 AB 的约束力。

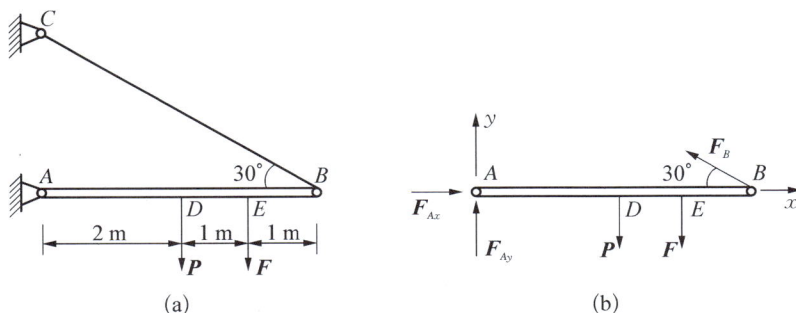

图 2 - 27　例 2 - 12 图

解:(1) 取 AB 为研究对象,并画出其简图。

(2) 分析杆 AB 的受力情况。AB 受到主动力 $\boldsymbol{P}$,$\boldsymbol{F}$,与外界有两个接触点 A 和 B,按其约束类型画出相应的约束力 $\boldsymbol{F}_B$(BC 为二力构件,故 $\boldsymbol{F}_B$ 沿 BC 连线方向)及 $\boldsymbol{F}_{Ax}$、$\boldsymbol{F}_{Ay}$,如图 2 - 27(b)所示。

(3) 列平衡方程:

$$\sum F_x = 0 \quad F_{Ax} - F_B \cos 30° = 0$$

$$\sum F_y = 0 \quad F_{Ay} + F_B \sin 30° - P - F = 0$$

$$\sum M_A(\boldsymbol{F}_i) = 0 \quad F_B \times 4 \times \sin 30° - P \times 2 - F \times 3 = 0$$

求解以上方程,得

$$F_B = P + 1.5F = 23 \text{ kN}$$

$$F_{Ax} = 19.92 \text{ kN}$$

$$F_{Ay} = 5.5 \text{ kN}$$

计算所得 $\boldsymbol{F}_{Ax}$, $\boldsymbol{F}_{Ay}$, $\boldsymbol{F}_B$ 皆为正值,表明假定的指向与实际的指向相同。

本题若写出对 A, B 两点的力矩方程和对 x 轴的投影方程,则同样可求解。即由

$$\sum F_x = 0 \quad F_{Ax} - F_B \cos 30° = 0$$

$$\sum M_A(\boldsymbol{F}_i) = 0 \quad F_B \times 4 \times \sin 30° - P \times 2 - F \times 3 = 0$$

$$\sum M_B(\boldsymbol{F}_i) = 0 \quad P \times 2 + F \times 1 - F_{Ay} \times 4 = 0$$

解得

$$F_{Ax} = 19.92 \text{ kN}, \ F_{Ay} = 5.5 \text{ kN}, \ F_B = 23 \text{ kN}$$

若写出对 A, B, C 三点的力矩方程

$$\sum M_A(\boldsymbol{F}_i) = 0 \quad F_B \times 4 \times \sin 30° - P \times 2 - F \times 3 = 0$$

$$\sum M_B(\boldsymbol{F}_i) = 0 \quad P \times 2 + F \times 1 - F_{Ay} \times 4 = 0$$

$$\sum M_C(\boldsymbol{F}_i) = 0 \quad F_{Ax} \times 4 \times \tan 30° - P \times 2 - F \times 3 = 0$$

则也可得到同样的结果。

由上面例题的讨论可知,平面一般力系的平衡方程除了式(2-18)所示的基本形式外还有二力矩形式和三力矩形式,其形式如下:

1) 二矩式平衡方程

3 个平衡方程中有两个力矩方程和一个投影方程,即

$$\sum M_A(\boldsymbol{F}_i) = 0$$

$$\sum M_B(\boldsymbol{F}_i) = 0 \quad\quad\quad\quad (2-19)$$

$$\sum F_x = 0$$

附加条件：其中 A，B 是平面内的任意两点，但其连线 AB 不能与选取的投影轴 x 垂直。

这是因为力系若满足方程 $\sum M_A(\boldsymbol{F}_i) = 0$，则这个力系不可能简化为一个力偶，只可能是作用线通过 A 点的合力或平衡。同理，若力系同时还满足方程 $\sum M_B(\boldsymbol{F}_i) = 0$，该力系的简化结果只可能是通过 A，B 两点的一个合力或平衡。但当力系又满足方程 $\sum F_x = 0$ 时，由于附加条件约束 AB 连线不能垂直于 x 轴，显然力系不可能有合力。这表明，只要满足以上 3 个方程以及 AB 连线不垂直于投影轴的附加条件，力系必平衡。

2）三矩式平衡方程

3 个平衡方程全为力矩形式的方程，即

$$\sum M_A(\boldsymbol{F}_i) = 0$$

$$\sum M_B(\boldsymbol{F}_i) = 0 \tag{2-20}$$

$$\sum M_C(\boldsymbol{F}_i) = 0$$

附加条件：A，B，C 是平面内不在同一直线上的任意三点。证明过程请读者参照二矩式平衡方程分析过程自行论证。

以上讨论了平面一般力系的 3 种不同形式的平衡方程，在解决实际问题时，可根据具体条件选择其中某一种形式。由前述例题可总结出，为使计算简单，通常尽可能选取与力系中多数未知力的作用线平行或垂直的投影轴，矩心选在两个未知力的交点上；尽可能多应用力矩方程，并使一个方程中只包含一个未知数。但是应注意，不管使用哪种形式的平衡方程，对于同一个平面力系来说，最多只能列出 3 个独立的平衡方程，因而只能求解 3 个未知量。任何第四个方程都不会是独立的，但可以利用它来校核计算的结果。

由平面一般力系平衡方程，可以直接导出平面力系中的各种特殊力系的平衡方程。

当平面力系具有某些特殊性时，如平面汇交力系、平面力偶系、平面平行力系等，作为力系平衡充分条件的平衡方程中的某些方程将是永远成立的，因而属于多余的条件。下面由平面一般力系平衡方程，导出平面力系中各种特殊力系的平衡方程。

1）平面汇交力系

若平面力系中各力作用线汇交于一点，则称为平面汇交力系，如图 2-28 所示。显见 $\sum M_O(\boldsymbol{F}_i) = 0$ 恒能满足，则其独立平衡方程为两个投影方程，即

$$\sum F_x = 0$$

$$\sum F_y = 0$$

2）平面力偶系

平面力偶系的主矢等于零，故由合矢量投影定理知，

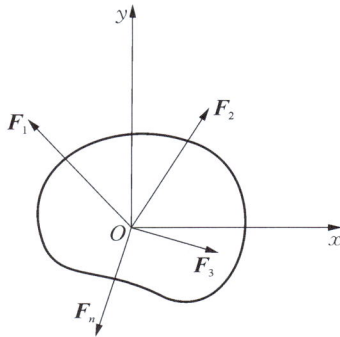

图 2-28　平面汇交力系

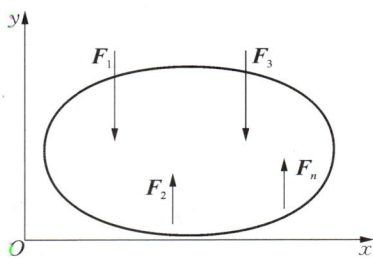

图 2 - 29　平面平行力系

$\sum F_x = 0$，$\sum F_y = 0$ 必成立，而且力偶系对任一点之主矩相等，所以平面力偶系的平衡方程只有一种形式，即

$$\sum M_O(\boldsymbol{F}_i) = 0$$

3）平面平行力系

若平面力系中各力作用线全部平行，则称为平面平行力系。取 y 轴平行于各力作用线，如图 2 - 29 所示。显见 $\sum F_x = 0$ 恒能满足，则其独立平衡方程为

$$\begin{aligned} &\sum F_y = 0 \\ &\sum M_O(\boldsymbol{F}_i) = 0 \end{aligned} \tag{2-21}$$

也可用二矩式，即

$$\begin{aligned} &\sum M_A(\boldsymbol{F}_i) = 0 \\ &\sum M_B(\boldsymbol{F}_i) = 0 \end{aligned} \tag{2-22}$$

其必需的附加条件为 A、B 的连线不能平行于各力 $\boldsymbol{F}$。

从上述各种形式的平衡方程可以看出，一个力系的平衡方程组可以有不同形式，但各种力系的独立平衡方程个数则是一个确定的数。如平面汇交力系和平面平行力系的独立平衡方程数都是 2，而平面力偶系的独立平衡方程数则只是 1。此外，还应该注意，某些平衡方程有一定的附加限定条件，如式（2-20）中附加条件是 A，B，C 三点共面不共线。当其附加条件不满足时，则其方程不是力系平衡的充分条件，在数学上则为一组非独立的方程组。

由上面的例题可看出，求解平面力系平衡问题的步骤如下：

（1）选取研究对象，并画出分离体简图；

（2）分析研究对象的全部受力并画出其受力图；

（3）建立平衡方程；

（4）解方程得到应求的未知约束反力或平衡位置的几何参数。

2.5　静定与静不定问题及物体系统的平衡

2.5.1　静定与静不定问题的概念

工程结构都是由许多物体通过约束按一定方式连接而成的系统，这样的系统称为物体系统（简称物体系）。当整个物体系平衡时，该物体系中的每个物体也必然处于平衡状态。对于每一个物体，可以列出若干个独立的平衡方程。前面讨论了几种平面力系的简化和平衡问题，从讨论中可以看出，每一种力系独立的平衡方程数目都是一定的。例如，平面力偶

系只有一个,平面汇交力系和平面平行力系各有两个,平面一般力系有 3 个。因此,对每一种力系来说,能求解的未知量的数目也是一定的。一般情况下,物体系中所有单个物体的独立平衡方程数相加与物体系未知量的总数相等,则未知量就可以全部由平衡方程求得,这类问题称为静定问题。

　　显然,上面所举的例题都是静定问题。但是在工程实际中,有时为了提高构件与结构的刚度和坚固性,常常采用增加约束的办法,因而使这些构件的未知约束力的数目多于独立平衡方程的数目,这些未知约束力就不能全部由平衡方程求出,这样的问题称为静不定问题或超静定问题。未知约束力的数目与独立平衡方程的数目之差称为静不定次数或超静定次数。例如,在图 2-30(a)中,当考虑结点 A 平衡时,各力组成一个平面汇交力系,未知量有 3 个,而对应的独立平衡方程只有两个,因而是一次超静定问题。又当考虑图 2-30(b)中梁 AB 的平衡时,AB 受到的各力为一个平面一般力系,未知量有 4 个,而对应的独立平衡方程只有 3 个,故也是一次超静定问题。

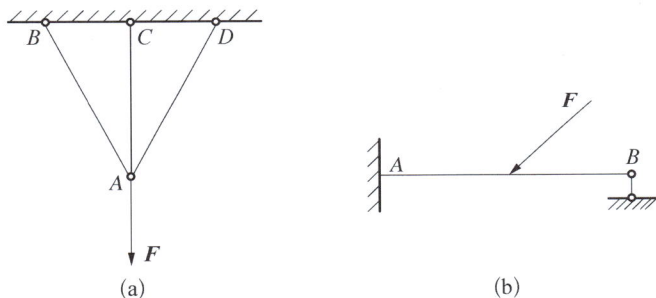

(a) 　　　　　　　　　　　　　(b)

图 2-30　静不定结构

　　由以上分析可以看出,静不定问题仅用静力平衡方程是不能解决的,需要补充方程才能求解全部约束反力,此时刚体模型已不符合实际,必须考虑结构的变形和材料的力学性能,解此类问题的原理和方法将在本书的第二篇材料力学中讨论。

2.5.2　物体系统的平衡

　　前面讨论的仅限于单个物体的平衡问题。在工程实际中常遇到由几个物体通过约束所组成的物体系统的平衡问题。在这类平衡问题中,不仅要研究外界物体对这个系统的作用,同时还要分析系统内部各物体之间相互作用。外界物体作用于系统的力,称为外力;系统内部各物体之间相互作用的力,称为内力。内力与外力的概念是相对的。在研究整个系统平衡时,由于内力总是成对地出现,这些内力是不必考虑的;当研究系统中某一物体或部分物体的平衡时,系统中其他物体对它们的作用力就成为外力,必须予以考虑。解决刚体系平衡问题,关键是恰当地取分离体。下面介绍刚体系平衡问题选取研究对象的一般方法:

　　(1) 取整个系统为研究对象。当整个系统的外约束未知量不超过 3 个,或者虽超过 3 个但不拆开也能求出部分未知量时,先取整个系统为研究对象。然后再拆开求出其他未知量。如某物体系受平面任意力系作用,有 4 个外约束力,但有 3 个外约束力汇交于一点(或 3

个外约束力平行),则可取该三力汇交点为矩心(或取垂直于三力的投影轴),列方程解出不汇交于该点的那个未知力(或不与三力平行的未知力)。

(2)取某部分作为研究对象。当整个系统的外约束未知量超过 3 个时,必须拆开才能求解未知量。此时,应选择受力比较简单的,且有已知力和未知力同时作用的单个刚体或某个部分(它可以包含几个刚体)为研究对象。

下面举例说明刚体系统平衡问题的解法。

例 2 – 13　图 2 – 31(a)为直角钢杆 AC 与 BC 在 C 处铰接,受力如图所示,其中 $F = qa$,不计各构件自重,求 A 与 B 处的约束力。

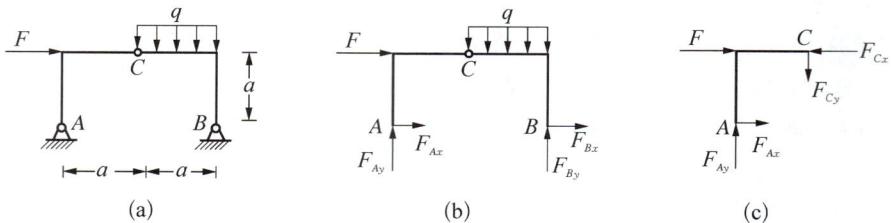

图 2 – 31　例 2 – 13 图

解:(1) 研究整体,受力如图 2 – 28(b)所示,建立平衡方程:

$$\sum M_B(F) = 0 \qquad -F_{Ay} \cdot 2a - F \cdot a + qa \cdot \frac{a}{2} = 0$$

$$\sum M_A(F) = 0 \qquad F_{By} \cdot 2a - F \cdot a - qa \cdot \frac{3a}{2} = 0$$

$$\sum F_x = 0 \qquad F_{Ax} + F_{Bx} + F = 0$$

(2) 研究 AC,受力如图 2 – 28(c)所示,建立平衡方程:

$$\sum M_C(F) = 0 \qquad -F_{Ay} \cdot a + F_{Ax} \cdot a = 0$$

(3) 联立方程,解得

$$F_{Ax} = F_{Ay} = -\frac{qa}{4}$$

$$F_{By} = \frac{5qa}{4}$$

$$F_{Bx} = -\frac{3qa}{4}$$

例 2 – 14　图 2 – 32(a)中 T 形钢杆 AB 与 BC 直杆在 B 处铰接,所受外力如图所示,不计各构件自重,求结构固定端 A 处的约束力。

解:若以整体为研究对象,约束力较多不能直接求解,因此先研究 BC。

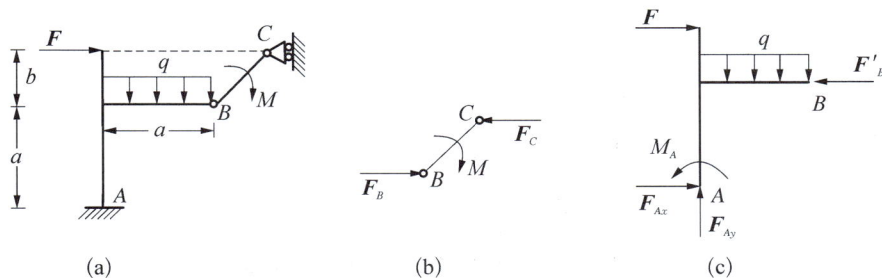

图 2 - 32　例 2 - 14 图

(1) 研究 BC，C 处是活动铰链约束，受力如图 2 - 29(b)所示，建立平衡方程：

$$\sum M_C(F) = 0 \qquad F_B \cdot b - M = 0$$

(2) 研究 T 形钢杆 AB，受力如图 2 - 29(c)所示，建立平衡方程：

$$\sum M_A(F) = 0 \qquad F_B' \cdot a + M_A - F(a+b) - qa \cdot \frac{a}{2} = 0$$

$$\sum F_x = 0 \qquad F_{Ax} + F - F_B' = 0$$

$$\sum F_y = 0 \qquad F_{Ay} - qa = 0$$

(3) 联立方程，解得

$$F_B = \frac{M}{b} = F_B'$$

$$M_A = F(a+b) + \frac{qa^2}{2} - \frac{Ma}{b}$$

$$F_{Ax} = \frac{M}{b} - F$$

$$F_{Ay} = qa$$

习　题　2

题 2 - 1　已知 $F_1 = 150\ \text{N}$，$F_2 = 200\ \text{N}$，$F_3 = 250\ \text{N}$ 及 $F_4 = 100\ \text{N}$，试求这 4 个力的合力。

题 2 - 2　A、B 二人拉一压路碾子，如题 2 - 2 图所示。A 施拉力 $F_A = 400\ \text{N}$，B 沿相对正前方斜 60°方向施力 F_B。为使碾子沿相对正前方偏斜 $\theta = 15°$ 方向前进，试求 F_B。

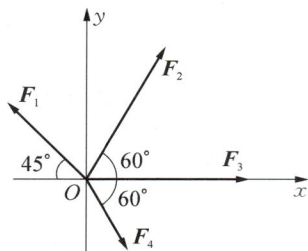

题 2-1 图

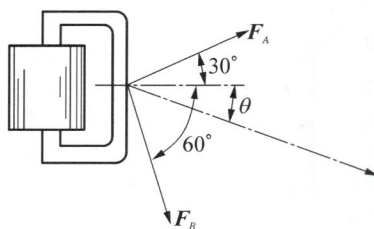

题 2-2 图

题 2-3　如题 2-3 图所示,重量为 $G=6$ kN 的球悬挂在绳上,且和光滑的墙壁接触.绳和墙的夹角为 $30°$,试求绳和墙对球的约束力。

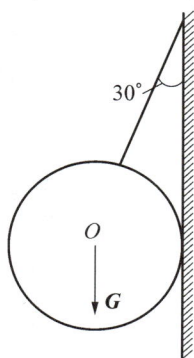

题 2-3 图

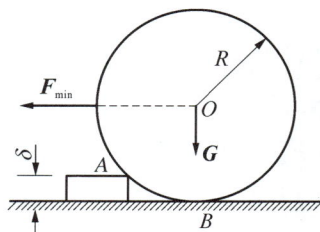

题 2-4 图

题 2-4　压路的碾子自重 $G=24$ kN,截面半径 $R=300$ mm。设石块不动,试求碾子碾过厚度 $\delta=60$ mm 的石块时,所需最小的水平拉力 F_{min}。

题 2-5　简易起重机用钢丝绳吊起重 $G=2\,000$ N 的物体。起重机由杆 AB,AC 及滑轮 A,D 组成,不计杆及轮的自重。试求平衡时杆 AB,AC 所受的力。

题 2-6　将两个相同的光滑圆柱放在矩形槽内,各圆柱的半径均为 $r=200$ mm,重 $G_1=G_2=600$ N。求接触点 A,B,C 处的约束力。

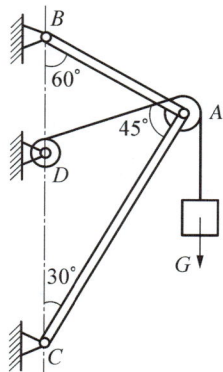

题 2-5 图

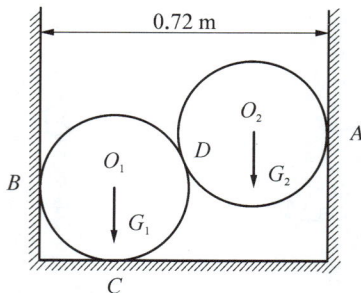

题 2-6 图

题 2-7   图所示为机构 $ABCD$，杆重及摩擦均可不计。在铰链 B 上作用力 F_2，在铰链 C 上作用力 F_1，方向如图所示。试求当机构在图示位置平衡时，F_1 和 F_2 两力大小之间的关系。

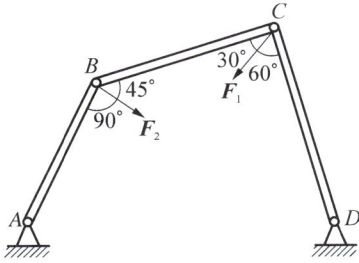

题 2-7 图

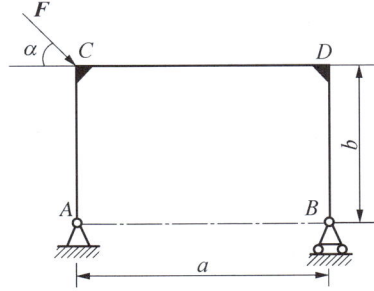

题 2-8 图

题 2-8   刚架上作用着力 F，试分别计算力 F 对 A 点和 B 点的力矩。

题 2-9   试分别计算图示各种情况中力对点 O 之矩。

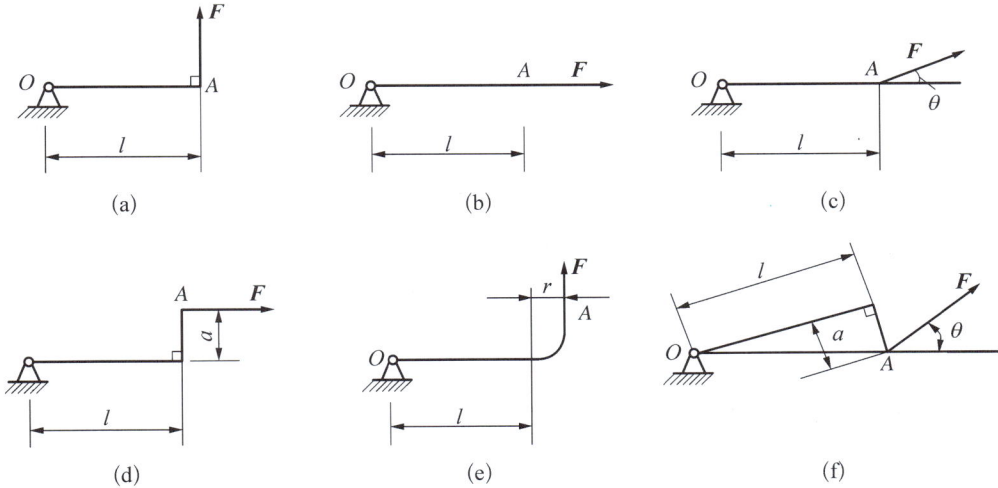

题 2-9 图

题 2-10   已知 AB 梁上作用一矩为 M_e 的力偶，梁长为 l，梁重及摩擦均不计。试求在图示 4 种情况下支座 A，B 的约束力。

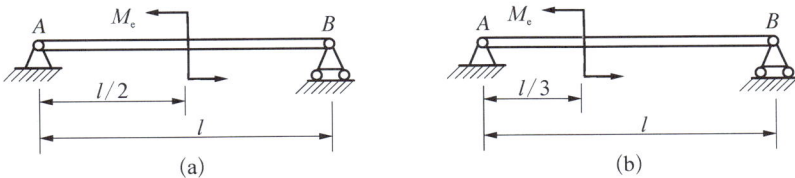

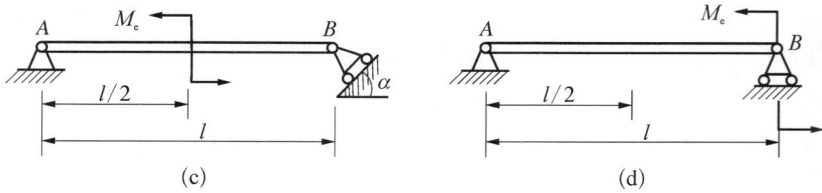

(c)　(d)

题 2－10 图

题 2－11　图所示为一三角形构架,自重不计,在 A, C, D 处为光滑铰链连接,B 端作用有一力偶,力偶矩大小 $M_e = 1$ kN·m。求 A, C 铰链处的约束力。

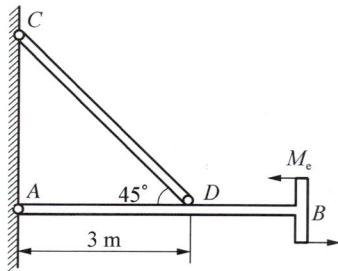

题 2－11 图

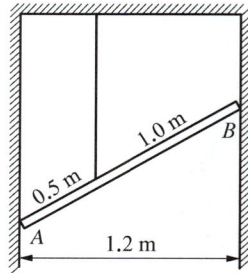

题 2－12 图

题 2－12　图所示为均质杆 AB,长为 1.5 m,重为 160 N,由绳子悬挂于房顶。杆的两端与光滑铅垂墙壁接触。求 A, B 两点处的约束力。

题 2－13　机构 $OABC$ 在图示位置平衡。已知 $CB = 400$ mm,$OA = 600$ mm,作用在 OA 上的力偶的力偶矩大小为 M_1。各杆的重量及各处摩擦均不计,试求 M_2 的大小和杆 AB 所受的力 F_N。

题 2－14　试分别求题 2－14 图中两根梁其支座处的约束力。梁重及摩擦均不计。

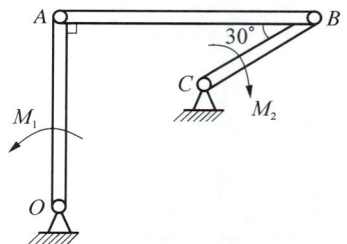

题 2－13 图

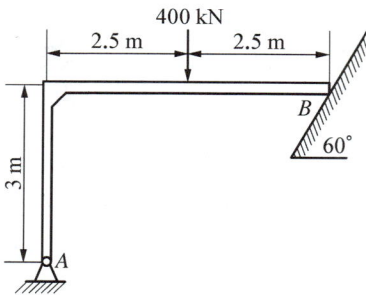

(a)

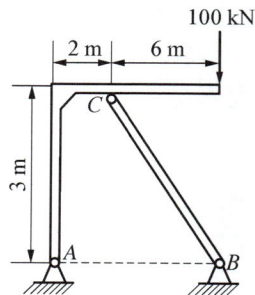

(b)

题 2－14 图

题 2 – 15　求题 2 – 15 图所示物体的支座约束力。

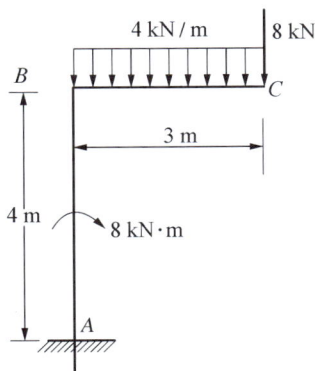

题 2 – 15 图

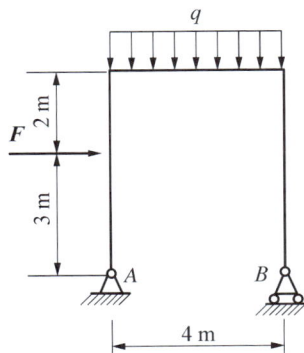

题 2 – 16 图

题 2 – 16　已知 $F = 3$ kN，$q = 2$ kN/m。求图示刚架支座 A、B 处的约束力。

题 2 – 17　水平外伸梁上受均布载荷 q，力偶 M 和集中力 F 的作用。求支座 A、B 处的反力。

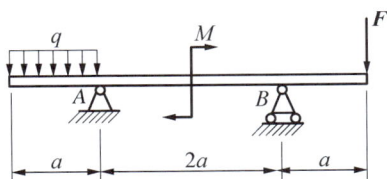

题 2 – 17 图

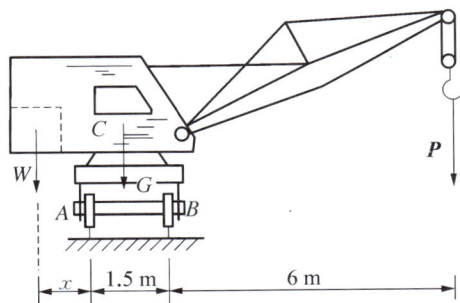

题 2 – 18 图

题 2 – 18　如题 2 – 18 图所示的铁路起重机，除平衡重 W 外的全部重量为 500 kN，中心在两铁轨的对称平面内，最大起重量为 200 kN。为保证起重机在空载和最大载荷都不致倾倒，求平衡重 W 及其至近侧车轮面距离 x。

题 2 – 19　起重机在题 2 – 19 图示位置保持平衡。已知起重量 $W_1 = 10$ kN，起重机自重 $W = 70$ kN。求：A、B 两处地面的约束力；当其他条件相同时，最大起重重量为多少？

题 2 – 20　图示平面构架中，已知 F，a。试求 A，B 两支座的约束力。

题 2 – 21　图示构架中，DF 杆的中点有一销钉 E 套在 AC 杆的导槽内。已知 F_P、a，试求 B，C 两支座的约束力。

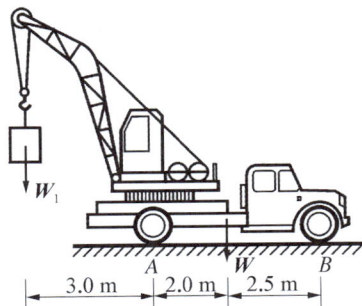

题 2 – 19 图

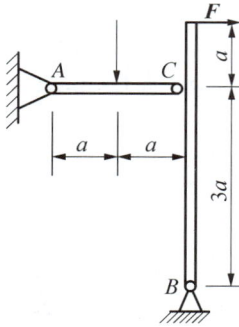

题 2-20 图

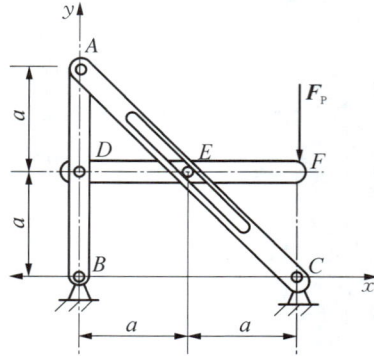

题 2-21 图

题 2-22   三铰刚架如图所示,已知 $q = 16$ kN/m,求支座 A、B 处的约束力。

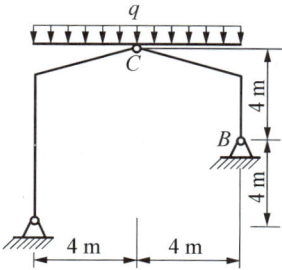

题 2-22 图

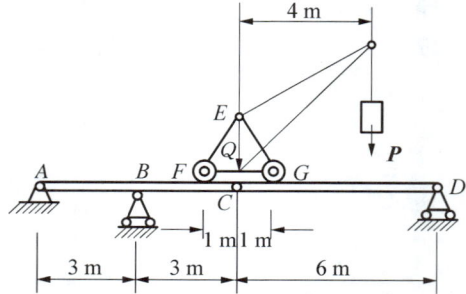

题 2-23 图

题 2-23   如题 2-23 图所示,组合梁由 AC 和 DC 两段铰接构成,起重机放在梁上。已知起重机重 $Q = 50$ kN,重心在铅直线 EC 上,起重载荷 $P = 10$ kN。如不计梁重,求支座 A、B 和 D 三处的约束力。

题 2-24   如题 2-24 图所示,由 AC 和 CD 构成的组合梁通过铰链 C 连接。已知均布载荷强度 $q = 10$ kN/m,力偶矩 $M = 40$ kN·m,不计梁重。求支座 A、B、D 的约束力和铰链 C 处所受的力。

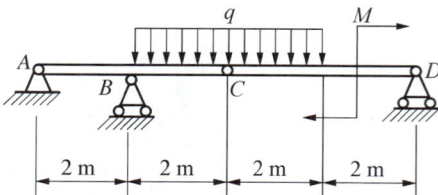

题 2-24 图

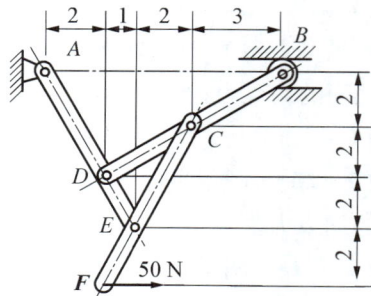

题 2-25 图

题 2-25   如题 2-25 图所示,用 3 根杆连接成一构架,各连接点均为铰链,各接触表面均为光滑面。图中尺寸单位为 m。求铰链 D 所受的力。

题 2-26   梯子的两部分 AB 和 AC 在 A 点光滑铰接,又在 D,E 两点用水平的绳索连接。梯子放在光滑的水平面上,其一边作用有铅垂力 F,如图所示。如不计梯子和绳索重量,试求绳索中的拉力 F_T。

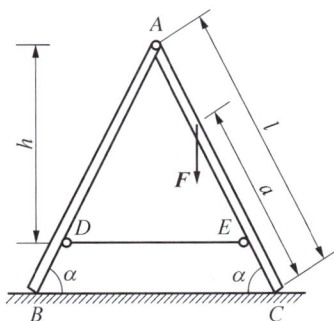

题 2-26 图

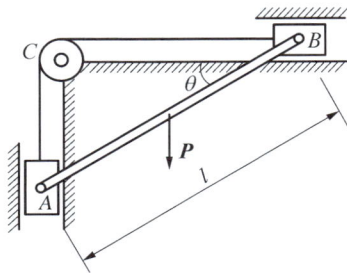

题 2-27 图

题 2-27   均质杆 AB,其重为 P。杆的两端 A,B 处用铰链与滑块相连,滑块可在导槽内滑动,两滑块由跨过定滑轮 C 的绳子相连,若各接触处都是光滑的,滑块 A,B 的重量不计。试求平衡时绳中的拉力 F_T 与 P,θ 之间的关系;若平衡时绳中的拉力 $F_T = 2P$,试求 θ 角的数值。

题 2-28   构架尺寸如题 2-28 图所示,不计各杆件自重,载荷 F=50 kN。求 A、E 铰链的约束力及杆 BD,BC 所受的力。

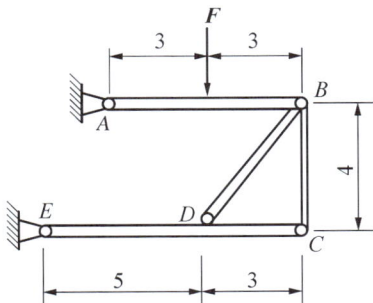

题 2-28 图

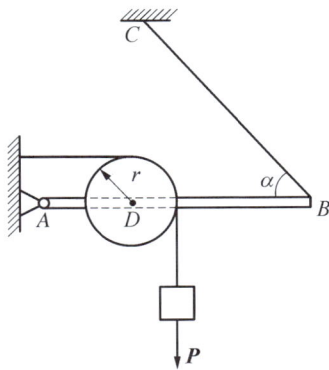

题 2-29 图

题 2-29   水平梁 AB 如图所示系由铰链 A 和绳索 BC 支持。在梁上 D 处用销子安装有半径为 r=100 mm 的滑轮,跨过滑轮的绳子其水平部分的末端系于墙上,竖直部分的末端挂有重 P=2 000 N 的重物。如 AD=200 mm,BD=400 mm,α=45°,且不计梁、滑轮和绳索的重量及一切摩擦,试求铰链 A 和绳索 BC 作用于梁上的力。

题 2-30 已知题 2-30 图所示结构由直杆 CD，BC 和曲杆 AB 组成，杆重不计，且 $M=12$ kN·m，$F=15$ kN，$q=8$ kN/m，试求固定铰支座 D 及固定端 A 处的约束力。

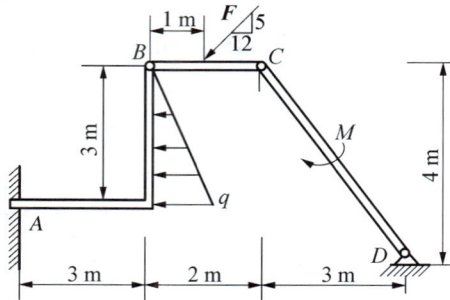

题 2-30 图

第3章 空间力系

本章主要讨论与空间一般力系平衡有关的基本概念及其平衡方程的应用,并由空间平行力系合力作用点的概念推导出物体重心位置的确定方法。

3.1 空间力的投影及力对轴的矩

3.1.1 力在空间坐标轴上的投影

在研究平面力系时,需要计算力在坐标轴上的投影。研究空间力系时,同样需要计算力在空间直角坐标轴上的投影。依据已知条件的不同,空间力的投影主要采用直接投影法和二次投影法,下面分别对这两种方法进行介绍。

1) 直接投影法

设作用于物体上 O 点的力 $\boldsymbol{F}$ 如图 3-1(a)所示,若已知力 $\boldsymbol{F}$ 与三轴 x、y、z 正向间的夹角分别为 α,β 和 γ,则根据力的投影定义,可直接将力 $\boldsymbol{F}$ 向 3 个坐标轴上投影,得到

$$F_x = F\cos\alpha$$
$$F_y = F\cos\beta \qquad\qquad (3-1)$$
$$F_z = F\cos\gamma$$

由图 3-1(a)可看出,若以力 $\boldsymbol{F}$ 的大小为对角线长度,以 3 个坐标轴为棱边做出正六面

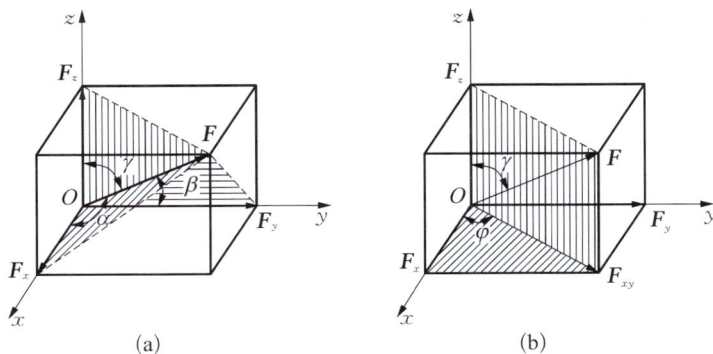

(a) (b)

图 3-1 力在坐标轴上的投影

体,则此六面体的 3 条棱边之长恰好等于 **F** 在 3 个轴上投影的绝对值。

2) 二次投影法

如图 3-1(b)所示,若已知力 **F** 的方向由其方位角 φ 和其与 z 轴正向间的夹角 γ 表示时,力 **F** 在 z 轴上的投影可通过定义直接求取,其在 x,y 轴上的投影可通过二次投影进行求取。即首先把力 **F** 投影到 xOy 面上,得到 F_{xy},再将 F_{xy} 继续向 x,y 轴投影有

$$F_x = F\sin\gamma\cos\varphi$$
$$F_y = F\sin\gamma\sin\varphi \tag{3-2}$$
$$F_z = F\cos\gamma$$

方位角 φ 是指 **F** 所在铅垂面与坐标平面 xOz 的夹角。

如果已知力 **F** 在三轴 x,y,z 上的投影分别是 F_x,F_y,F_z,反之也可求出力 **F** 的大小和方向,即

$$F = \sqrt{F_x^2 + F_y^2 + F_z^2}$$
$$\cos\alpha = \frac{F_x}{F},\ \cos\beta = \frac{F_y}{F},\ \cos\gamma = \frac{F_z}{F} \tag{3-3}$$

3.1.2　力对轴的矩

1) 力对轴的矩

下面以开门动作为例来说明力对轴的矩。

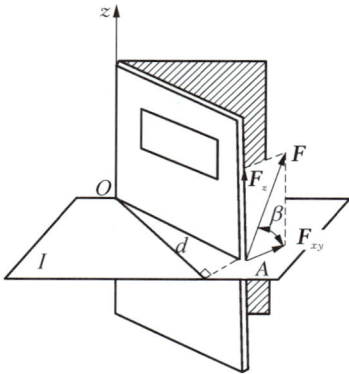

图 3-2　力对轴的矩

设如图 3-2 所示门框为固定轴 z,在门的 A 点作用一个力 **F**。过 A 点作垂直于 z 轴的平面 I。现将力 **F** 分解为平行于转轴 z 的分力 F_z 和垂直于转轴 z 的平面 I 上的分力 F_{xy}。由于 F_z 与 z 轴平行,所以力 F_z 不能使门绕 z 轴转动。力使门绕 z 轴的转动效果取决于分力 F_{xy} 所起的转动作用。设 d 表示 z 轴与 I 平面的交点 O 到 F_{xy} 作用线的距离,则 F_{xy} 对 O 点的矩就可以用来度量 **F** 对门绕 z 轴的转动作用,记作

$$m_z(\boldsymbol{F}) = M_O(\boldsymbol{F}_{xy}) = \pm F_{xy}d \tag{3-4}$$

式(3-4)中正负号可用右手法则来判定:以右手四个指头顺着力矩转动的方向而握拳时,若大拇指伸出的方向与取矩轴的正向一致时取正号,反之则取负号。力对轴的矩是一个代数量,其单位与力对点之矩相同。

综上所述可得如下结论:力对轴的矩的大小等于力在垂直于轴的平面内的投影与力臂(即轴与平面的交点 O 到力 F_{xy} 的垂直距离)的乘积。显然,当力 **F** 平行于 z 轴时,或力 **F** 的作用线与 z 轴相交时,即力 **F** 与 z 轴共面时,力 **F** 对轴之矩等于零。

2) 合力矩定理

空间力系的合力对某一轴之矩等于力系中各分力对同一轴之矩的代数和,此即为空间

力系的合力矩定理。用公式表示为

$$m_z(\boldsymbol{F}_R) = \sum m_z(\boldsymbol{F}_i) \qquad (3-5)$$

空间合力矩定理提供了用分力矩来计算合力矩的方法,并且也常常被用来确定物体的重心位置。在实际计算力对轴的矩时,应用合力矩定理往往比较方便。下面以图 3-3 中力对 z 轴的矩为例说明如何使用合力矩定理计算力对轴的矩。

设力 $\boldsymbol{F}$ 的作用点 A 坐标为 (x, y, z),力的矢量为 $\boldsymbol{F} = F_x\boldsymbol{i} + F_y\boldsymbol{j} + F_z\boldsymbol{k}$,则由力对轴的矩的定义和合力矩定理,不难得

$$m_z(\boldsymbol{F}) = m_O(\boldsymbol{F}_{xy}) = m_O(F_x\boldsymbol{i}) + m_O(F_y\boldsymbol{j}) = -yF_x + xF_y \qquad (3-6)$$

同理可得

$$m_x(\boldsymbol{F}) = yF_z - zF_y \qquad (3-7)$$

$$m_y(\boldsymbol{F}) = zF_x - xF_z \qquad (3-8)$$

例 3-1　如图 3-3 所示,已知 $\boldsymbol{F} = 20$ N,求力 $\boldsymbol{F}$ 在 x,y,z 轴上的投影,以及力 $\boldsymbol{F}$ 对该三轴的力矩。

解：根据已知条件,采用二次投影法来计算 $\boldsymbol{F}$ 在坐标轴上的投影

$$F_x = F \cdot \sin 120° \cdot \cos(-45°) = 12.25 \text{ N}$$

$$F_y = F \cdot \sin 120° \cdot \sin(-45°) = -12.25 \text{ N}$$

$$F_z = F \cdot \cos 120° = -10 \text{ N}$$

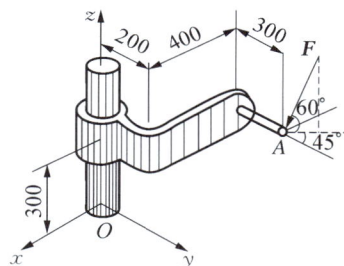

图 3-3　例 3-1 图

力 $\boldsymbol{F}$ 的作用点坐标为 $(-0.4, 0.5, 0.3)$。将上述投影和坐标代入式 $(3-6)$,$(3-7)$,$(3-8)$ 可求得力 $\boldsymbol{F}$ 对坐标轴的矩分别为

$$m_x(F) = yF_z - zF_y = 0.5 \times (-10) - 0.3 \times (-12.25) = -1.325 \text{ N} \cdot \text{m}$$

$$m_y(F) = zF_x - xF_z = 0.3 \times 12.25 - (-0.4) \times (-10) = -0.325 \text{ N} \cdot \text{m}$$

$$m_z(F) = xF_y - yF_x = (-0.4) \times (-12.25) - 0.5 \times 12.25 = -1.225 \text{ N} \cdot \text{m}$$

3.2　空间一般力系的平衡

假设某物体上作用有一个空间一般力系 $F_1, F_2, \cdots, F_n$。如果物体不平衡,则力系可能使物体沿 x, y, z 轴方向的移动状态发生变化,也可能使该物体绕其三轴的转动状态发生变化。若物体在空间力系作用下保持平衡,则物体既不能沿 x, y, z 三轴移动,也不能绕三轴转动。若物体沿 x 轴方向不移动,则此空间力系各力在 x 轴上投影的代数和为零,即 $\sum F_x = 0$。同理可得 $\sum F_y = 0$,$\sum F_z = 0$。当物体绕 x 轴的转动状态不变时,该力系对 x

轴力矩的代数和为零,即 $\sum m_x(\boldsymbol{F}_i) = 0$。同理可得 $\sum m_y(\boldsymbol{F}_i) = 0$, $\sum m_z(\boldsymbol{F}_i) = 0$。由此得到空间一般力系的平衡方程式为

$$\sum F_x = 0, \quad \sum F_y = 0, \quad \sum F_z = 0$$

$$\sum m_x(\boldsymbol{F}_i) = 0, \quad \sum m_y(\boldsymbol{F}_i) = 0, \quad \sum m_z(\boldsymbol{F}_i) = 0 \tag{3-9}$$

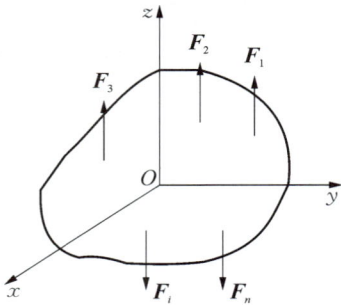

图 3-4　空间平行力系

式(3-9)表明空间任意力系平衡的必要和充分条件为:各力在 3 个坐标轴上投影的代数和以及各力对 3 个坐标轴之矩的代数和都必须同时为零。利用这 6 个独立平衡方程式,可以求解 6 个未知量。对于空间平行力系,如图 3-4 所示,设力系中各力与 z 轴平行,则各力在 x, y 轴上投影代数和为零,同时各力对 z 轴的矩亦为零,因此空间平行力系的平衡方程式为

$$\sum F_z = 0, \quad \sum m_x(\boldsymbol{F}_i) = 0, \quad \sum m_y(\boldsymbol{F}_i) = 0 \tag{3-10}$$

例 3-2　三轮推车如图 3-5(a)所示。若已知 $AH = BH = 0.5$ m, $CH = 1.5$ m, $EH = 0.3$ m。$ED = 0.5$ m,载荷 $G = 3$ kN,试求 A, B, C 三轮所受到的压力。

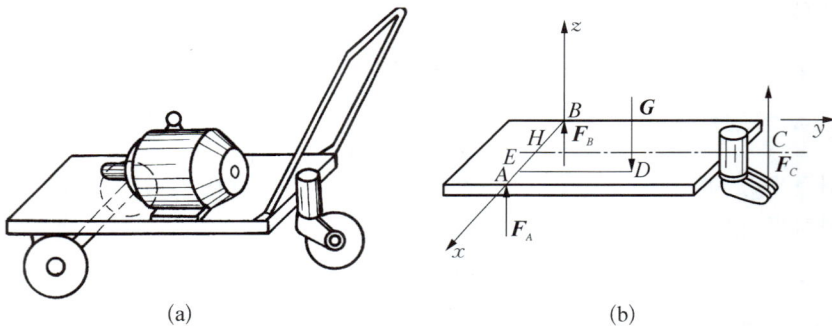

(a)

(b)

图 3-5　例 3-2 图

解:(1) 取小车为研究对象,并作出其分离体受力图,如图 3-5(b)所示。小车受已知载荷 $\boldsymbol{G}$ 及地面给 A, B, C 三轮的未知光滑接触约束反力 $\boldsymbol{F}_A$, $\boldsymbol{F}_B$ 和 $\boldsymbol{F}_C$ 作用。这些力的作用线相互平行,构成了一个空间平行力系。

(2) 按力作用线的方向和几何位置,取 B 为坐标原点,竖直向上为 z 轴正向,BA 为 x 轴建立坐标系。

(3) 列力系的平衡方程式求解,即

$$\sum m_x(\boldsymbol{F}_i) = 0 \quad F_C \cdot HC - G \cdot DE = 0$$

$$\sum m_y(\boldsymbol{F}_i) = 0 \quad G \cdot EB - F_C \cdot HB - F_A \cdot AB = 0$$

$$\sum F_z = 0 \quad F_A + F_B + F_C - G = 0$$

解得

$$F_A = 1.9 \text{ kN}, F_B = 0.1 \text{ kN}, F_C = 1 \text{ kN}$$

3.3 重心和形心

在地球表面附近的空间内,任何物体的每一微小部分都受到铅垂向下的地球引力作用,这些力严格说来组成一个空间汇交力系,力系的汇交点在地球中心附近。但由于物体与地球相比非常小,因此可近似地认为这个力系是一个空间平行力系,此平行力系的合力大小称为物体的重力,此平行力系的中心称为物体的重心,也即物体重力合力的作用点称为物体的重心。如果把此物体看作为刚体,则此物体的重心相对物体本身来说是一个确定的几何点,不因物体的放置方位而变。而物体的几何中心称为物体的形心。因此对于均质物体,形心和重心是重合的。

物体的重心是力学和工程中一个重要的概念,在许多工程问题中,物体重心的位置对物体的平衡或运动状态起着重要的作用。例如,当我们用两轮手推车推重物时,只有重物的重心正好与车轮轴线在同一铅垂面内时,才能比较省力。机械设备中高速旋转的构件,如电机转子、砂轮、飞轮等,都要求它的重心位于转动轴线上,否则就会使机器产生剧烈的振动,甚至引起破坏,造成事故。而飞机、轮船及车辆的重心位置与它们运动的稳定性和可操纵性也有极大的关系。因此,测定或计算出物体重心的位置,在工程中有着重要的意义。

3.3.1 重心和形心的坐标公式

如图 3-6 所示,设有一物体由许多小块组成,每一小块都受到地球的吸引,其吸引力为 $\Delta \boldsymbol{P}_1$, $\Delta \boldsymbol{P}_2$, $\cdots$, $\Delta \boldsymbol{P}_n$, 它们组成一个空间平行力系。该空间平行力系的合力 $\boldsymbol{P}$, 就是该物体的重力,即

$$\boldsymbol{P} = \sum \Delta \boldsymbol{P}_i \qquad (3-11)$$

若合力作用点为 $C(x_c, y_c, z_c)$,各微小部分的坐标为 (x_i, y_i, z_i)。先令所有各力的作用线与 z 轴平行,分别对 y 轴和 x 轴应用合力矩定理,有

$$P \cdot x_c = \sum \Delta P_i \cdot x_i, \, P \cdot y_c = \sum \Delta P_i \cdot y_i$$

$$(3-12)$$

再将力系转到和 y 轴(或 x 轴)平行,利用对 x 轴(或 y 轴)的合力矩定理有

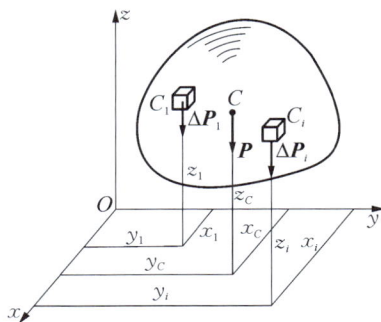

图 3-6 重心

$$P \cdot z_c = \sum \Delta P_i \cdot z_i$$

所以由式(3-11),(3-12)可得空间平行力系中心 C 的坐标公式为

$$x_c = \frac{\sum \Delta P_i \cdot x_i}{P}, \quad y_c = \frac{\sum \Delta P_i \cdot y_i}{P}, \quad z_c = \frac{\sum \Delta P_i \cdot z_i}{P} \qquad (3-13)$$

若物体是均质的,其单位体积的重力为 γ,各微小体积为 ΔV_i,则将 $V = \sum \Delta V_i$, $\Delta P_i = \gamma \cdot \Delta V_i$, $P = \gamma V$,代入上式得

$$x_c = \frac{\sum \Delta V_i \cdot x_i}{V}, \quad y_c = \frac{\sum \Delta V_i \cdot y_i}{V}, \quad z_c = \frac{\sum \Delta V_i \cdot z_i}{V} \qquad (3-14)$$

由上式可见,均质物体重心的位置完全取决于物体的几何形状。这时物体的重心就是物体几何形状的中心(形心)。对于均质物体,其重心与形心重合;对非均质物体,两者一般不重合。

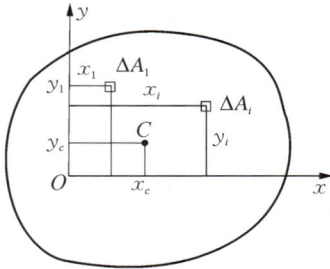

若物体是均质的平面等厚板,厚度 δ 为常数,如图3-7所示取平分其厚度的对称平面为 xOy 平面,则其重心的一个坐标 z_c 等于零,待求的只是重心的另两个坐标 x_c 和 y_c。则将 $A = \sum \Delta A_i$, $\Delta V_i = \delta \cdot \Delta A_i$, $V = \delta \cdot A$,代入式(3-12)消去板厚,得其形心坐标为

图3-7 形心坐标

$$x_c = \frac{\sum \Delta A_i \cdot x_i}{A}, \quad y_c = \frac{\sum \Delta A_i \cdot y_i}{A} \qquad (3-15)$$

3.3.2 确定重心和形心位置的具体方法

根据物体的性质和自身特点,在日常生产、生活和实践中确定物体重心的方法主要有:对称法、积分法,分割法和实验法。下面分别对这四种方法予以介绍。

1) 对称法

对于均质物体,若在几何形体上具有对称面、对称轴或对称点,则物体的重心或形心必在此对称面、对称轴或对称点上。若物体具两个对称面,则重心在两个对称面的交线上;若物体有两根对称轴,则重心在两个对称轴的交点上。例如,球心是圆球的对称点,也就是它的重心或形心;矩形的形心就在它的两个对称轴的交点上。

2) 积分法

在公式(3-14)中,物体被分割得越多,则计算出的重心位置越准确。一般利用极限的方法来确定物体(或刚体)的重心。根据高等数学知识,式(3-14)的极限为

$$x_c = \frac{\int_V x \, dV}{V}, \quad y_c = \frac{\int_V y \, dV}{V}, \quad z_c = \frac{\int_V z \, dV}{V} \qquad (3-16)$$

同理,对平面等厚板的形心坐标公式(3-15)取极限,可得

$$x_c = \frac{\int_A x \, \mathrm{d}A}{A} \, , \, y_c = \frac{\int_A y \, \mathrm{d}A}{A} \tag{3-17}$$

此方法称为积分法,是计算物体重心及形心的基本方法。

例 3-3   求图 3-8 所示半径为 R 的半圆图形的形心位置。

解:取坐标系 Oxy,如图 3-8 所示,坐标原点 O 在圆心处,y 轴为对称轴。由其对称性知半圆形的形心 C 显然位于其对称轴 y 轴上,故有

$$x_c = 0$$

取图示微分面积元有

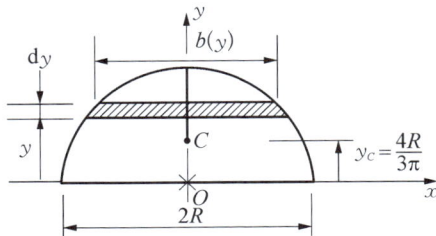

图 3-8   例 3-3 图

$$\mathrm{d}A = 2\sqrt{R^2 - y^2} \cdot \mathrm{d}y$$

代入式(3-17)有

$$y_c = \frac{\int_A y \, \mathrm{d}A}{A} = \frac{\int_A y \cdot 2\sqrt{R^2 - y^2} \cdot \mathrm{d}y}{A} = \frac{4R}{3\pi}$$

3) 组合法

式(3-13)中,ΔP_i 是一个质点的重力。不难理解,当 ΔP_i 不是一个质点,而是一有限大小体积的物体重力时,只需把公式中的 (x_i, y_i, z_i) 视为这个物体的重心坐标,则公式仍然是正确的。同样,式(3-15)中,视 (x_i, y_i, z_i) 为 ΔA_i 的形心,则其公式仍然是对的。当物体或平面图形由几个简单的基本形体组合而成,每个组成部分的重心或形心位置可以根据对称判断或查表获得,此时整个形体的形心可应用式(3-15)求得,这种计算方法就称为计算形心位置的分割法。若某物体为一个基本形体挖去一部分后的残留体,则只需将被挖去的体积或面积看成负值,仍然可应用相同的方法求出形心,这种计算方法就称为计算形心位置的负面积法。下面分别举例说明。

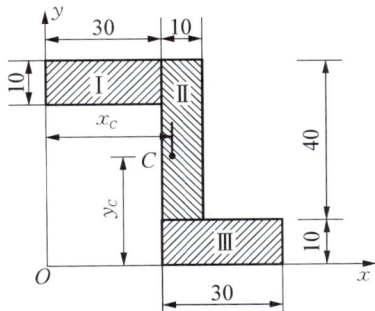

图 3-9   例 3-4 方法一

例 3-4   如图 3-9 所示为 Z 形截面。试求此截面的形心位置。

解:这一截面系由 3 个矩形组成,且每个矩形的面积及形心位置容易求出,故可用组合法求解。取坐标系 Oxy 如图 3-9 所示,各部分的面积和形心坐标为

$$A_{\mathrm{I}} = 300 \ \mathrm{mm}^2, \ x_{\mathrm{I}c} = 15 \ \mathrm{mm}, \ y_{\mathrm{I}c} = 45 \ \mathrm{mm}$$

$$A_{\mathrm{II}} = 400 \ \mathrm{mm}^2, \ x_{\mathrm{II}c} = 35 \ \mathrm{mm}, \ y_{\mathrm{II}c} = 30 \ \mathrm{mm}$$

$$A_{\mathrm{III}} = 300 \ \mathrm{mm}^2, \ x_{\mathrm{III}c} = 45 \ \mathrm{mm}, \ y_{\mathrm{III}c} = 5 \ \mathrm{mm}$$

由式(3-15)可以求得该工件的重心坐标为

$$x_c = \frac{A_{\text{I}} \cdot x_{\text{I}c} + A_{\text{II}} \cdot x_{\text{II}c} + A_{\text{III}} \cdot x_{\text{III}c}}{A_{\text{I}} + A_{\text{II}} + A_{\text{III}}}$$

$$= \frac{300 \times 15 + 400 \times 35 + 300 \times 45}{300 + 400 + 300} = 32(\text{mm})$$

$$y_c = \frac{A_{\text{I}} \cdot y_{\text{I}c} + A_{\text{II}} \cdot y_{\text{II}c} + A_{\text{III}} \cdot y_{\text{III}c}}{A_{\text{I}} + A_{\text{II}} + A_{\text{III}}}$$

$$= \frac{300 \times 45 + 400 \times 30 + 300 \times 5}{300 + 400 + 300} = 27(\text{mm})$$

本例中的 Z 形截面也可看作由图 3-10 所示大矩形 I 挖去小矩形 II 和 III 而成。这样，只需在计算中注意挖去部分的面积为负值，便仍可比照式(3-15)求解，具体计算如下

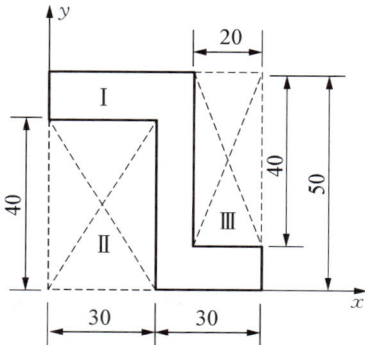

图 3-10　例 3-4 方法二

$$A_{\text{I}} = 3\,000 \text{ mm}^2, \ x_{\text{I}c} = 30 \text{ mm}, \ y_{\text{I}c} = 25 \text{ mm}$$

$$A_{\text{II}} = -1\,200 \text{ mm}^2, \ x_{\text{II}c} = 15 \text{ mm}, \ y_{\text{II}c} = 20 \text{ mm}$$

$$A_{\text{III}} = -800 \text{ mm}^2, \ x_{\text{III}c} = 50 \text{ mm}, \ y_{\text{III}c} = 30 \text{ mm}$$

$$x_c = \frac{A_{\text{I}} \cdot x_{\text{I}c} + A_{\text{II}} \cdot x_{\text{II}c} + A_{\text{III}} \cdot x_{\text{III}c}}{A_{\text{I}} + A_{\text{II}} + A_{\text{III}}}$$

$$= \frac{3\,000 \times 30 + (-1\,200) \times 15 + (-800) \times 50}{3\,000 - 1\,200 - 800}$$

$$= 32(\text{mm})$$

$$y_c = \frac{A_{\text{I}} \cdot y_{\text{I}c} + A_{\text{II}} \cdot y_{\text{II}c} + A_{\text{III}} \cdot y_{\text{III}c}}{A_{\text{I}} + A_{\text{II}} + A_{\text{III}}}$$

$$= \frac{3\,000 \times 25 + (-1\,200) \times 20 + (-800) \times 30}{3\,000 - 1\,200 - 800}$$

$$= 27(\text{mm})$$

例 3-5　试求图 3-11 所示打桩机中偏心块的形心。已知 $R = 12$ cm，$r_2 = 4$ cm，$r_3 = 2$ cm。

解：将偏心块看成由半圆面 A_1 和半圆面 A_2 组合图形挖去圆 A_3 而成，取坐标系 Oxy 如图 3-11 所示，坐标原点 O 在圆心处，y 轴为对称轴。由其对称性知半圆形的形心 C 显然位于其对称轴 y 轴上，故有

$$x_c = 0$$

$$A_1 = \frac{\pi R^2}{2} = 226.08 \text{ cm}^2, \ y_{1c} = \frac{4R}{3\pi} = 5.1 \text{ cm}$$

$$A_2 = \frac{\pi r_2^2}{2} = 25.12 \text{ cm}^2, \ y_{2c} = -\frac{4r_2}{3\pi} = 1.7 \text{ cm}$$

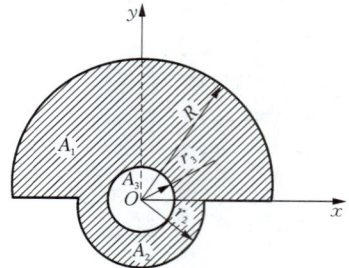

图 3-11　例 3-5 图

$$A_3 = -\pi r_3^2 = -12.57 \text{ cm}^2, \quad y_{3c} = 0 \text{ cm}$$

$$y_c = \frac{A_1 \cdot y_{1c} + A_2 \cdot y_{2c} + A_3 \cdot y_{3c}}{A_1 + A_2 + A_3}$$

$$= \frac{226.08 \times 5.1 + 25.12 \times (-1.7) + (-12.57) \times 0}{226.08 + 25.12 - 12.57} = 4.65 \text{ cm}$$

4) 平衡法（实验法）

如物体的形状复杂或质量分布不均匀，其重心常由实验来确定。

(1) 悬挂法。如图 3-12 所示，对具有对称面的物体或形状复杂的薄平板求形心位置时，可选取物体上任意一点 A 将其悬挂。根据二力平衡公理，物体的重力与绳的张力必在同一直线上，故形心一定在铅垂的挂绳延长线 AB 上；重复施用上述方法，将板挂于 D 点，可得 DE 线。这两条铅垂线的交点 C 就是该物体的重心。

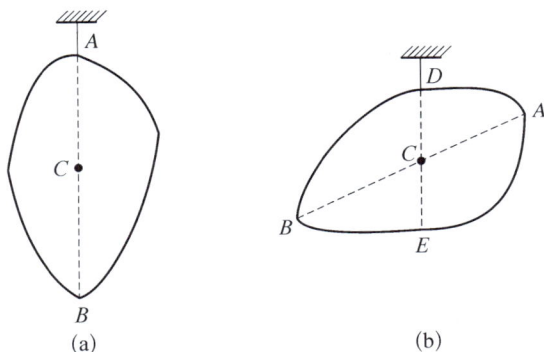

图 3-12　悬挂法

(2) 称重法。对于形状复杂的零件、体积庞大的物体以及由许多构件组成的机械，常用此法确定其重心的位置。下面以汽车为例，简述测定重心的方法。

如图 3-13 所示，首先称量出汽车的重量 P，测量出前后轮距 l 和车轮半径 r。设汽车是左右对称的，则重心必在对称面内，只需测定重心距地面的高度 z_c 和距后轮的距离 x_c。为了测定 x_c，将汽车后轮放在地面上，前轮放在地秤上，车身保持水平，如图 3-13(a) 所示。这

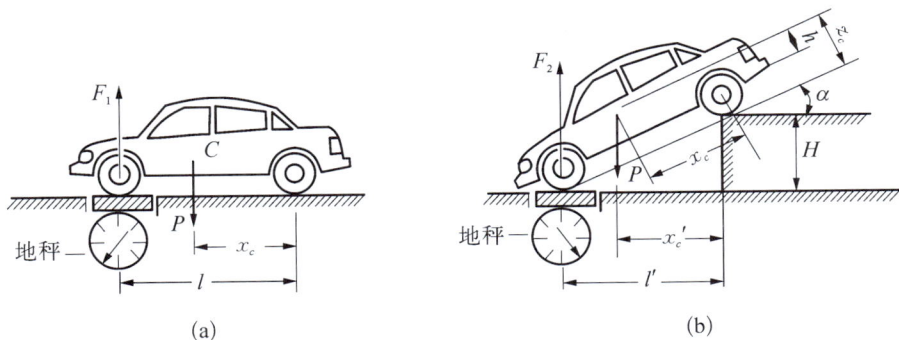

图 3-13　称重法

时地秤上的读数为 F_1。因车身是平衡的，故

$$P \cdot x_c = F_1 \cdot l$$

于是得

$$x_c = \frac{F_1 l}{P} \qquad (3-18)$$

欲测定 z_c，需将车后轮抬高到任意高度 H，如图 3-13(b)所示，这时地秤读数为 F_2。同理得

$$x'_c = \frac{F_2 l'}{P} \qquad (3-19)$$

由图中的几何关系知

$$l' = l\cos\alpha, \ x'_c = x_c\cos\alpha + h\sin\alpha, \ \sin\alpha = \frac{H}{l}, \ \cos\alpha = \frac{\sqrt{l^2 - H^2}}{l}$$

其中，h 为重心与后轮中心的高度差，即

$$h = z_c - r \qquad (3-20)$$

把以上各关系式代入式(3-19)中，经整理后即得计算高度 z_c 的公式

$$z_c = r + \frac{F_2 + F_1}{PH}\sqrt{l^2 - H^2} \qquad (3-21)$$

思考问题：若汽车不是左右对称，则重心距左轮的距离如何确定？

习　题　3

题 3-1　已知在边长为 a 的正六面体上有 $F_1 = 6$ kN，$F_2 = 4$ kN，$F_3 = 2$ kN，如题 3-1 图所示。试计算各力在三坐标轴上的投影。

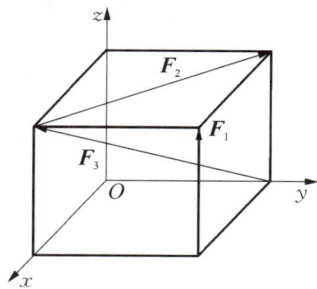

题 3-1 图

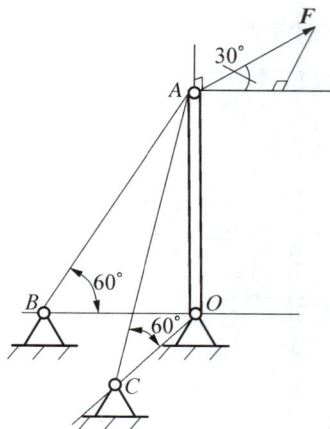

题 3-2 图

题 3-2　椅杆 OA 在 O 点处铰接，A 处用 AB、AC 两绳拉住，$BO \perp CO$，在 A 点处有一水平力 $F = 10$ kN，与 BO 的平行线成 $30°$，如题 3-2 图所示。试求绳 AB、AC 的拉力及椅杆 OA 的内力。

题 3-3　如题 3-3 图所示重物 $G = 10$ kN，由撑杆 AD 及链条 BD 和 CD 所支持。杆的 A 端以铰链固定，又 A，B 和 C 三点在同一铅垂墙上。尺寸如题 3-3 图所示，OD 垂直于墙面，$OD = 200$ mm，求撑杆 AD 和链条 BD、CD 所受的力。图中单位为 mm。

题 3-4　如题 3-4 图所示，作用于手柄端的力 $F = 600$ N，试计算力 F 在 x，y，z 轴上的投影及对 x，y，z 轴之矩。

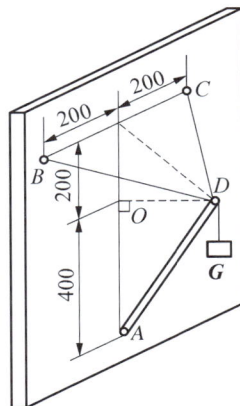

题 3-3 图

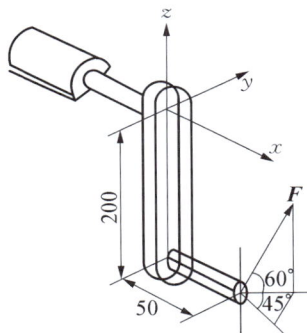

题 3-4 图

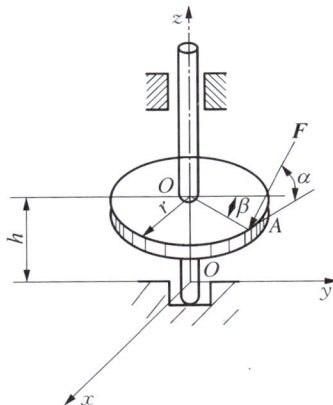

题 3-5 图

题 3-5　水平转盘上 A 处有一力 $F = 1$ kN 作用，F 在垂直平面内，且与过 A 点的切线成夹角 $\alpha = 60°$，OA 与 y 轴方向的夹角 $\beta = 45°$，$h = r = 1$ m。试计算力 F_x，F_y，F_z 及 $m_x(F)$、$m_y(F)$、$m_z(F)$ 之值。

题 3-6　试求图示各图形的形心位置（图中尺寸单位为 mm）。

题 3-7　计算题 3-7 图所示阴影面积的形心坐标 x_c（尺寸单位为 mm）。

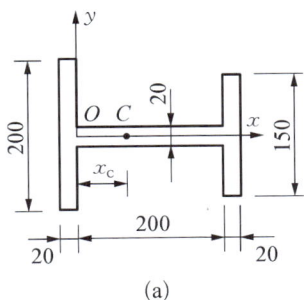

(a)

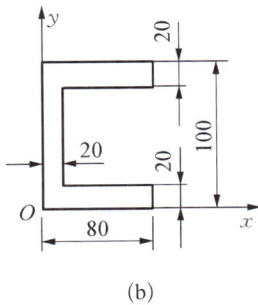

(b)

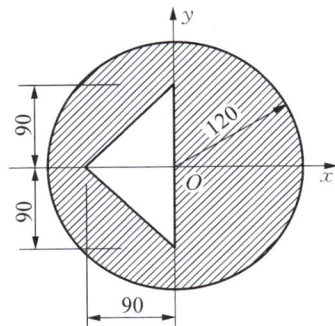

题 3-6 图

题 3-7 图

材 料 力 学

第4章 材料力学概述

4.1 材料力学的任务

在日常生活中经常遇到的各种机器、设备和工程结构如桥梁、电机和机床等都是由若干零件或元件组成的。这些机械和工程结构的零件或元件统称为构件。由于实际构件的形状是各种各样的,因此在结构分析中经常按其几何形状分为如图4-1所示几类。

杆:在三维空间中,若构件一个方向的尺寸远远大于其他两个方向的尺寸,这样的构件称作杆件。杆件有两个主要的几何特征,即轴线和横截面。轴线是各横截面形心的连线,按杆轴线的曲直,可分为曲杆(见图4-1(a))和直杆(见图4-1(b));横截面与轴线相互垂直,各横截面均相同的杆称为等截面杆,否则称为变截面杆。

板:若构件一个方向的尺寸远远小于其他两个方向的尺寸,构件上下两个面相互平行,上下两个面中间的面称作中面,中面是平面时的构件称作板(见图4-1(c)),中面是曲面时的构件称作壳(见图4-1(d))。

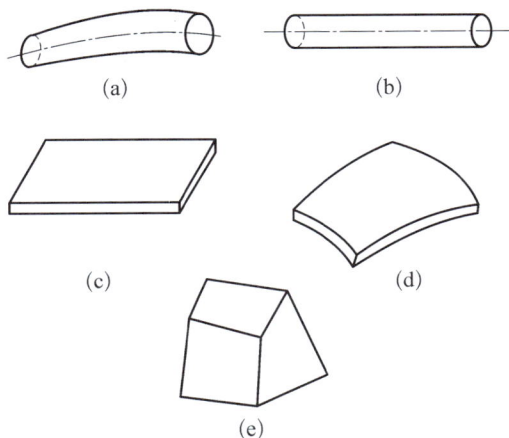

图4-1 材料力学研究构件形状

块体:若构件3个方向的尺寸相当,则将其称作块体(见图4-1(e))。

在机械和结构工作时,构件会受到来自周围物体的力的作用,并相应地发生形状与尺寸的变化。当外力的大小达到一定限度时,有些构件可能突然断裂,有些构件则会发生过大的变形直至破坏,这种现象称为失效或破坏。为了保证构件正常工作,每一构件都要有足够的承受载荷作用的能力,简称为承载能力。构件的承载能力主要由以下三方面来衡量。

1) 强度

构件抵抗破坏的能力叫做强度。即构件在外力作用下不能发生断裂或塑性变形。这是保证其正常工作最基本的要求。

2) 刚度

构件抵抗变形的能力,即构件在外力作用下不能产生过大的弹性变形,影响正常工作。

3) 稳定性

构件保持原有平衡形式的能力称之为稳定性。对于中心受压的细长直杆,例如千斤顶的螺旋杆、内燃机的挺杆等。当压力较小时,受压杆件能保持其直线平衡形式。当承受的压力过大时,受压杆将会突然变弯,使压杆由原来的直线平衡形式转变为弯曲平衡形式,从而导致结构丧失承载能力,此现象称为稳定失效。对于这类细长压杆,必须要求它们在工作中始终保持原有的直线平衡形式,即具有足够的稳定性。

构件的承载能力与构件的形状及尺寸有关,也与材料的力学性能有关。一般地说,通过加大构件横截面尺寸或选用优质材料等措施,可以提高构件的强度、刚度和稳定性。但过分加大构件横截面尺寸或盲目选用优质材料,会造成材料的浪费和产品成本的增加。材料的力学性能必须通过实验来测定。材料力学的许多理论、假设要靠实验来验证。此外,还有很多复杂的工程实际问题,目前尚无法通过理论分析来解决,必须依赖于实验。因此,实验研究在材料力学研究中也是一个重要的方面。

综上所述,材料力学的任务就是:研究构件在外力作用下的变形与破坏规律,在保证构件具有足够的强度、刚度和稳定性条件下,为构件选择合适的材料,确定合理的截面和尺寸,提供必要的计算方法和实验技术。

4.2　变形固体及其基本假设

材料力学研究外力与变形之间的关系,因此须将构成构件的固体看做变形固体。对于变形固体,当外力在一定范围时,卸去外力后其变形会完全消失,这种随外力卸去而消失的变形称为"弹性变形";当外力超过一定范围时,在外力卸去后固体变形只能部分消失,还残留下一部分不能消失的变形,这种不能消失的残余变形称为"塑性变形"。在一般工程实际中,要求构件只发生弹性变形。因此,材料力学研究的变形主要是弹性变形。实际工程构件的材料多种多样,其微观组织结构与性能十分复杂。为便于理论分析和简化计算,对制造构件所用的变形固体材料作以下假设:

(1) 连续性假设——认为组成固体的物质不留空隙地充满了固体的体积。实际的变形固体粒子之间存在着空隙,但这种空隙与构件的尺寸相比极其微小,可以达到忽略不计的程度。根据这一假设就可将某些力学量表示为点的坐标的连续函数,并进行极限分析。

(2) 均匀性假设——认为构件材料内各点的物理力学性能完全相同,与点的位置无关。根据这一假设,就可以从物体中取出无限小的微元素进行研究,并将其结果应用于整个物体。另一方面,也可以通过小的试件试验测出材料的性能,并以此代表构件的材料性能。

(3) 各向同性假设——认为构件材料沿各个方向具有相同的力学性能。对于实际物体,如金属材料,是由晶粒组成的,在不同的方向上晶粒的性质不同。但由于构件是由无限多的晶粒组成的,而且排列又无规则,在宏观研究中物体的性质在方向上的差别反映不出来,故可以看成是各向同性的。常用的工程材料,如钢、塑料,均可认为是各向同性材料。而沿不同方向力学性能不同的材料,则称为各向异性材料,如木材、胶合板等。

连续、均匀和各向同性的可变形固体,是对实际材料的一种科学抽象。实践证明,在此前提下建立的有关理论和由它们所得到的计算结果,是符合工程实际的。此外,为简化分析计算,材料力学研究的问题限于变形远远小于构件原始尺寸的小变形。这样,在对构件进行静力平衡和运动分析时,就可按构件在变形前的原始尺寸进行分析,从而简化计算过程。

4.3 材料力学研究的对象

杆件是工程中最常用和最基本的构件。例如,机械中的连杆、传动轴,建筑物中的横梁、立柱等都可以简化为杆件。由于等截面直杆在工程实际中应用最为广泛,所以它是材料力学研究的主要对象。

杆件在工作状态下,受到各种不同的载荷作用,相应的变形形式也不同。归纳起来,有以下 4 种基本变形形式:

1)轴向拉伸或压缩

如图 4-2(a)所示,杆件受到与杆轴线重合的外力作用时,杆件变形是沿轴线方向的伸长或缩短,这种变形形式称为轴向拉伸或轴向压缩。如简单桁架中的杆件通常发生轴向拉伸或压缩变形。

2)剪切

杆件在垂直于轴线方向受到一对大小相等、方向相反,作用线相距很近的力作用时,杆件变形是在两个外力作用面之间发生相对错动变形,这种变形形式称为剪切,如图 4-2(b)所示。机械中常用的连接件,如键、销钉、螺栓等都产生剪切变形。

3)扭转

杆件在两端受一对大小相等、转向相反且作用平面垂直于杆轴线的外力偶

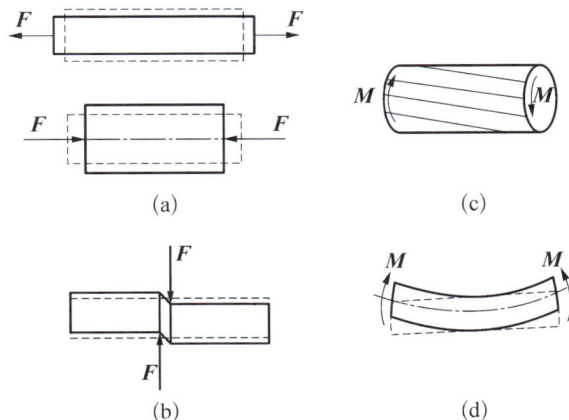

图 4-2 基本变形

作用时,杆件的各横截面将绕杆轴线发生相对转动,这种变形称为扭转,如图 4-2(c)。工程中将以扭转变形为主的杆件称为轴。例如汽车方向盘的转向轴、机器中的各种传动轴等。本书只研究工程上常见的圆轴的扭转变形。

4)弯曲

当杆件受到垂直于杆件轴线的横向力或作用面在包含杆轴线的纵向平面内的力偶作用时,杆件的轴线将由直线变为曲线,这种变形形式称为弯曲,如图 4-2(d)。工程中将以发生弯曲变形为主的杆件称为梁。例如车辆的轮轴、起重机大梁等的变形都是弯曲变形的实例。

杆件除可能发生上述某种单一基本变形之外,还可能同时发生几种不同的基本变形,这

种情况称为组合变形。本篇主要研究直杆在载荷作用下的4种基本变形的强度、刚度和稳定性问题。

4.4　内力的概念 截面法

1) 内力的概念

构件在未受外力作用时,其内部各相邻部分之间即已存在相互作用力以维持它们之间的联系,保持构件的形状。当构件受到外力作用时,形状和尺寸将发生变化,构件内各部分之间相互作用的力也将随之改变,因此会产生附加的相互作用力。由于有均匀连续性假设,这种物体内部相邻部分间的附加相互作用力实际上是分布于截面上的一个连续分布的内力系,将此附加分布的内力系的合力(力或力偶),简称为内力。内力会随外力的增加而增大,到达一定限度杆件将不能正常工作,因而它与杆件的承载能力是密切相关的。内力的分析与计算是解决杆件强度、刚度和稳定性计算的基础。下面来介绍确定内力的方法——截面法。

2) 截面法

要判断杆件在外力作用下能否正常工作,首先必须求出横截面上的内力。由于内力存在于杆件内部,所以材料力学用截面法来求杆件任意横截面上的内力。

设某杆件在已知外力作用下处于平衡状态,如图4-3(a)所示。若欲求$m-m$截面的内力,则须沿$m-m$截面假想地将杆件分成A,B两部分,杆件被截开后的两部分必然各自处于平衡状态。保留部分A为研究对象,如图4-3(b)所示。用内力代替弃去部分B对保留部分A的作用,那么截面上的内力如何得到呢?

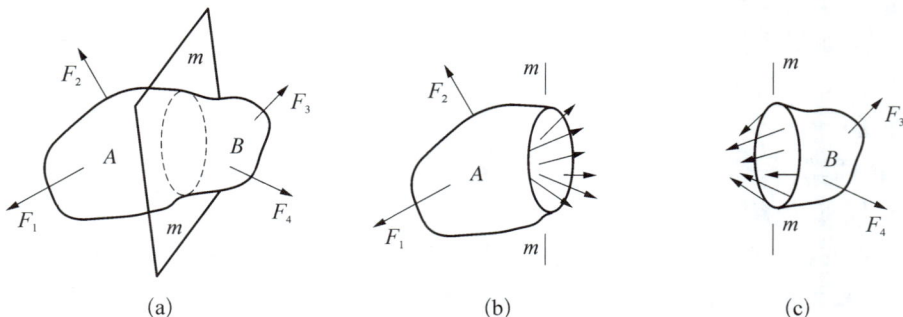

(a)　　　　　　　　　(b)　　　　　　　　　(c)

图4-3　内力

根据静力平衡条件,对图4-3(b)所示保留A部分建立平衡方程即可确定截面$m-m$上的内力。同样,图4-3(c)所示为取部分B作为研究对象,并求得其内力大小。显然,部分B在截开面上的内力与部分A在截开面上的内力是作用力与反作用力,它们是等值反向的。

上述这种假想地用一平面将构件截分为两部分,任取其中一部分为研究对象,根据静力平衡条件求得截面上内力的方法,称为截面法。其全部过程可以归纳为如下4个步骤:

（1）截开：假想一截面在所求内力的截面处截开，将物体分为两部分。

（2）选取：任选取其中之一作为研究对象。

（3）代替：在截开的截面上画出内力，以代替另一部分对研究对象的作用。

（4）平衡：对研究对象建立平衡方程，确定未知内力。

必须指出，在计算构件内力时，用假想的平面把构件截开之前，不能随意应用力或力偶的可移性原理，也不能随意应用静力等效原理。这是由于外力移动之后，内力及变形也会随之发生变化。至于内力在截面上各点处的分布情况，仅利用静力平衡方程是不能确定的。如何解决这个问题，正是本篇后续各章的任务。

第5章 轴向拉伸和压缩

工程实际中经常遇到承受轴向拉伸或压缩的构件。例如,图 5-1(a)中的气缸的紧固螺栓和图 5-1(b)中的起重吊架中的 BC 杆是承受拉伸的杆件,起重吊架中的杆 AB 是承受压缩的杆件。

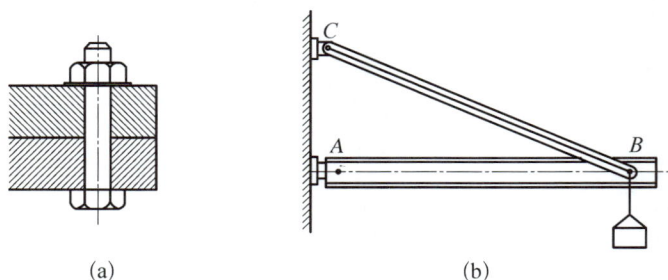

(a)   (b)

图 5-1 工程中的轴向拉压构件

这些受力杆件的结构形式多种多样,加载方式也各不相同。但它们的共同特点是:杆件是直杆,作用于杆件上的外力合力作用线与杆件轴线重合,杆件的主要变形是沿轴线方向

图 5-2 轴向拉压构件计算简图

的伸长或缩短。杆件的这种变形形式称为轴向拉伸或轴向压缩,这类杆件称为拉杆或压杆。若对这些杆件的几何形状和受力情况进行简化,并且不讨论杆端的连接或接触部位,则可将其简化为如图 5-2 所示的计算简图。

5.1 轴向拉伸与压缩横截面上的内力

为确定轴向拉伸或压缩时杆件横截面上的内力,需采用截面法。

（1）假想将杆件沿横截面 $m\text{-}m$ 一分为二,如图 5-3(a)所示;

（2）取左段 A 部分为研究对象;

（3）左段 A 除了受外力 F 的作用外,还受到右段作用在 $m\text{-}m$ 截面上的力 F_N。由于物体平衡,根据二力平衡公理,F_N 与 F 大小相等、方向相反且共线。力 F_N 实际上是 $m\text{-}m$ 截面上内力的合力,称为轴力,如图 5-3(b)所示。

（4）对左段列静力平衡方程:

$$\sum F_x = 0 \quad F_N - F = 0$$

解得：$F_N = F$

若取右段为研究对象,同样可求得轴力 $F_N = F$,但其方向与取左段为研究对象时求出的轴力方向相反,如图 5-3(c)所示。为了使两种算法得到的同一截面上的轴力不仅数值相等,而且符号相同,规定轴力的正负号为：当轴力的方向与横截面的外法线方向一致时,杆件受拉伸长,轴力为正;反之,杆件受压缩短,轴力为负。用截面法求轴力时,通常把未知轴力按正向假设。

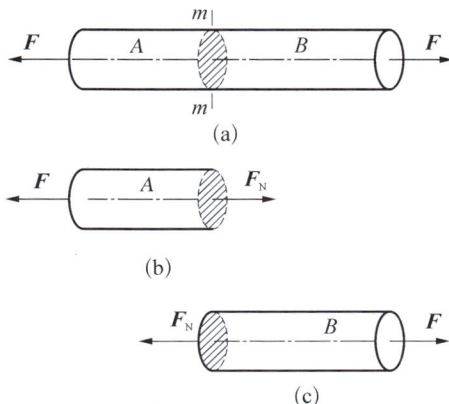

图 5-3　截面法

实际问题中,杆件所受外力较复杂,在不同杆段内,轴力将不尽相同。为了表示轴力随横截面位置的变化情况,以便分析最大轴力所在截面的位置,常用平行于杆件轴线的坐标表示横截面的位置,垂直于杆轴线的坐标表示轴力的数值,绘出轴力与横截面位置关系的图线。轴力为正值时,图线画在横坐标的上方;轴力为负值时,图线画在横坐标的下方。这种图线称为轴力图。关于轴力图的绘制,下面具体举例说明。

例 5-1　试画出如图 5-4(a)所示直杆的轴力图。已知 $F_1 = 16\ \text{kN}$, $F_2 = 10\ \text{kN}$, $F_3 = 20\ \text{kN}$。

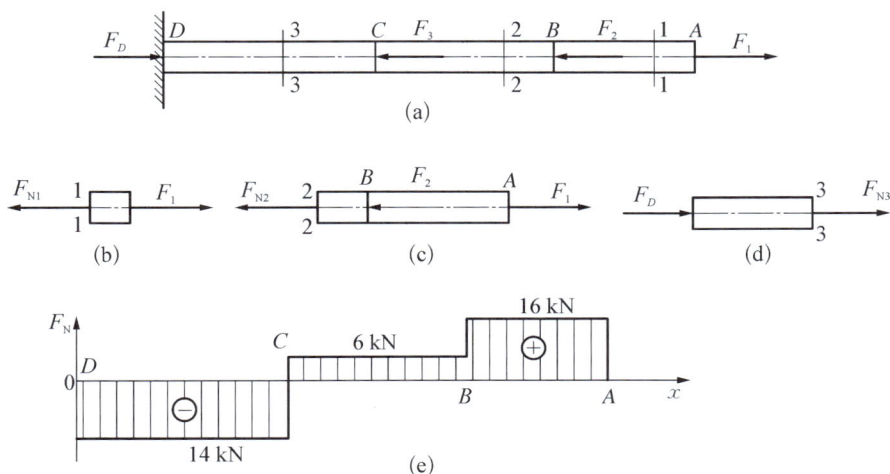

图 5-4　例 5-1 图

解　(1)计算 D 端支反力,由整体平衡方程得

$$\sum F_x = 0 \quad F_D + F_1 - F_2 - F_3 = 0$$

解得：$F_D = 14\ \text{kN}$

(2)分段计算轴力。由于在横截面 B 和 C 上作用有外力,故将杆分为 3 段。

AB 段：在该段任一截面 1-1 处将杆件切开，取右段为研究对象，画出受力图 5-4(b)。图中假设未知轴力为正，即 F_{N1} 的方向按使该段受拉伸作用画出。由该段平衡方程

$$\sum F_x = 0 \quad F_1 - F_{N1} = 0$$

得

$$F_{N1} = 16 \text{ kN}$$

计算结果为正，表明 F_{N1} 实际作用方向与图中所示一致，AB 段确实承受拉伸。

BC 段：在该段任一截面 2-2 处将杆件切开，取右段为研究对象，画出受力图 5-4(c)。由该段平衡方程

$$\sum F_x = 0 \quad F_1 - F_2 - F_{N2} = 0$$

得

$$F_{N2} = 6 \text{ kN}$$

CD 段：在该段任一截面 3-3 处将杆件切开，取左段为研究对象，画出受力图 5-4(d)。由该段平衡方程

$$\sum F_x = 0 \quad F_D + F_{N3} = 0$$

得

$$F_{N3} = -14 \text{ kN}$$

计算结果为负，表明 F_{N3} 实际作用方向与图中所示相反，CD 段实际承受压缩。

（3）画轴力图。根据所求得的轴力值，画出轴力图如图 5-4(e)所示。由图可见，$F_{Nmax} = 16$ kN，发生在 AB 段内。

5.2　轴向拉伸与压缩截面上的应力

5.2.1　应力的概念

工程中的实际应用证明，只根据轴力并不能判断构件是否会受到破坏。例如，用同一材料制成粗细不同的两根杆，在相同的拉力下，两杆的轴力相同。但当拉力同步增大时，细杆必定先被拉断。原因在于虽然两杆截面上的内力相等，但是分布内力在横截面上各点处的强弱程度（简称集度）不相同，细杆横截面上分布内力集度比粗杆的内力分布集度大。所以，在材料相同的情况下，判断杆件破坏与否的依据不是内力的大小，而是内力分布的集度。工程上通常将内力分布集度简称为应力。

如图 5-5(a)所示，若欲求截面上任意一点 C 的应力，可绕点 C 取一微小面积 ΔA，

设在 ΔA 上作用有合力为 $\Delta \boldsymbol{F}$ 的分布内力,则在 ΔA 范围内的单位面积上内力的平均集度为

$$\boldsymbol{p}_{\mathrm{m}} = \frac{\Delta \boldsymbol{F}}{\Delta A} \tag{5-1}$$

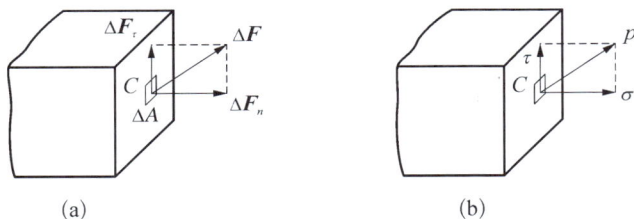

图 5-5　点的应力

一般情况下,内力在截面上的分布并非均匀,为了更真实的描述内力的实际分布情况,应使 ΔA 面积缩小并趋近于零,将平均应力 $\boldsymbol{p}_{\mathrm{m}}$ 的极限值称为 C 点处的全应力,并用 $\boldsymbol{p}$ 表示,即

$$\boldsymbol{p} = \lim_{\Delta A \to 0} \frac{\Delta \boldsymbol{F}}{\Delta A} = \frac{\mathrm{d}\boldsymbol{F}}{\mathrm{d}A} \tag{5-2}$$

应力 $\boldsymbol{p}$ 是一个矢量,通常与截面既不垂直也不平行。材料力学中总是将其分解为沿截面法向的分量 σ 和沿截面切向的分量 τ,σ 称为正应力,τ 称为切应力。这两种应力具有实际的工程含义,它们分别与材料的拉断破坏和剪断破坏相对应。

在国际单位制中,应力的单位为牛顿/米^2,用符号 N/m^2 表示,单位名为帕斯卡,简称帕,用符号 Pa 表示。在工程实际中常用单位为兆帕和吉帕,用符号 MPa 和 GPa 表示。其换算公式为

$$1 \text{ MPa} = 10^6 \text{ Pa}$$
$$1 \text{ GPa} = 10^9 \text{ Pa}$$

5.2.2　拉(压)杆横截面上的应力

因为拉(压)杆横截面上的轴力沿截面的法向,所以横截面上只有正应力 σ。为求得杆件横截面上任一点的应力,首先应确定应力在截面上的分布规律,为此需通过实验观察来研究。

取一等截面直杆如图 5-6 所示,在杆上画出由横截面与杆侧面相交得到的轮廓线 ab 和 cd,再画上与杆轴平行的纵向线,然后沿杆的轴线作用拉力 $\boldsymbol{F}$,使杆件产生拉伸变形,ab 和 cd 分别移至 $a'b'$ 和 $c'd'$。此时可以观察到:横向线在变形前后均为直线,且都垂直于杆的轴线,只是横向线间距增大,纵向线间距减小。根据这些变形特点,通过由外而内的分析可作出如下假设。假设原为平面的横截面,在杆变形后仍为平面,且仍垂直于杆轴线,这就是平面假设。杆件可以看做由许多纵向纤维组成,由平面假设可知,拉杆任意两个横截面间

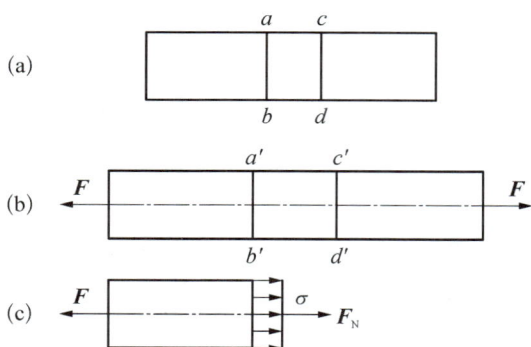

图 5-6 轴向拉伸横截面上的应力

的所有纵向纤维只产生伸长变形,且各条纵向纤维伸长量相等。由材料的均匀性假设可知,杆件各处的力学性能都相同。因此,又可以进一步推断,杆件在拉伸变形时,所有纵向纤维都只受沿轴线方向作用的、大小相同的拉力作用。从而可知:横截面上的正应力 σ 均匀分布。

若杆件横截面上的轴力为 F_N,并已知该横截面的面积 A,因为轴力 F_N 是横截面上分布内力的合力,可得横截面上正应力的计算式为

$$\sigma = \frac{F_N}{A} \tag{5-3}$$

上式同样适用于轴向压缩的等截面直杆。正应力的符号与轴力的符号规定相同,即拉应力为正,压应力为负。

例 5-2 图 5-7 所示一阶形变截面杆,横截面为圆形,所受轴向力 $P_1 = 30$ kN,$P_2 = 100$ kN。试求各段杆横截面上的正应力。

解 (1)计算轴力,绘制杆的轴力图,如图 5-7 所示。

(2)计算各段杆横截面上的正应力

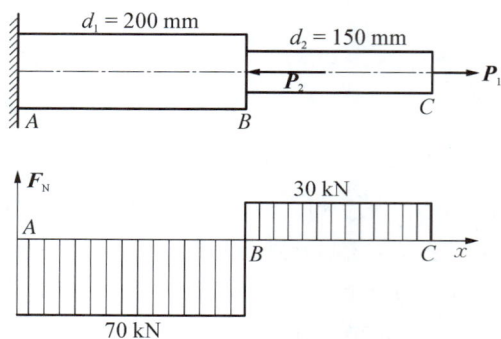

图 5-7 例 5-2 图

$$\sigma_{AB} = \frac{F_{NAB}}{A_{AB}} = \frac{-70 \times 10^3}{\pi d_1^2/4} = -2.23(\text{MPa})$$

$$\sigma_{BC} = \frac{F_{NBC}}{A_{BC}} = \frac{30 \times 10^3}{\pi d_2^2/4} = 1.69(\text{MPa})$$

5.3 轴向拉伸与压缩的变形

5.3.1 绝对伸长和线应变

实验表明,在轴向拉伸时,杆件的轴向尺寸增大而横向尺寸缩小;在轴向压缩时,杆件的轴向尺寸缩短而横向尺寸增大。

如图 5-8 所示,设有一杆的原长为 l,
宽度为 b,受拉力 F 作用后,其长度由 l 变
为 l_1,宽度由 b 变为 b_1,则杆延纵向的绝对
伸长量为

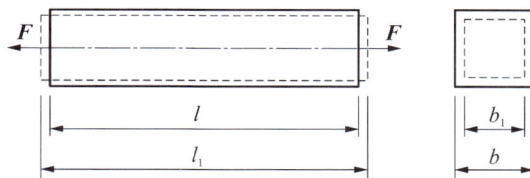

$$\Delta l = l_1 - l \qquad (5-4)$$

图 5-8　轴向拉伸变形

沿横向的尺寸改变量为

$$\Delta b = b_1 - b \qquad (5-5)$$

纵向变形 Δl 只反映杆在纵向的总变形量,它与杆的原长有关,并不能表示杆件的变形
程度。在杆的各部分都均匀伸长的情况下,通常采用单位原长的变形来度量杆的变形程度。
将与上述两种绝对变形相对应的线应变称为纵向线应变和横向线应变,分别用符号 ε 和 ε'
表示,则有

$$\varepsilon = \frac{\Delta l}{l}, \; \varepsilon' = \frac{\Delta b}{b} \qquad (5-6)$$

显然,拉伸时 $\varepsilon > 0$,$\varepsilon' < 0$;压缩时 $\varepsilon < 0$,$\varepsilon' > 0$。

5.3.2　胡克定律、泊松比

实验表明:当横截面上的正应力不超过某一限度时,正应力 σ 与纵向线应变 ε 成正比,
引入比例常数 E 有

$$\sigma = E\varepsilon \qquad (5-7)$$

上式称为胡克定律,它表明材料在弹性范围内应力与应变的物理关系。比例常数 E 称
为弹性模量,为材料常数。弹性模量的单位与应力相同,常用 MPa 或 GPa 表示。

实验同时也表明:当应力不超过比例极限时,横向应变 ε' 与轴向应变 ε 之比为一常数,
但符号相反,即

$$\varepsilon' = -\mu\varepsilon \qquad (5-8)$$

上式中,μ 称为横向变形因数或泊松比,是一个没有量纲的量。泊松比和弹性模量一样,也
是材料固有的弹性常数。

几种常用材料的弹性模量 E 与泊松比 μ 之值如表 5-1 所示。

表 5-1　材料的弹性模量与泊松比

	钢	铝合金	铜	铸 铁
E(GPa)	200～220	70～72	100～120	80～160
μ	0.25～0.30	0.26～0.34	0.33～0.35	0.23～0.27

将式(5-3)和(5-6)代入胡克定律(5-7)得杆的绝对伸长量与轴力的关系式:

$$\Delta l = \frac{F_N l}{EA} \qquad (5-9)$$

由上式可看出,对长度相同,受力相等的杆件,EA 越大则变形 Δl 越小,所以将 EA 称为杆的拉压刚度,它代表了杆件抵抗拉伸(压缩)变形的能力。这一公式的应用条件是:杆件是等截面直杆,同种材料,轴力为常数且应力小于材料比例极限。

如果杆件各段内力和截面积均不相同,设杆的第 i 段内力为 F_{Ni},长为 l_i,横截面面积为 A_i,则杆的总伸长量为

$$\Delta l = \sum \Delta l_i = \sum \frac{F_{Ni} l_i}{EA_i} \qquad (5-10)$$

式中 F_{Ni} 有正负,若 $\Delta l > 0$,则杆件伸长;若 $\Delta l < 0$,则杆件缩短。

例 5-3   图 5-9(a)所示阶梯杆,已知横截面面积 $A_{AB} = A_{BC} = 400 \text{ mm}^2$,$A_{CD} = 200 \text{ mm}^2$,材料的弹性模量 $E = 200 \text{ GPa}$。试求杆的总伸长。

解   (1) 计算轴力,绘制杆的轴力图如图 5-9(b)所示。

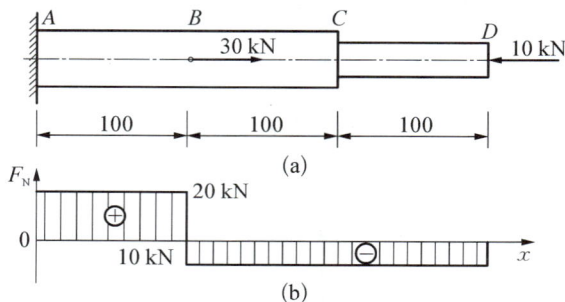

图 5-9   例 5-3 图

(2) 计算各段杆的变形量。

AB 段:$\Delta l_{AB} = \dfrac{F_{NAB} l_{AB}}{EA_{AB}} = \dfrac{20 \times 10^3 \times 100 \times 10^{-3}}{200 \times 10^9 \times 400 \times 10^{-6}} = 0.025 \times 10^{-3} (\text{m})$

BC 段:$\Delta l_{BC} = \dfrac{F_{NBC} l_{BC}}{EA_{BC}} = \dfrac{-10 \times 10^3 \times 100 \times 10^{-3}}{200 \times 10^9 \times 400 \times 10^{-6}} = -0.012\,5 \times 10^{-3} (\text{m})$

CD 段:$\Delta l_{CD} = \dfrac{F_{NCD} l_{CD}}{EA_{CD}} = \dfrac{-10 \times 10^3 \times 100 \times 10^{-3}}{200 \times 10^9 \times 200 \times 10^{-6}} = -0.025 \times 10^{-3} (\text{m})$

杆件总变形

$$\Delta l = \Delta l_{AB} + \Delta l_{BC} + \Delta l_{CD} = -0.012\,5 (\text{mm})$$

计算的结果为负,说明杆件缩短。

例 5-4   图 5-10(a)所示托架,AB 杆和 BC 杆均为钢杆,弹性模量 $E = 200 \text{ GPa}$。

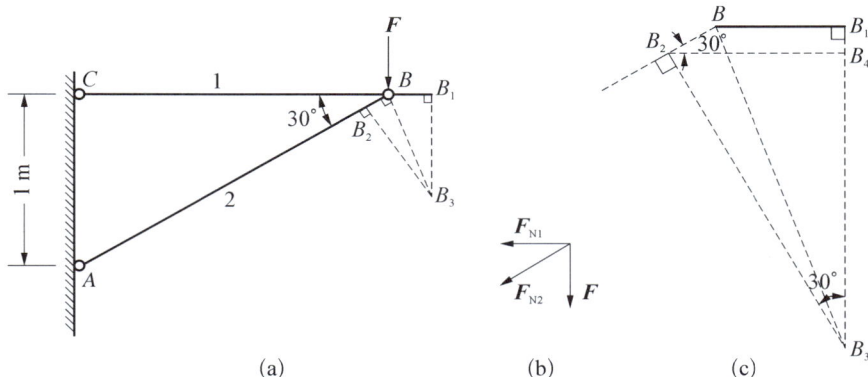

图 5-10　例 5-4 图

杆 BC 的横截面面积 $A_1 = 200\ mm^2$，杆 AB 的横截面面积 $A_2 = 300\ mm^2$，$F = 20\ kN$。试求节点 B 的位移。

解：(1) 求各杆轴力。取节点 B 为研究对象，受力如图 5-10(b) 所示，列平衡方程为

$$\sum F_x = 0 - F_{N1} - F_{N2} \cdot \cos\ 30° = 0$$

$$\sum F_y = 0 - F - F_{N2} \cdot \sin\ 30° = 0$$

解得

$$F_{N1} = \sqrt{3}F = 34.6\ kN,\ F_{N2} = -2F = -40\ kN$$

(2) 求 B 点的位移。根据式 (5-9) 分别求出 AB、BC 两杆的变形为

$$\Delta l_2 = \frac{F_{N2}l_2}{EA_2} = \frac{-40 \times 10^3 \times 2}{200 \times 10^9 \times 300 \times 10^{-6}} = -0.001\ 3 \times 10^{-3}\ (m)$$

$$\Delta l_1 = \frac{F_{N1}l_1}{EA_1} = \frac{34.6 \times 10^3 \times 1.732}{200 \times 10^9 \times 200 \times 10^{-6}} = 0.001\ 5 \times 10^{-3}\ (m)$$

设想将 B 处铰解开，两杆在各自杆端力的作用下自由伸缩，则 1 杆的 B 端将伸至 B_1，而 2 杆的 B 端将缩至 B_2，但事实上两杆相连于 B 点，并不分离，故 B 点的新位置应当在另一点 B_3 处。由几何知识可知，若分别以 C 为圆心，CB_1 为半径和以 A 为圆心，AB_2 为半径做两个圆，则 B_3 应在两圆的交点上。因为是小变形，可采用分别垂直于 AB、BC 的直线线段来代替圆弧，这两段直线的交点即为 B_3 的位置。图 5-10(c) 中 BB_3 线段即为 B 点的位移。

因此根据图 5-10(c) 所示的三角关系进行求解得到节点 B 的水平和垂直位移分别为

$$\delta_{水平} = BB_1 = 0.001\ 5\ (mm)$$

$$\delta_{垂直} = B_1B_3 = B_1B_4 + B_4B_3$$
$$= \Delta l_2 \sin\ 30° + (\Delta l_2 \cos\ 30° + \Delta l_1) \cot\ 30° = 0.005\ 2\ (mm)$$

B 点的总位移 δ_B 为

$$\delta_B = \sqrt{\delta_{水平}^2 + \delta_{垂直}^2} = 0.005\,4(\text{mm})$$

5.4　材料在轴向拉伸与压缩时的力学性能

材料的力学性能是指材料在外力作用下所体现出的应力、应变、强度和变形等方面的性质，它是构件强度计算及材料选用的重要依据。前面几节中曾遇到一些表征材料力学性能的量，例如弹性模量 E，泊松比 μ 等，这些都需通过试验来测定。材料的力学性能随外界条件的变化而变化，如温度的高低、加载速度的快慢等都会对材料的力学性能产生一定影响。本节主要以工程中广泛使用的低碳钢和铸铁为代表，介绍材料在常温、静载条件下，轴向拉伸或压缩时的力学性能。所谓常温就是指室温，静载是指从零开始缓慢地增加到一定数值后不再改变（或变化极不明显）的载荷。

5.4.1　拉伸实验

拉伸实验是研究材料的力学性能最常用的实验。为便于比较实验结果，试件必须按照国家标准加工成标准试件。圆截面的拉伸标准试件如图 5-11 所示。试件的中间等直杆部分为实验段，其长度 l 称为标距，试件较粗的两端是装夹部分。实验试件被拉断的断口应位于实验段内，否则此实验无效。对圆截面标准试件，标距 l 与直径 d 有两种比例：$l = 10d$ 和 $l = 5d$。

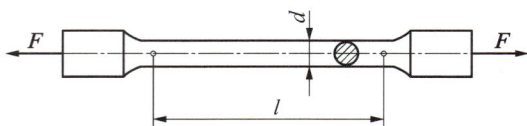

图 5-11　轴向拉伸试件

拉伸实验在万能实验机上进行。实验时将试件装在夹头中，然后开动机器加载。试件受到由零逐渐增加的拉力 F 的作用，同时发生伸长变形，加载一直进行到试件断裂为止。一般实验机上附有自动绘图装置，在实验过程中能自动绘出载荷 F 和相应的伸长变形 Δl 的关系曲线，称为拉伸图或 $F\text{-}\Delta l$ 曲线。

1) 低碳钢拉伸时的力学性能

低碳钢是工程上广泛使用的材料，其含碳量一般在 0.3% 以下，它在拉伸试验中表现出来的力学性能最为典型。将标准试件装入材料试验机夹头内，然后缓慢加载。从开始加载直到试件被拉断的过程中，根据拉力 F 和变形 Δl 的数值即可绘制出拉伸图，如图 5-12(a) 所示。

拉伸图的形状与试件的尺寸有关。为了消除试件横截面尺寸和长度对拉伸图的影响，将载荷 F 除以试件原来的横截面面积 A，得到应力 σ；将变形 Δl 除以试件原长 l，得到应变 ε，这样的曲线称为应力—应变曲线（$\sigma\text{-}\varepsilon$ 曲线）。$\sigma\text{-}\varepsilon$ 曲线的形状与 $F\text{-}\Delta l$ 曲线相似，但仅反映材料本身的特性。图 5-12(b) 是低碳钢拉伸时的应力—应变曲线。由图可见，低碳钢在拉伸时可以分成以下 4 个阶段：弹性阶段、屈服阶段、强化阶段，局部变形阶段。以下针对 4

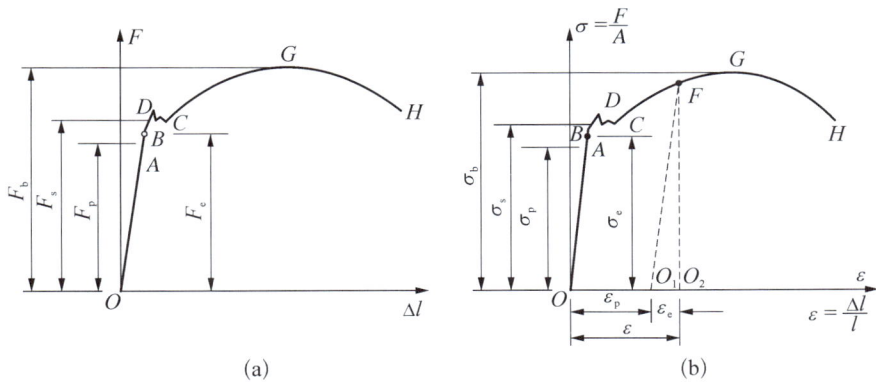

图 5‐12　低碳钢拉伸实验曲线

个阶段所体现出的应力及变形特性分别加以介绍。

（1）弹性阶段。σ‐ε 曲线的 OB 段为弹性变形阶段，在这一阶段内试件的变形为弹性变形。如将外力卸去，试件的变形也随之全部消失，这种变形即为弹性变形。B 点所对应的应力值称为弹性极限，以 σ_e 表示。

弹性阶段 OB 又可再划分为两段。其中 OA 部分为直线，这说明该段内应力和应变成正比，即为已知的胡克定律 $\sigma = E\varepsilon$。其最高点所对应的应力值称为比例极限，以 σ_p 表示。OA 直线的倾角为 α，其斜率即为材料的弹性模量 E。AB 段为微弯曲线，这一阶段应力和应变不再保持比例关系，胡克定律不再适用。

弹性极限与比例极限虽有不同的物理含义，但由于它们的数值十分接近，所以工程上并不严格区分。在工程应用中，一般均使构件在弹性范围内工作。

（2）屈服阶段。当应力超过弹性极限后，图上出现接近水平的小锯齿形波动段 BD。在此阶段，应力基本保持不变而应变显著增加，它标志着材料暂时失去了对变形的抵抗能力，这种现象称为屈服。屈服阶段的最低应力值称为材料的屈服极限，记为 σ_s。这一阶段材料的变形主要是塑性变形，如将外力卸去，试件的变形不能完全消失。由于产生塑性变形即认为材料已被破坏，所以屈服极限 σ_s 是衡量塑性材料强度的重要指标。

若试件的表面经过抛光，则当材料进入屈服阶段时，在试件表面将出现如图 5‐13 所示与轴线成 45°倾角的条纹，称为滑移线，它是由于材料内部晶格间发生相对滑移的结果。

（3）强化阶段。屈服阶段后，σ‐ε 曲线出现上凸的曲线 DG 段。这表明，若要使材料继续变形，必须增加拉力，即材

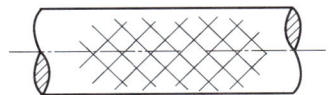

图 5‐13　滑移线

料又恢复了抵抗变形的能力，这种现象称为材料的强化，DG 段对应的过程称为材料的强化阶段。曲线最高点 G 所对应的应力是材料所能承受的最大应力，称为强度极限或抗拉强度，用 σ_b 表示。它是衡量材料强度的另一重要指标。

如将试件拉伸到强化阶段的任意一点处，如图 5‐12(b) 中的 F 点，然后逐渐卸除荷载，应力、应变关系将沿与比例阶段 OA 平行的直线 FO_1 直线回到 O_1 点，而不是沿原来的加载曲线回到 O 点。OO_1 表示荷载全部卸除后消失了的弹性应变；O_1O_2 表示残留下来的塑性应变。

所以在超过弹性范围后的任一点 F，其应变包括卸载后可恢复的弹性应变和卸载后不可恢复的塑性应变两部分。若试件完全卸载后在短期内再次加载，应力和应变将沿卸载时的 FO_1 直线变化直到 F 点，之后仍沿曲线 FGH 变化。由此可见，将试件拉到超过屈服点后卸载，然后重新加载时，材料的比例极限有所提高，而塑性变形能力减小，这种现象称为冷作硬化。工程中某些构件对塑性的要求不高时，可利用冷作硬化提高材料的强度，如起重用的钢索和建筑用的钢筋，常用冷拔工艺提高其强度。

（4）局部变形阶段。σ-ε 曲线的 GH 段为局部变形阶段。此阶段曲线从最高点下降，试件较薄弱的某一横截面及其附近出现局部收缩（如图 5-14 所示）即所谓缩颈的现象。在试

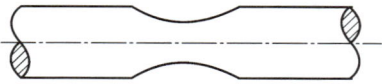

图 5-14　缩颈

件继续伸长的过程中，由于"缩颈"部分的横截面面积急剧缩小，试件继续伸长所需要的拉力也迅速减小，于是按初始横截面面积计算的名义应力随之减小。当"缩颈"处的横截面收缩到某一程度时，试件便发生断裂。

试件被拉断后，弹性变形消失，塑性变形依然保留。工程中用试件拉断后残留的塑性变形来表示材料的塑性性能。常用的塑性指标有延伸率 δ 和断面收缩率 ψ。前者表示试件拉断后标距范围内平均塑性变形百分率，即

$$\delta = \frac{l_1 - l}{l} \times 100\% \qquad (5-11)$$

式中，l 为标距原长，l_1 为图 5-15 所示拉断后标距的长度。它反映了材料在破坏时所发生的最大塑性变形程度。工程上将 $\delta > 5\%$ 的材料称为塑性材料，如低碳钢、黄铜、铝合金等；将 $\delta < 5\%$ 的材料称为脆性材料，如铸铁、陶瓷、石材等。低碳钢是典型的塑性材料，其延伸率 δ 为 $20\% \sim 30\%$。

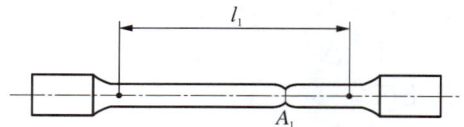

图 5-15　拉断后标距 l_1

另一个塑性指标断面收缩率 ψ 是指试件断口处横截面面积的塑性收缩百分率，即

$$\psi = \frac{A - A_1}{A} \times 100\% \qquad (5-12)$$

式中，A 为试件原横截面面积；A_1 为图 5-15 所示断裂后缩颈处的最小横截面面积。

2）其他塑性材料拉伸时的力学性能

图 5-16 给出了几种塑性材料的 σ-ε 曲线。可以看出这些材料拉伸时都具有较高的延伸率，但其中有些材料没有明显的屈服阶段。对于没有明显屈服点的塑性材料，工程中通常以产生 0.2% 塑性应变时所对应的应力作为名义屈服极限，以 $\sigma_{0.2}$ 表示，如图 5-17 所示。

3）铸铁拉伸时的力学性能

图 5-18 为铸铁受拉伸时的 σ-ε 曲线。它的特点

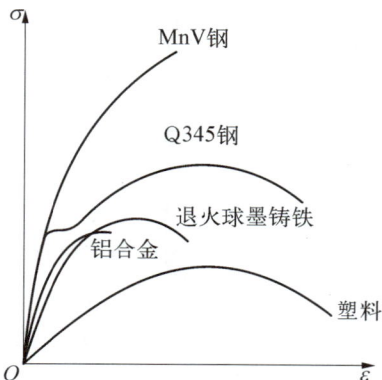

图 5-16　其他材料拉伸曲线

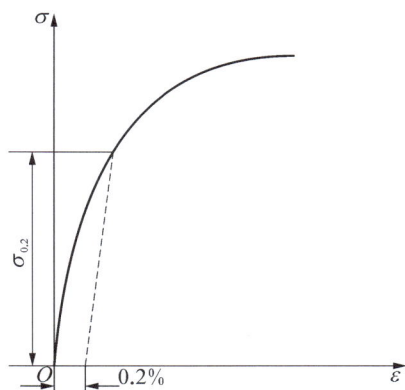

图 5-17　名义屈服极限

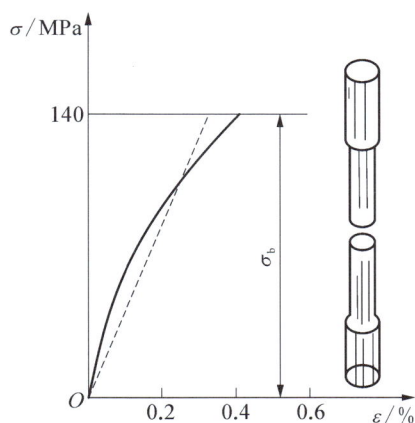

图 5-18　铸铁拉伸曲线

是：没有明显的直线部分，既无屈服阶段，亦无缩颈现象。在拉应力较小的情况下试样即发生断裂，断裂时应变通常只有 $0.4\%\sim0.5\%$，断口垂直于试件轴线。铸铁是典型的脆性材料，拉伸断裂时的强度极限 σ_b 是衡量其强度的惟一指标。由于其 σ-ε 曲线没有明显的直线部分，因此通常用一条割线（见图中的虚线）来近似地表示铸铁拉伸时的应力应变关系，从而认为在这一段中材料符合胡克定律，并按割线的斜率近似地确定弹性模量 E。由于铸铁的抗拉强度较差，一般不宜做承受拉力的构件。

5.4.2　压缩实验

压缩时的标准试件如图 5-19 所示。金属材料的压缩试件通常做成短圆柱体，高度约为直径的 $1.5\sim3$ 倍，以免实验时被压弯。对于混凝土、石料等非金属材料，常用立方块形试件。

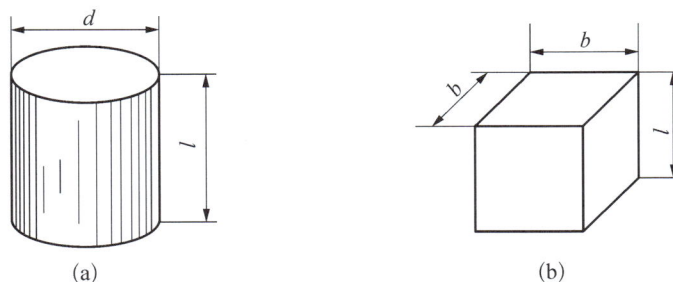

图 5-19　压缩试件

1）低碳钢压缩时的力学性能

图 5-20 为低碳钢压缩时的 σ-ε 曲线，为便于对比，图中用虚线绘出了同一材料在拉伸时的曲线。由图可见，在弹性阶段和屈服阶段两曲线是重合的。这表明低碳钢在压缩时的比例极限 σ_p、弹性极限 σ_e、弹性模量 E 和屈服点 σ_s 等都与拉伸时基本相同。进入强化阶段后，试样被越压越扁，横截面面积不断增大，试样抗压能力也继续提高，在图形上表现出两曲

线逐渐分离,压缩曲线上升,故而测不出其抗压强度极限。由于低碳钢压缩时的主要力学性能与拉伸时大体相同,因此不必再做压缩试验。

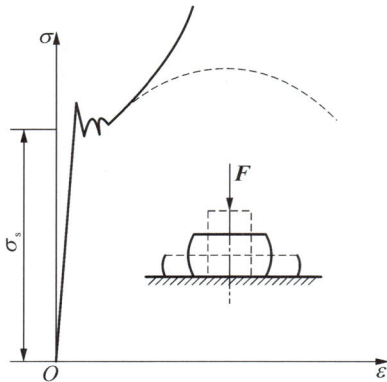

图 5-20 低碳钢压缩曲线

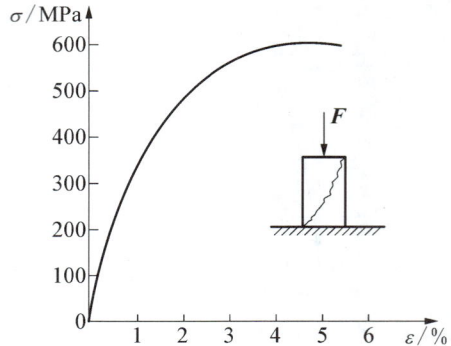

图 5-21 铸铁压缩曲线

2)铸铁压缩时的力学性能

铸铁压缩时的 σ-ε 曲线如图 5-21 所示。可以看出,铸铁压缩时的抗压强度比抗拉强度高出 4~5 倍。铸铁试件受压缩发生断裂时,断裂面与轴线大致成 45°~55°左右的倾角,这表明铸铁试件受压时断裂是因最大切应力所致。对于其他脆性材料如石材、混凝土等,其抗压能力也显著地高于抗拉能力。因此,工程上常用脆性材料做承压构件。

5.5 轴向拉伸与压缩的强度计算

5.5.1 极限应力、许用应力和安全因数

由上节讨论可知,由低碳钢等塑性材料制成的构件,当应力达到屈服极限 σ_s 或 $\sigma_{0.2}$ 时,会因显著的塑性变形而使构件原有形状和尺寸发生改变;由铸铁等脆性材料制成的构件,当应力达到强度极限 σ_b 时,会因发生断裂而破坏。这两种情况都会使构件丧失正常的工作能力,这种现象称为强度失效。工程上把材料丧失正常工作能力的应力,称为极限应力,用 σ_u 表示。显然,塑性材料的极限应力是屈服极限 $\sigma_s(\sigma_{0.2})$,脆性材料的极限应力是强度极限 σ_b。

考虑到载荷估计的准确程度,应力计算方法的精确程度,材料的均匀程度以及构件的重要性等因素,为了保证构件安全可靠地工作,应使它的工作应力小于材料的极限应力,使构件留有适当的强度储备。在强度计算中,一般把极限应力除以大于 1 的系数 n,作为设计时应力的最大允许值,称为许用应力,用 $[\sigma]$ 表示,即有

$$[\sigma] = \frac{\sigma_u}{n}$$

(5-13)

式中，$[\sigma]$ 为材料的许用应力；σ_u 为材料的极限应力；n 为材料的安全因数。确定安全因数的值时需考虑的因素有：材料的均匀性、载荷情况、计算方法的精确程度、构件的重要性以及杆件的工作条件等。在工程设计中，安全因数可从有关规范或手册中查到。在常温静载下，对于塑性材料，一般取 $n=1.3\sim2.0$；对于脆性材料，一般取 $n=2.0\sim3.5$。

5.5.2　强度条件

为了保证构件安全可靠地工作，必须使其最大工作应力不超过材料的许用应力。对于轴向拉压杆应满足的强度条件是

$$\sigma_{max} = \frac{F_N}{A} \leqslant [\sigma] \tag{5-14}$$

式中，σ_{max} 为杆件中的最大工作应力，$[\sigma]$ 为材料的许用应力。产生 σ_{max} 的截面称为危险截面。F_N，A 分别为危险截面上的轴力和面积。对于等截面杆，其危险截面位于轴力最大处；对于变截面杆，其危险截面必须综合考虑轴力和截面面积两个因素来决定。

根据强度条件，可解决以下 3 种强度计算问题：

（1）强度校核：已知杆件的截面尺寸、所承受的荷载和材料的许用应力，可用式（5-14）检验杆件是否满足强度要求。应当指出，若最大工作应力 σ_{max} 超过许用应力，但只要超过量小于许用应力 $[\sigma]$ 的 5%，在工程计算中是允许的，即认为仍然满足强度要求。

（2）选择截面：已知杆件材料所承受的荷载和材料的许用应力，确定杆件的截面面积和相应的尺寸。由载荷可求出 F_{Nmax}，再将式（5-14）改写为

$$A \geqslant \frac{F_{Nmax}}{[\sigma]} \tag{5-15}$$

由此可确定杆件所需横截面面积。再根据横截面形状，进一步可确定横截面尺寸。

（3）许用荷载：已知杆件的截面尺寸和材料的许用应力，确定杆件或整个结构所能承担的最大荷载。为此将式（5-14）改写为

$$F_{Nmax} \leqslant A[\sigma] \tag{5-16}$$

由此可以确定杆件所能承受的最大轴力。再由载荷与轴力的关系，确定杆件或结构的许用荷载。

下面举例说明强度条件的应用。

例 5-5　图 5-22(a) 为一简易吊车的简图。A，B，C 处均为光滑铰链，斜杆 BC 为直径 $d=16$ mm 的圆形钢杆，材料为 Q235 钢，其许用应力 $[\sigma]=160$ MPa，水平杆 AB 的重量 $P=6$ kN，荷载 $F=18$ kN。试校核斜杆 BC 的强度。

解　（1）计算斜杆 BC 的轴力。

取横梁 AB 为研究对象，受力如图 5-22(b)，因只需求 F_N，故对 A 点列力矩平衡方程有

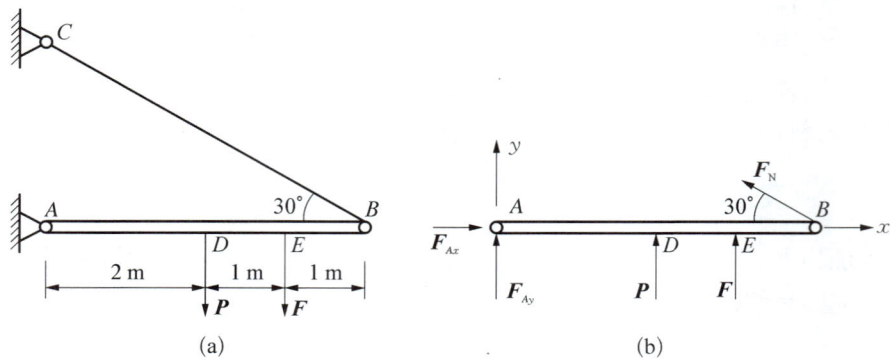

图 5 - 22   例 5 - 5 图

$$\sum M_A(F_i) = 0 \quad F_N \times 4 \times \sin 30° - P \times 2 - F \times 3 = 0$$

解得

$$F_N = P + 1.5F = 33 \text{ kN}$$

（2）强度校核。斜杆 BC 横截面上的应力为

$$\sigma = \frac{F_N}{A} = \frac{4F_N}{\pi d^2} = \frac{4 \times 33 \times 10^3}{3.14 \times 16^2 \times 10^{-6}} = 164.2 \text{ MPa} > [\sigma] = 160 \text{ MPa}$$

但由于 $\dfrac{\sigma - [\sigma]}{[\sigma]} \times 100\% = \dfrac{4.2}{160} \times 100\% = 2.6\% < 5\%$

故仍然认为斜杆 BC 满足强度要求。

例 5 - 6   一横截面为圆形的钢制阶梯状直杆，其受力情况如图 5 - 23 所示。材料的许用应力 $[\sigma] = 160$ MPa。试选择各段杆的横截面尺寸 d。

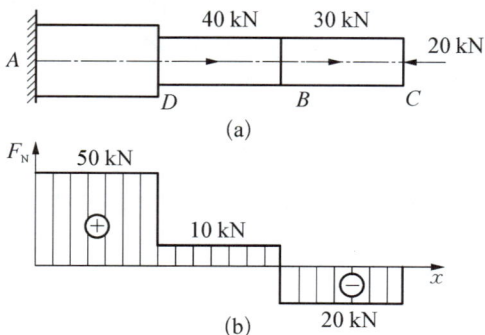

图 5 - 23   例 5 - 6 图

解：（1）首先作杆的轴力图如图 5 - 23（b）所示。

（2）根据轴力图分别对杆件各段进行截面设计。由于 DB 段和 BC 段的横截面面积相等而轴力较小，故其工作应力一定小于 BC 段。于是只需对 AD 段和 BC 段进行计算。

对于 AD 段，由式（5 - 15）有

$$A_{AD} \geqslant \frac{F_{NAD}}{[\sigma]} = \frac{50 \times 10^3}{160 \times 10^6} = 312.5 (\text{mm}^2)$$

由于杆件横截面为圆形，可得 AD 段杆件直径为

$$d_{AD} = \sqrt{\frac{A_{AD}}{\pi}} \geqslant \sqrt{\frac{312.5}{3.14}} = 9.98(\text{mm})$$

故取 AD 段直径为 10 mm。

同理对 BC 段进行处理。

$$A_{BC} \geqslant \frac{F_{NBC}}{[\sigma]} = \frac{20 \times 10^3}{160 \times 10^6} = 125(\text{mm}^2)$$

$$d_{BC} = \sqrt{\frac{A_{BC}}{\pi}} \geqslant \sqrt{\frac{125}{3.14}} = 6.3(\text{mm})$$

取 BC 段直径为 7 mm。

例 5 - 7　如图 5 - 24 所示，AC 和 BC 两杆铰接于 C，并吊重物。已知 BC 杆许用应力 $[\sigma]_{BC} = 160$ MPa，AC 杆许用应力 $[\sigma]_{AC} = 100$ MPa，两杆横截面面积均为 5 cm^2。不计两杆自重，求结构许可最大重力。

解：(1) 求两杆轴力与载荷 G 的关系，取节点 C 进行受力分析如图，由结点 C 的平衡方程有

$$\sum F_x = 0 \quad F_{NCB} \cos 60° - F_{NCA} \cos 45° = 0$$

$$\sum F_y = 0 \quad F_{NCB} \cos 30° + F_{NCA} \cos 45° - G = 0$$

图 5 - 24　例 5 - 7 图

解得：$F_{NCA} = 0.52G$，$F_{NCB} = 0.73G$

(2) 求满足杆 AC 强度条件的许用载荷。杆 AC 的许用轴力为

$$F_{NCA} = 0.52G \leqslant A_{AC}[\sigma]_{AC}$$

因此许用载荷为

$$G \leqslant \frac{A_{AC}[\sigma]_{AC}}{0.52} = \frac{5 \times 10^{-4} \times 100 \times 10^6}{0.52} = 96.2(\text{kN})$$

(3) 求满足杆 BC 强度条件的许用载荷。杆 BC 的许用轴力为

$$F_{NCB} = 0.73G \leqslant A_{BC}[\sigma]_{BC}$$

因此许用载荷为

$$G \leqslant \frac{A_{BC}[\sigma]_{BC}}{0.73} = \frac{5 \times 10^{-4} \times 160 \times 10^6}{0.73} = 109.6(\text{kN})$$

为了保证两杆都能安全地工作，许用载荷为 $[G] = 96.2$ kN。

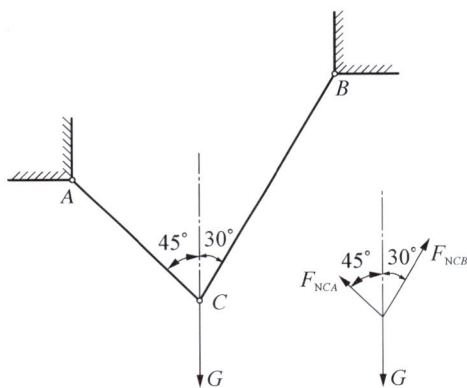

5.6　轴向拉伸与压缩的超静定问题

关于超静定问题的定义已在本书2.5节中加以讨论。解静不定问题时,由于未知力数量多于有效平衡方程数,除了要利用全部静力平衡方程外,关键在于通过结构变形的几何条件以及变形和内力间的物理规律来建立足够数目的补充方程式。下面举例说明。

例 5-8　如图5-25(a)所示,AB,AC 和 AD 三杆铰接于 A,并在节点 A 悬挂重力为 G 的重物。已知1,2两杆的横截面与材料均相同,即 $l_1 = l_2 = l$,$A_1 = A_2 = A$,$E_1 = E_2 = E$;3杆的横截面面积为 A_3,材料的弹性模量为 E_3。试求各杆的轴力。

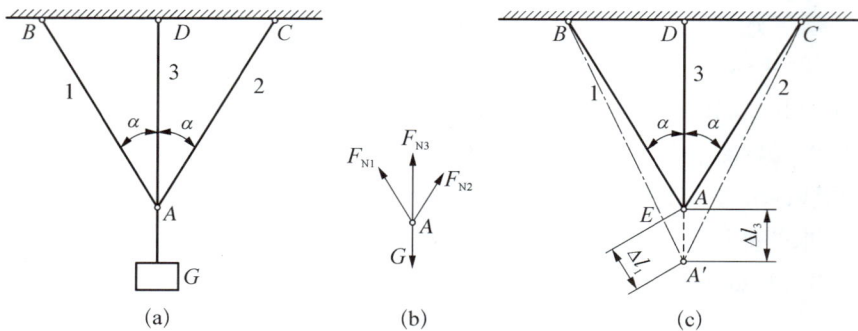

图 5-25　例 5-8 图

解　(1)列静力平衡方程。取节点 A 受力分析如图5-25(b)所示,列平衡方程则有

$$F_{N2} \sin \alpha - F_{N1} \sin \alpha = 0$$

$$F_{N1} \cos \alpha + F_{N2} \cos \alpha + F_{N3} = 0$$

在上面两个方程中有3个未知力,故为一次静不定问题,需要建立一个补充方程。

(2)分析变形几何关系。由于结构和荷载均左右对称,且杆1,2的抗拉刚度相同,所以节点 A 只能垂直下移。设变形后各杆汇交于 A' 点,则 $AA' = \Delta l_3$;由 A 点作 $A'B$ 的垂线 AE,则有 $EA' = \Delta l_1$。在小变形条件下,$\angle BA'A = \angle CA'A = \alpha$,于是各杆变形的几何关系为

$$\Delta l_1 = \Delta l_2 = \Delta l_3 \cos \alpha$$

(3)物理关系。由胡克定律,应有

$$\Delta l_1 = \frac{F_{N1} l}{EA}, \quad \Delta l_3 = \frac{F_{N3} l_3}{E_3 A_3} = \frac{F_{N3} l \cos \alpha}{E_3 A_3}$$

(4)补充方程。将物理关系式代入几何方程,得到解该超解定问题的补充方程

$$\frac{F_{N1} l}{EA} = \frac{F_{N3} l \cos \alpha}{E_3 A_3} \cos \alpha$$

（5）求解各杆轴力。联立求解补充方程和两个平衡方程，可得

$$F_{N1} = F_{N2} = \frac{E_1 A_1 G \cos^2\alpha}{E_3 A_3 + 2E_1 A_1 \cos^2\alpha}$$

$$F_{N3} = \frac{E_3 A_3 G}{E_3 A_3 + 2E_1 A_1 \cos^2\alpha}$$

例 5 - 9　如图 5 - 26(a)所示，直杆两端固定，在中部截面 C 处受轴向外载荷 F 作用，杆的抗拉（压）刚度为 EA，试确定杆件两端的约束力。

解　（1）列静力平衡方程。取整个杆件受力分析如图 5 - 26(b)所示，列平衡方程则有

$$F_A - F - F_B = 0$$

在上面一个方程中有两个未知力，故为一次静不定问题，需要建立一个补充方程。

（2）分析变形几何关系。因杆两端固定，A、B 间的距离应保持不变，即杆 AC 段的变形量 Δl_{AC} 应与 CB 段的变形量 Δl_{CB} 之和为零，即

$$\Delta l_{AC} + \Delta l_{CB} = 0$$

（3）物理关系。由胡克定律，应有

$$\Delta l_{AC} = \frac{F_{NAC}a}{EA} = \frac{F_A a}{EA}, \quad \Delta l_{CB} = \frac{F_{NCB}b}{EA} = \frac{F_B b}{EA}$$

（4）补充方程。将物理关系式代入几何方程，得到解该超静定问题的补充方程

$$\frac{F_A a}{EA} + \frac{F_B b}{EA} = 0$$

（5）求解约束力。联立求解补充方程和平衡方程，可得

$$F_A = \frac{Fb}{l}$$

$$F_B = -\frac{Fa}{l}$$

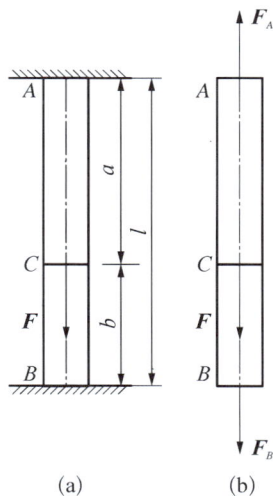

图 5 - 26　例 5 - 9 图

回顾上面的分析过程，可将静不定问题的求解步骤归纳为：

（1）根据未知力和有效平衡方程的数目，正确判定问题的静不定次数，建立独立的静力平衡方程。

（2）根据结构变形几何关系，建立变形协调方程。

（3）根据物理关系建立变形协调方程中各变形项与未知力的关系方程。

（4）将变形与力之间的物理关系代入变形协调方程,得到问题的补充方程。

（5）由平衡方程和补充方程解出未知力。

习 题 5

题 5-1 试计算题 5-1 图所示各杆截面 1-1、2-2 上的轴力,并作杆的轴力图。

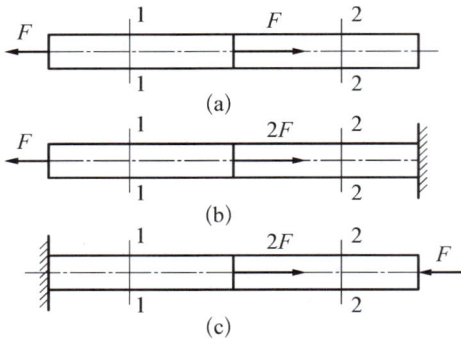

题 5-1 图

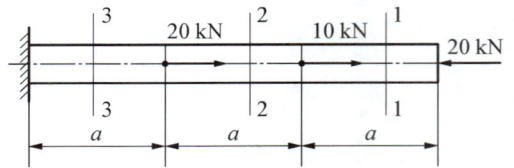

题 5-2 图

题 5-2 试求题 5-2 图所示直杆横截面 1-1,2-2 和 3-3 上的轴力,并作轴力图。如横截面面积 $A=200\ mm^2$,求各横截面上的应力。

题 5-3 在题 5-3 图所示结构中,各杆的横截面面积均为 3 000 mm^2。力 F 为 100 kN。试求各杆横截面上的正应力。

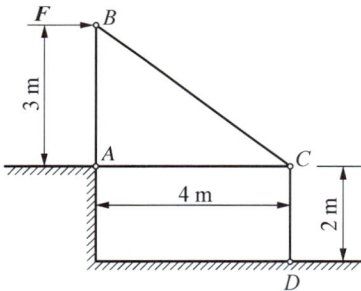

题 5-3 图

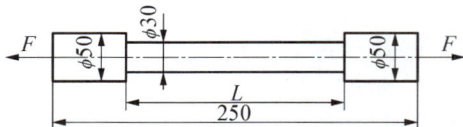

题 5-4 图

题 5-4 圆形截面杆如题 5-4 图所示。已知弹性模量 $E=200\ GPa$,受到轴向拉力 $F=150\ kN$。如果中间部分直径为 30 mm,试计算中间部分的应力 σ。如杆的总伸长为 0.2 mm,试求中间部分的杆长。

题 5-5 厂房立柱如题 5-5 图所示。它受到屋顶作用的载荷 $F_1=120\ kN$,吊车作用的载荷 $F_2=100\ kN$,其弹性模量 $E=18\ GPa$,$l_1=3\ m$,$l_2=7\ m$,横截面面积 $A_1=400\ cm^2$,$A_2=600\ cm^2$。试画其轴力图,并求(1)各段横截面上的应力;(2)最大切应力;

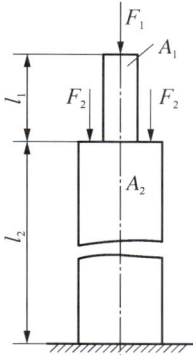

题 5-5 图

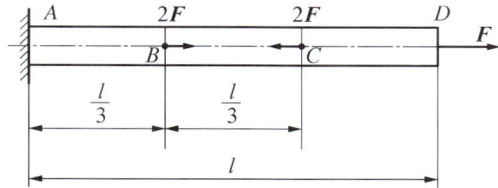

题 5-6 图

(3) 绝对变形 Δl。

题 5-6 一根等截面直杆如题 5-6 图所示,其直径为 $d = 30$ mm。已知 $F = 20$ kN,$l = 0.9$ m,$E = 210$ GPa。试作轴力图,并求杆端 D 的水平位移 Δ_D 以及 B,C 两横截面的相对纵向位移 Δ_{BC}。

题 5-7 在题 5-7 图所示结构中,AB 是直径为 8 mm,长为 1.9 m 的钢杆,弹性模量 $E = 200$ GPa;BC 杆为截面 $A = 200 \times 200$ mm^2,长为 2.5 m 的木柱,弹性模量 $E = 10$ GPa。若 $F = 20$ kN,试计算节点 B 的位移。

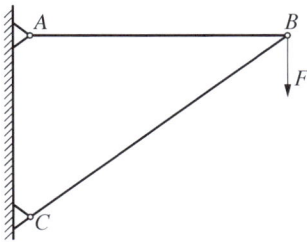

题 5-7 图

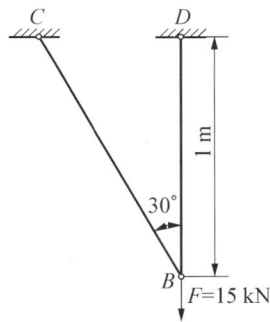

题 5-8 图

题 5-8 试求题 5-8 图所示杆系节点 B 的位移,已知两杆的横截面面积均为 $A = 100$ mm^2,$E = 200$ GPa。

题 5-9 某吊架结构的计算简图如题 5-9 图所示。CA 是钢杆,横截面面积 $A_1 = 200$ mm^2,弹性模量 $E_1 = 210$ GPa;DB 是铜杆,横截面面积 $A_2 = 800$ mm^2,弹性模量 $E_2 = 100$ GPa。设水平梁 AB 的刚度很大,其变形可忽略不计。若梁 AB 仍保持水平,试求荷载 F 离 DB 杆的距离 x。

题 5-10 用绳索吊起重物如题 5-10 图所示。已知 $F = 20$ kN,绳索横截面面积为 12.6 cm^2,许用应力 $[\sigma] = 10$ MPa。试校核 $\alpha = 45°$ 及 60° 两种情况下绳索的强度。

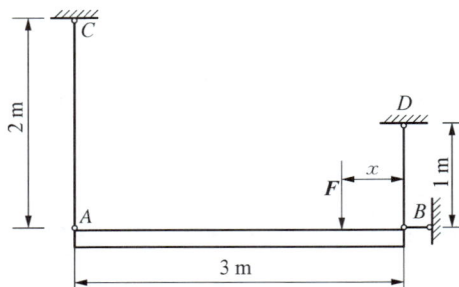

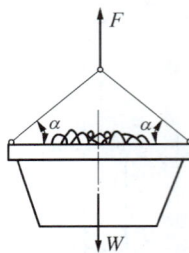

题 5 - 9 图　　　　　　　题 5 - 10 图

题 5 - 11　某悬臂吊车如题 5 - 11 图所示，最大起重载荷 $G = 20$ kN，AB 杆为圆钢，许用应力 $[\sigma] = 120$ MPa，试设计 AB 杆的直径 d。

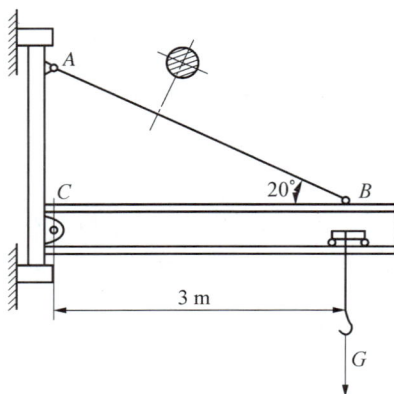

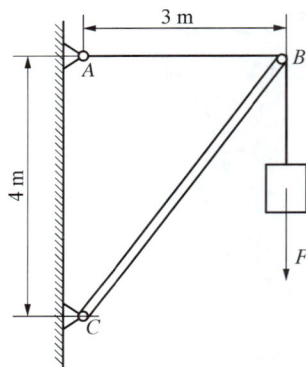

题 5 - 11 图　　　　　　　题 5 - 12 图

题 5 - 12　三角架结构如图所示。AB 杆为钢杆，其横截面面积 $A_1 = 600$ mm²，许用应力 $[\sigma] = 140$ MPa；BC 杆为木杆，横截面面积 $A_2 = 3 \times 10^4$ mm²，许用压应力 $[\sigma] = 3.5$ MPa，试求许用载荷 F。

题 5 - 13　如题 5 - 13 图所示，由铝镁合金杆和钢质套管构成一组合柱，它们的抗压刚度分别为 E_1A_1 和 E_2A_2。若轴向压力通过刚性平板作用在该柱上，试求铝镁杆和钢套管横截面上的正应力。

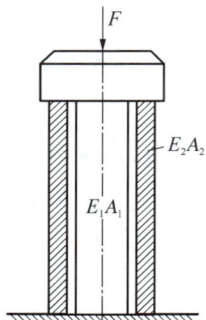

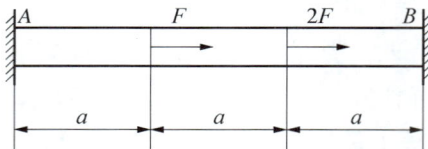

题 5 - 13 图　　　　　　　题 5 - 14 图

题 5 - 14　题 5 - 14 图所示为两端固定的杆件,求两端的支反力。

题 5 - 15　题 5 - 15 图所示横梁 AB 为刚性梁,不计其变形。杆 1,2 的材料、横截面面积、长度均相同,其 $[\sigma] = 100 \text{ MPa}$, $A = 200 \text{ mm}^2$,试求许用载荷 F。

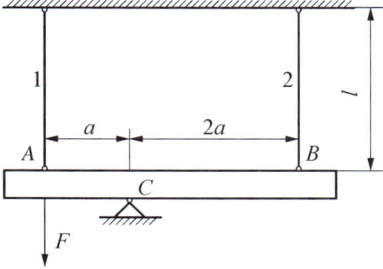

题 5 - 15 图

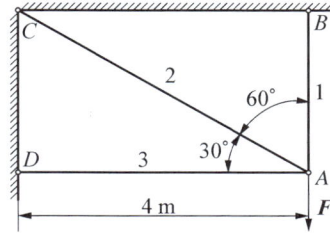

题 5 - 16 图

题 5 - 16　题 5 - 16 图示杆系中各杆材料相同。已知:三根杆的横截面面积分别为 $A_1 = 200 \text{ mm}^2$, $A_2 = 300 \text{ mm}^2$, $A_3 = 400 \text{ mm}^2$,荷载 $F = 40 \text{ kN}$,试求各杆横截面上的应力。

第6章 剪切与挤压

在工程实际中,为了将机械和结构物的各部分互相连接起来,常采用铆钉、螺栓、销钉、键等连接件(见图6-1)。

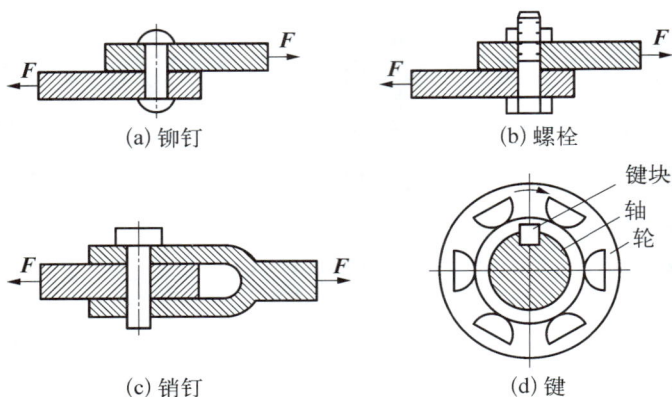

图6-1 连接件

连接件的体积都比较小,其变形和应力分布都比较复杂。在连接件的强度计算中,要精确计算出它们的实际工作应力往往非常困难。因此,工程中通常采用实用的简化分析方法。其要点是:假设破坏面上应力均匀分布,从而计算出各部分的"名义应力";然后对同类连接件进行破坏实验,由破坏载荷按均匀分布的假设确定材料的极限应力。实践证明,只要简化合理,这种实用计算方法是安全可靠的。现以铆钉等连接件为例,介绍有关概念与计算方法。

6.1 剪切的实用计算

考察如图6-2(a)所示的螺栓连接,显然,螺栓在两侧面上分别受到图6-2(b)所示的大小相等、方向相反、作用线相距很近而且垂直于螺栓轴线的两组外力系的作用。螺栓在这样的外力作用下,将在外力之间,并与外力作用线平行的截面 $m-m$ 发生相对错动,这种变形形式称为剪切。发生剪切变形的截面 $m-m$,称为受剪面或剪切面。应用截面法如图6-2(c)所示,可求得作用线位于受剪面 $m-m$ 内的剪力 F_S。剪力 F_S 以顺时针方向绕研究对象时为正,反之为负,图中所示剪力取正号。与剪力 F_S 对应,剪切面上有如图6-2(d)所示

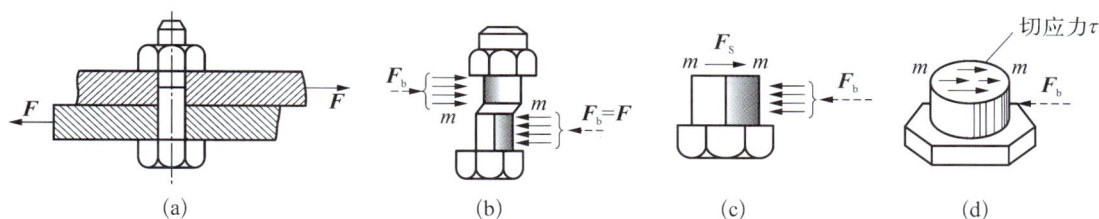

图 6 - 2　螺钉剪切

的切应力 τ。切应力在剪切面上的分布比较复杂,在工程实用计算中,通常假定剪切面上的切应力均匀分布。于是,受剪面上的名义切应力为

$$\tau = \frac{F_S}{A} \qquad\qquad (6-1)$$

式中,F_S 为剪切面上的剪力,A 为剪切面的面积。

剪切强度条件为

$$\tau = \frac{F_S}{A} \leqslant [\tau] \qquad\qquad (6-2)$$

式中,$[\tau]$ 为连接件的许用切应力,可以通过与构件实际受力情况相似的剪切实验得到。根据试件被剪断时的剪力 F_S,按式(6-1)算出极限切应力 τ_b,再除以适当的安全因数 n,则得

$$[\tau] = \frac{\tau_b}{n} \qquad\qquad (6-3)$$

常用材料的许用切应力 $[\tau]$ 可从有关手册中查到。实验表明,对于一般的金属材料,其许用切应力 $[\tau]$ 与许用拉应力 $[\sigma]$ 之间有如下关系

$$塑性材料[\tau] = (0.6 \sim 0.8)[\sigma]$$

$$脆性材料[\tau] = (0.8 \sim 1.0)[\sigma]$$

6.2　挤压的实用计算

铆钉、销钉和键等连接件在发生剪切变形的同时,它们与被连接件传力的接触面上将受到较大的压力作用,从而出现局部变形,这种现象称为挤压。如图 6-3 所示,上钢板孔左侧与铆钉上部左侧,下钢板右侧与铆钉下部右侧相互挤压。铆钉连接发生挤压的接触面称为挤压面,挤压面上的压力称为挤压力,用 F_{jy} 表示。相应的应力称为挤压应力,用 σ_{jy} 表示。

当挤压力较大时,挤压面附近区域将发生显著的塑性变形而被压溃,此时发生挤压破坏。由于挤压应力在挤压面上的分布情况比较复杂,所以与剪切一样,工程上也假定挤压应力在挤压计算面积上均匀分布,故有

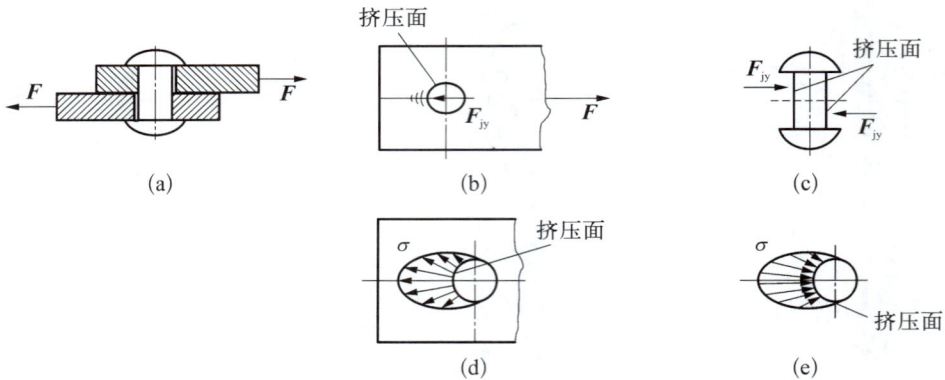

图 6-3   螺钉挤压

$$\sigma_{jy} = \frac{F_{jy}}{A_{jy}} \tag{6-4}$$

式中，F_{jy} 为挤压面上的挤压力，A_{jy} 为挤压面的计算面积。

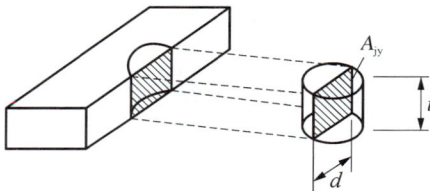

图 6-4   挤压面

计算挤压面积 A_{jy} 需根据挤压面的形状来确定。如果挤压面为平面，则受压平面的面积就是挤压面积。对于销钉、铆钉等圆柱联接件，其挤压面实际为半圆柱面，挤压面的应力分布如图 6-3(d)、(e)所示。按照实用计算方法，挤压面积是如图 6-4所示。按照受压的半圆柱面的正投影面积 A_{jy} 计算，即

$$A_{jy} = dt \tag{6-5}$$

为保证连接件具有足够的挤压强度而不破坏，挤压强度条件为

$$\sigma_{jy} = \frac{F_{jy}}{A_{jy}} \leqslant [\sigma_{jy}] \tag{6-6}$$

式中，$[\sigma_{jy}]$ 为材料的允许挤压应力，其数值可由实验获得。常用材料的 $[\sigma_{jy}]$ 可从有关的手册中查得。对于金属材料，许用挤压应力和许用拉应力之间有如下关系：

$$塑性材料 [\sigma_{jy}] = (1.7 \sim 2.0)\sigma$$
$$脆性材料 [\sigma_{jy}] = (0.9 \sim 1.5)\sigma$$

必须注意，如果两个相互挤压构件的材料不同，则应对材料强度较小的构件进行计算。

例 6-1   图 6-5 所示冲床的最大冲力为 $F = 500 \text{ kN}$，冲头材料的许用应力 $[\sigma] = 420 \text{ MPa}$，被冲剪的钢板的抗剪强度 $\tau_b = 350 \text{ MPa}$。求在最大冲力作用下所能冲剪的圆孔最小直径 d 和板的最大厚度 t。

解　(1)确定圆孔的最小直径 d。由于冲头的直径等于冲剪的孔径,而冲头工作时需满足抗压强度条件,因此有

$$\sigma = \frac{F}{A} = \frac{4F}{\pi d^2} \leqslant [\sigma]$$

解得

$$d \geqslant \sqrt{\frac{4F}{\pi[\sigma]}} = 38.9(\text{mm})$$

故取最小直径为 39 mm。

(2)求钢板的最大厚度。钢板剪切面上的剪力为

$$F_S = F$$

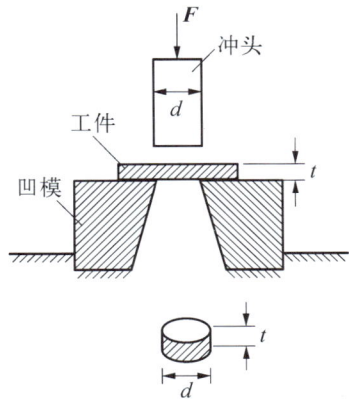

图 6-5　冲剪简图

剪切面为冲剪形成的圆柱形断面,其面积为 $\pi \cdot d \cdot t$。为能冲断圆孔,需满足

$$\tau = \frac{F_S}{A} = \frac{F_S}{\pi \cdot d \cdot t} \geqslant [\tau_b]$$

解得

$$t \leqslant \frac{F_S}{\pi \cdot d \cdot [\tau_b]} = 11.6(\text{mm})$$

故取钢板的最大厚度为 11 mm。

例 6-2　在图 6-6(a)所示铆接接头中,已知各载荷 $F = 90$ kN,板宽 $b = 90$ mm,板厚 $t = 10$ mm,铆钉直径 $d = 17$ mm,许用切应力 $[\tau] = 100$ MPa,许用挤压力 $[\sigma_{jy}] = 200$ MPa,许用拉力 $[\sigma] = 150$ MPa,试校核该接头的强度。

解:这是一个由连接件铆钉和被连接件钢板组成的结构。研究表明,若外力的作用线

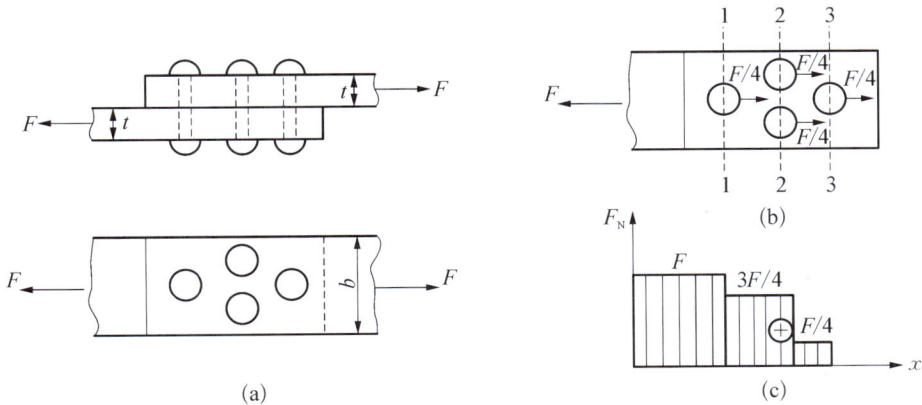

(a)

(b)

(c)

图 6-6　铆钉群接头

通过铆钉群横截面的形心,且各铆钉的材料与直径均相同,则每个铆钉的受力都相等。在拉力 F 的作用下,它的可能破坏形式有 3 种:铆钉发生剪切破坏,铆钉或钢板发生挤压破坏,钢板发生拉伸破坏。下面根据连接结构的可能破坏形式,分别校核强度。

(1) 铆钉的剪切强度校核。对于图 6-6 所示铆钉群,各铆钉剪切面上的剪力均为

$$F_S = \frac{F}{4} = 22.5 \text{ kN}$$

而相应的切应力则为

$$\tau = \frac{F_S}{A} = \frac{4 \times 22.5 \times 10^3}{\pi \times 0.017^2} = 99.1 \text{ MPa} < [\tau]$$

这表明铆钉的剪切强度足够。

(2) 铆钉的挤压强度校核。铆钉所受的挤压力等于剪切面上的剪力 F_S,即 $F_{jy} = F_S = 22.5$ kN,所以铆钉的挤压应力为

$$\sigma_{jy} = \frac{F_{jy}}{A_{jy}} = \frac{F_S}{d \cdot t} = \frac{22.5 \times 10^3}{0.01 \times 0.017} = 132.4 \text{ MPa} < [\sigma_{jy}]$$

这表明铆钉的挤压强度足够。

(3) 板的拉伸强度校核。板的受力如图 6-6(b) 所示。利用截面法,可求出板各段的轴力,并画出其轴力图如图 6-6(c) 所示。可见,板的危险截面为截面 1-1 或截面 2-2。它们的应力分别为

$$\sigma_{1-1} = \frac{F_{N1}}{A_1} = \frac{F}{(b-d)t} = \frac{90 \times 10^3}{(0.09 - 0.017) \times 0.01} = 123.3 \text{ MPa} < [\sigma]$$

$$\sigma_{2-2} = \frac{F_{N2}}{A_2} = \frac{0.75F}{(b-2d)t} = \frac{0.75 \times 90 \times 10^3}{(0.09 - 2 \times 0.017) \times 0.01} = 120.5 \text{ MPa} < [\sigma]$$

这表明板的拉伸强度足够,故该接头是安全的。

习 题 6

题 6-1　一螺栓连接如题 6-1 图所示,已知 $P = 240$ kN,$\delta = 3$ cm,螺栓材料的许用剪应力 $[\tau] = 100$ MPa,试设计螺栓的直径。

题 6-2　题 6-2 图所示为切料装置用刀刃把切料模中 12 mm 的棒料切断。棒料的剪切强度极限 $\tau_b = 320$ MPa,试计算切断力 F。

题 6-3　压力机最大许可载荷 $F = 600$ kN。为防止过载而采用题 6-3 图所示的环式保险器,过载时保险器先被剪断。已知 $D = 50$ mm,材料的剪切强度极限 $\tau_b = 200$ MPa,试确定保险器的尺寸 δ。

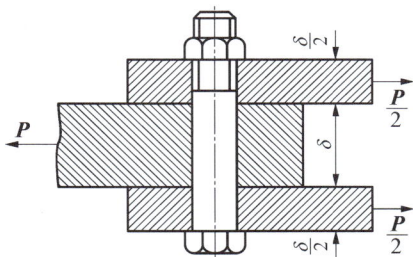

题 6-1 图

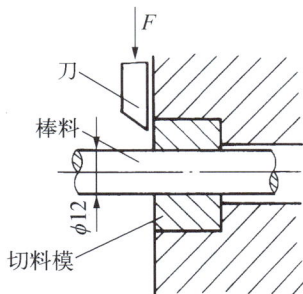

题 6-2 图

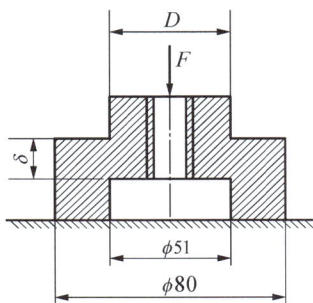

题 6-3 图

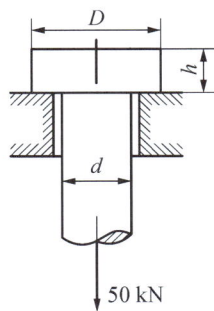

题 6-4 图

题 6-4 试校核图示拉杆头部的剪切强度和挤压强度。已知：$D=32$ mm，$d=20$ mm，$h=12$ mm，材料的许用切应力 $[\tau]=100$ MPa，许用挤压应力 $[\sigma_{jy}]=200$ MPa。

题 6-5 如图所示摇臂，试确定轴销 B 的直径。已知：$P_1=50$ kN，$P_2=35.4$ kN，$[\tau]=80$ MPa，$[\sigma_{jy}]=200$ MPa。

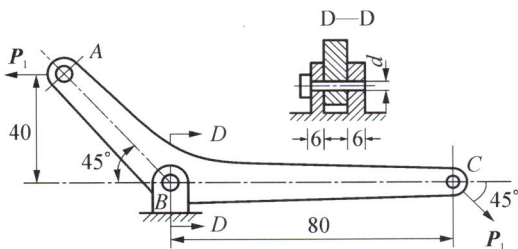

题 6-5 图

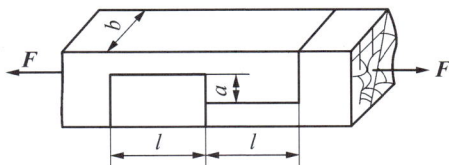

题 6-6 图

题 6-6 矩形截面木拉杆的接头如题 6-6 图所示。已知 $F=60$ kN，$b=280$ mm。木材的许用应力 $[\sigma]=5$ MPa，$[\tau]=12$ MPa 和 $[\sigma_{jy}]=3$ MPa。试求接头处所需的尺寸 l 和 a。

题 6-7 试设计题 6-7 图所示的钢销钉的尺寸 h 和 δ，并校核拉杆的强度。已知钢拉杆及销钉材料的许用应力 $[\sigma]=120$ MPa，$[\tau]=100$ MPa 和 $[\sigma_{jy}]=160$ MPa，直径 $d=50$ mm，承受载荷 $F=120$ kN。

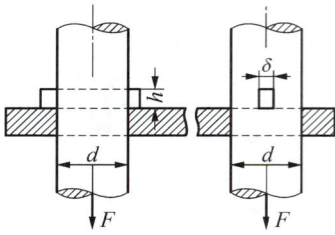

题 6 - 7 图

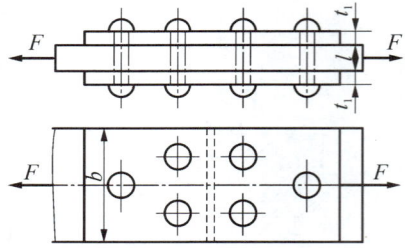

题 6 - 8 图

题 6 - 8   两厚度 $t=12$ mm，宽 $b=60$ mm 的钢板对接，铆钉的个数和分布如题 6 - 8 图所示，上下盖板的厚度 $t_1=6$ mm，$F=60$ kN，铆钉和钢板的各项许用应力为 $[\sigma]=170$ MPa、$[\tau]=100$ MPa 和 $[\sigma_{jy}]=250$ MPa。试设计铆钉直径。

题 6 - 9   如题 6 - 9 图所示矩形截面木杆，用两块钢板连接在一起，受轴向载荷 $P=45$ kN 作用。已知截面宽度 $b=250$ mm，木材顺纹许用拉应力 $[\sigma]=6$ MPa，许用挤压应力 $[\sigma_{jy}]=10$ MPa，许用剪应力 $[\tau]=1$ MPa。试确定接头的 δ，l 和 h 长度。

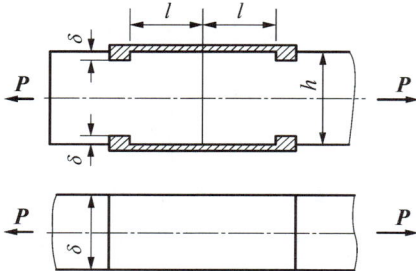

题 6 - 9 图

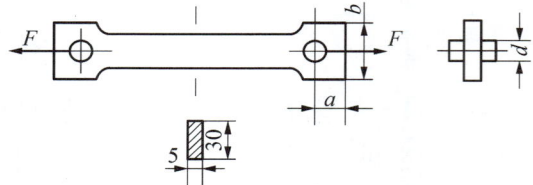

题 6 - 10 图

题 6 - 10   如题 6 - 10 图所示为矩形截面的钢板拉伸试件，载荷通过销钉传至试件。若试件和销钉材料相同，$[\tau]=100$ MPa，$[\sigma_{jy}]=320$ MPa，$[\sigma]=160$ MPa，抗拉强度 $\sigma_b=400$ MPa。为保证试件在中部被拉断，试确定试件端部尺寸 a、b 及销钉直径 d。

第7章 圆轴的扭转

本章主要研究横截面为圆形轴的扭转变形特点、横截面上内力、应力分布及计算,以及扭转的强度、刚度问题。

7.1 扭 转 概 念

工程实际中,以扭转为主要变形形式的杆件称为轴。如车床的光杆、汽车的传动轴等。

当杆件两端受到两个方向相反、大小相等、且作用在垂直于杆件轴线的平面上的力偶时,杆件产生扭转变形,如图 7-1 所示。

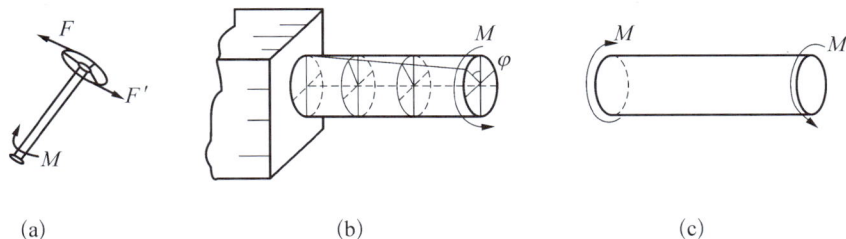

(a)   (b)   (c)

图 7-1 扭转轴受力

扭转的受力特点:轴的两端受到大小相等、方向相反、作用面垂直杆件轴线的力偶。

扭转变形的特点:各截面绕着轴线产生相对转动。

7.2 外力偶矩计算、扭矩、扭矩图

首先计算作用于扭转轴上的外力偶,然后分析扭转轴横截面上的内力。

一般情况,作用在轴上的外力偶矩已知或根据条件计算得到。工程中往往只知道轴的传输功率和转速,通过以下计算公式得到使轴发生扭转的外力偶矩。

7.2.1 动力传递的外力偶矩

已知传动轴的功率 P(kW),转速 n(r/min),由动力学可知,力偶在单位时间内所作的功(即为功率 P)等于该力偶矩 M 与相应转动轴角速度 ω 的乘积,即

$$P = M\omega$$

而

$$\omega = \frac{2\pi \cdot n}{60} = \frac{n\pi}{30}(\text{rad/s})$$

则

$$M = \frac{P}{\omega} = \frac{30P}{n\pi} = 9\ 549\ \frac{P}{n}(\text{N} \cdot \text{m}) \tag{7-1}$$

上式应用时 P，n，M 的单位分别为 kW，r/min 和 N・m，其中：1 kW＝1 kN・m/s。

7.2.2 扭矩

采用截面法计算扭转轴横截面上的内力。

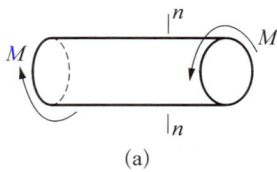

如图 7 - 2(a)所示，圆轴两端受到大小相等、相反转向的力偶。为了计算任一截面 n-n 上的内力，假想用一平面，在 n-n 截面处截开，将轴一分为二，任取一部分为研究对象。若取左半部分为研究对象，由于所取研究对象满足平衡条件，即由力偶平衡条件知，n-n 截面上内力合成结果应是一个力偶，称为扭矩，用 T 表示，如图 7 - 2(b)所示。扭矩单位为 N・m。扭矩 T 的大小由平衡方程得到。

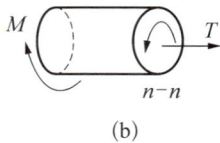

根据平衡方程

$$T - M = 0$$
$$T = M$$

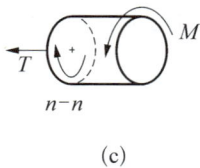

若取截开后右半部分为研究对象，受力如图 7 - 2(c)所示。同理，由平衡方程得到该截面上扭矩的大小 $T = M$。

为使截开后取左半部分或右半部分计算的扭矩值一致，用右手定则对扭矩的符号进行规定：伸出右手，右手四指的转向与所分析的截面上扭矩转向一致，大拇指的方向垂直截面，若大拇指的指向沿截面外法线，扭矩规定为正；反之为负。

(a)

(b)

(c)

图 7 - 2 轴力

7.2.3 扭矩图

在一般情况下，轴在不同位置都受到不同外力偶作用，因此不同轴段横截面上的扭矩也各有不同。为了直观地表示扭矩沿杆件轴线的变化情况，绘制扭矩沿轴向变化的图线，即扭矩图。扭矩图的绘制方法如下：

（1）在原图下建立坐标，纵向 x 轴沿杆件轴线，表示不同截面所在位置。横向坐标轴 T 表示截面扭矩值。

（2）计算出所有外力偶矩，以外力偶作用位置作为分段点将轴分段。分段点即为扭矩值变化的分界面。

（3）由截面法计算出每段扭矩值，将每段扭矩变化线连接，即绘出扭矩图。

例 7-1　图 7-3(a)所示为传动轴，转速 $n = 500$ r/min，在 B 处输入功率 $P_B = 20$ kW，在 A，C 处输出功率分别为 $P_A = 8$ kW，$P_C = 12$ kW，画出该轴的扭矩图。

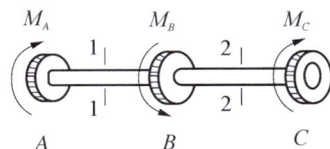

(a)

解：（1）按照式(7-1)计算作用在轮 A，B 和 C 处外力偶矩大小。

$$M_A = 9\ 549\ \frac{P_A}{n} = 9\ 549 \times \frac{8\ \text{kW}}{500(\text{r/min})}$$
$$= 152.78(\text{N} \cdot \text{m})$$

$$M_B = 9\ 549\ \frac{P_B}{n} = 9\ 549 \times \frac{20\ \text{kW}}{500(\text{r/min})}$$
$$= 381.96(\text{N} \cdot \text{m})$$

$$M_C = 9\ 549\ \frac{P_C}{n} = 9\ 549 \times \frac{12\ \text{kW}}{500(\text{r/min})}$$
$$= 229.18(\text{N} \cdot \text{m})$$

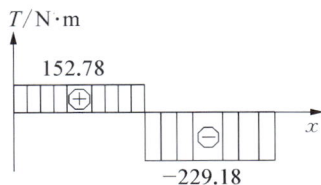

(b)

图 7-3　例 7-1 图

（2）扭矩的计算。用截面法计算各段截面上的扭矩。

设 1-1 截面、2-2 截面上的扭矩均为正，并分别用 T_1 和 T_2 表示，由 7-4(a)、(b)受力图，根据平衡方程可得

$$T_1 - M_A = 0 \qquad\qquad T_1 = 152.78\ \text{N} \cdot \text{m}$$

$$T_2 + M_B - M_A = 0 \qquad T_2 = -229.18\ \text{N} \cdot \text{m}$$

计算得到 2-2 截面上扭矩是负值，表示 2-2 截面上扭矩实际的方向与现在所设的方向相反。

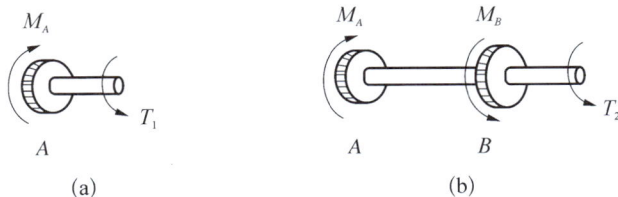

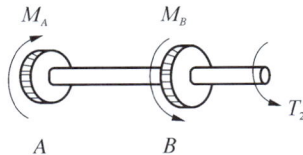

(a)　　　　　　　　　　　(b)

图 7-4　例 7-1　扭矩的计算

（3）画扭矩图。在原图下面建立坐标轴 OxT。平行于轴线的坐标 x 轴表明横截面的位置，垂直于轴线的坐标轴 T 表示扭矩值。根据上述分析，扭矩图如图 7-3(b)所示。从该图可以观察到轴的不同位置横截面内力的大小和转向。

7.3   圆轴扭转时横截面上的应力分析

本节通过几何关系、物理关系和静力学三方面因素,研究圆轴扭转时横截面上的应力及其分布规律。

7.3.1   扭转实验及假设

为了观察到扭转变形情况,沿圆轴的表面等距离画出圆周线和纵向线,如图 7 - 5(a)所示。当轴的两端受到大小相等、方向相反力偶作用时,从表面纵线及圆周线(见图 7 - 5(b))观察到其变化特点。

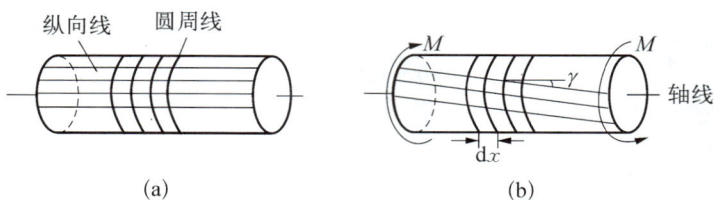

图 7 - 5   扭转变形

圆周线的变化特点:各圆周线变形前、后的形状不变,各圆周线之间的距离没有改变,即各圆周线只是绕轴线刚性地转动了一个角度。

纵向线的变化特点:在小变形下,纵向线由水平线倾斜了同一个角度 γ,矩形网格均变成为平行四边形。这种直角的改变量 γ 称为切应变。

根据观察到的现象作如下平面假设:圆轴扭转后,横截面仍为保持为平面,其形状和大小以及两相邻横截面间的距离均保持不变;半径仍保持为直线。各横截面只是绕轴线刚性地转动。两截面相对转动的角位移 φ 称为相对扭转角,如图 7 - 1(b)所示。

由平面假设可知:轴向与圆周方向均无伸长和缩短,即这两个方向无正应变,横截面上只有切应力。根据以上的假设,下面从几何、物理及静力学三方面分析建立扭转轴横截面上的应力公式。

7.3.2   几何关系

沿轴向取相距为 $\mathrm{d}x$ 的微段如图 7 - 6(a)所示,并在微段上截取一楔形体 $ABCDO_1O_2$ 进行分析(见图 7 - 6(b))。虚线表明变形后的楔形体如图 7 - 6(c)所示。在小变形条件下,由几何关系得

$$\gamma \approx \tan \gamma = \frac{BB_1}{AB} = \frac{\mathrm{d}\varphi \cdot R}{\mathrm{d}x}$$

同理,距轴线任一位置 ρ 处的矩形,在垂直于半径的平面内发生剪切变形,其切应变为

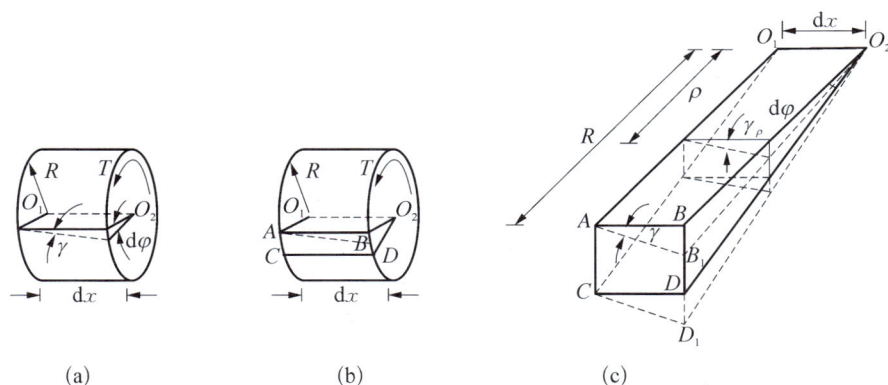

(a)　　　　　　　(b)　　　　　　　(c)

图 7-6　微段的变形

$$\gamma_\rho = \rho \frac{\mathrm{d}\varphi}{\mathrm{d}x} \qquad\qquad (7-2)$$

上式表明：横截面上任意点的切应变 γ_ρ 与该点到圆心的距离 ρ 成正比，表面处（$\rho = R$）切应变最大，中心处（$\rho = 0$）切应变为零。式中 $\dfrac{\mathrm{d}\varphi}{\mathrm{d}x}$ 表示相对扭转角 φ 沿轴长度方向的变化率，对于给定横截面而言，它是个常量。

7.3.3　物理关系

如果一个微元体（$\mathrm{d}x \cdot \mathrm{d}y \cdot \mathrm{d}z$）面上的应力如图 7-7 所示，由平衡条件知所有力在各方向上投影之和为零，则微元体上下面上的切应力相等，同理左右面上的切应力相等。

根据平衡方程

$$\sum M_z = 0 (\tau \cdot \mathrm{d}y\,\mathrm{d}z)\mathrm{d}x - (\tau' \cdot \mathrm{d}x\,\mathrm{d}z)\mathrm{d}y = 0$$

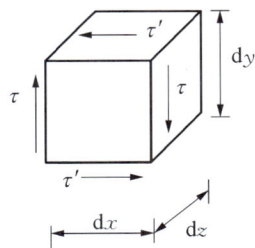

图 7-7　微元体切应力

得到

$$\tau = \tau' \qquad\qquad (7-3)$$

上式表明：两相互垂直面上的切应力的值相等，且方向均指向（或背离）该两面交线，称为切应力互等定理。

剪切胡克定律：在剪切比例极限范围内，即 $\tau \leqslant \tau_\mathrm{P}$（剪切比例极限）切应力与切应变成正比。即

$$\tau = G\gamma \qquad\qquad (7-4)$$

式（7-4）中 G 为剪切弹性模量，常用单位 GPa。将式（7-2）代入（7-4）式，由此得到横截面上距轴线为 ρ 处点的切应力的大小

$$\tau_\rho = G\rho \frac{\mathrm{d}\varphi}{\mathrm{d}x} \tag{7-5}$$

式(7-5)表明：横截面上任意点的切应力 τ_ρ 与该点到圆心的距离 ρ 成正比,表面处($\rho = R$)切应力最大,中心处($\rho = 0$)切应力为零。由于发生在垂直于半径的平面内,所以 τ_ρ 也与半径垂直,如图 7-8(a)所示。根据切应力互等定理,圆轴在横截面和纵向截面上的切应力分布如图 7-8(b)所示。

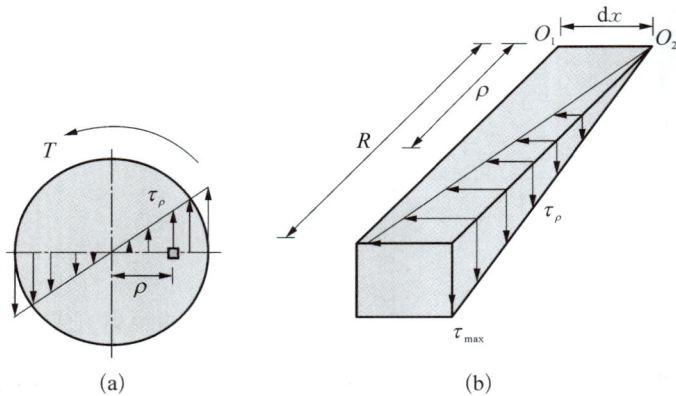

图 7-8　扭转截面切应力分布规律

因为同一圆周上切应变相同,所以同一圆周上切应力大小相等,并且方向垂直于其半径方向。式(7-5)也适用于空心圆截面轴切应力计算,切应力分布规律见图 7-9 所示。

材料的弹性常数 E,泊松比 μ,与材料剪切弹性模量 G 之间的关系(适用于各向同性材料)为

$$G = \frac{E}{2(1+\mu)} \tag{7-6}$$

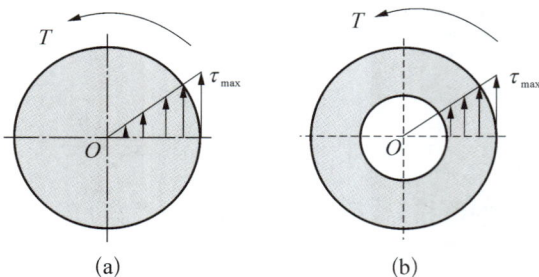

图 7-9　横截面切应力分布

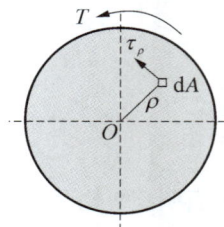

图 7-10　横截面静力关系

7.3.4　静力关系

如图 7-10 所示,在横截面距圆心为 ρ 处取一微元 $\mathrm{d}A$,该微元上的内力 $\tau_\rho \cdot \mathrm{d}A$ 对圆心的力矩为 $\rho \cdot \tau_\rho \mathrm{d}A$,则截面上所有内力对圆心力矩之和就是该横截面上的扭矩 T,于是静力

学关系为

$$T = \int \rho \cdot \tau_\rho \mathrm{d}A = \int \left(G \frac{\mathrm{d}\varphi}{\mathrm{d}x} \right) \rho^2 \mathrm{d}A = \left(G \frac{\mathrm{d}\varphi}{\mathrm{d}x} \right) \int \rho^2 \mathrm{d}A$$

令 $I_P = \int \rho^2 \mathrm{d}A$，称作截面对圆心的极惯性矩，代入上式得到

$$\frac{\mathrm{d}\varphi}{\mathrm{d}x} = \frac{T}{G I_P} \tag{7-7}$$

由式(7-5),(7-7)得到

$$\tau_\rho = \frac{T}{I_P} \rho \tag{7-8}$$

7.4　最大扭转切应力 τ_{max}

由式(7-8)可知，在圆轴同一截面上，当 $\rho = \dfrac{D}{2}$ 时切应力最大。其值为

$$\tau_{max} = \frac{T}{I_P} \rho_{max} = \frac{T}{I_P / \rho_{max}}$$

令

$$W_P = \frac{I_P}{\rho_{max}} = \frac{I_P}{D/2} \tag{7-9}$$

抗扭截面模量 W_P，单位 m^3，同 I_P 一样仅与圆轴直径有关。

对等截面圆轴来说，最大切应力出现在扭矩最大的横截面边缘上。

$$\tau_{max} = \frac{T_{max}}{W_P} \tag{7-10}$$

对非等截面圆轴，最大切应力为

$$\tau_{max} = \left(\frac{T}{W_P} \right)_{max} \tag{7-11}$$

极惯性矩 I_P、抗扭截面模量 W_P 的计算：

1) 实心圆截面

如图 7-11(a)所示，对实心圆截面有极惯性矩

$$I_P = \int \rho^2 \mathrm{d}A = \int_0^{\frac{D}{2}} \rho^2 (2\pi\rho \cdot \mathrm{d}\rho) = \frac{\pi}{32} D^4 \tag{7-12}$$

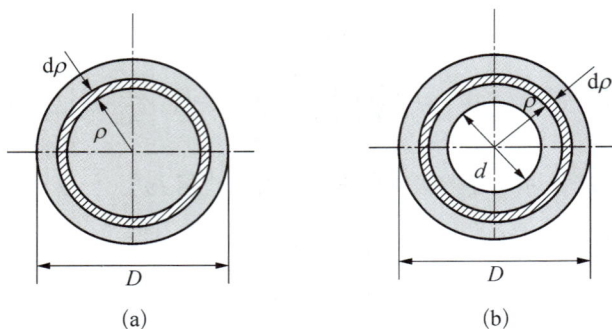

图 7 - 11　圆截面微元面积

抗扭截面模量

$$W_P = \frac{\pi D^3}{16} \qquad (7-13)$$

2）空心圆截面的极惯性矩

如图 7 - 11(b)所示，对空心圆截面有极惯性矩

$$I_P = \int \rho^2 \, \mathrm{d}A = \int_{\frac{d}{2}}^{\frac{D}{2}} \rho^2 (2\pi\rho \cdot \mathrm{d}\rho) = \frac{\pi D^4}{32} - \frac{\pi d^4}{32} \qquad (7-14)$$

令 $\alpha = \dfrac{d}{D}$，则

$$I_P = \frac{\pi D^4}{32}(1 - \alpha^4) \qquad (7-15)$$

空心圆截面抗扭截面模量

$$W_P = \frac{\pi D^3}{16}(1 - \alpha^4) \qquad (7-16)$$

7.5　圆轴扭转的强度条件

　　试验表明：圆轴扭转时，不同材料表现出的强度是不同的。对塑性材料，当处于屈服阶段，试件表面出现滑移线，外力偶继续增加，试件表面的纵向线变成螺旋线，最后试件在横截面被剪断。对脆性材料，试件受扭时变形较小，最后在与轴线大约成 45°截面发生断裂。所以，对于受扭轴失效的标志是屈服或断裂。因此，扭转的许用切应力 $[\tau]$ 为扭转极限应力 τ_u 除以安全因数 n（$n > 1$），即

$$[\tau] = \frac{\tau_u}{n}$$

对塑性材料：材料屈服时横截面上的最大切应力达到扭转屈服切应力，表明材料开始失效。因此，材料的屈服应力 τ_s 为材料的极限应力 τ_u。试验表明 $[\tau] = (0.5 \sim 0.577)[\sigma]$。

对脆性材料：极限应力 τ_u 是由轴发生断裂时横截面上最大切应力 τ_b 确定。试验表明：$[\tau] = (0.8 \sim 1.0)[\sigma]$，$[\sigma]$ 为材料拉伸的许用应力。

因此，为了保证轴工作时不能因强度不够而被破坏的情况发生，必须满足强度条件：

$$\tau_{\max} = \left(\frac{T}{W_P}\right)_{\max} \leqslant [\tau] \tag{7-17}$$

对于等截面轴，则要求满足：

$$\tau_{\max} = \frac{T_{\max}}{W_P} \leqslant [\tau] \tag{7-18}$$

7.6　圆轴扭转变形与刚度条件

7.6.1　相对扭转角

圆轴扭转变形，用横截面间绕轴线的相对角位移即扭转角 φ 表示，如图 7-6(a)所示。由式(7-7)可知，微段的扭转变形为

$$\mathrm{d}\varphi = \frac{T}{GI_P}\mathrm{d}x$$

由此得到相距为 l 的两截面间的扭转角为

$$\varphi = \int_l \frac{T}{GI_P}\mathrm{d}x \tag{7-19}$$

对于长为 l、扭矩 T 为常数的同种材料的等截面轴，其两端截面间的相对扭转角为

$$\varphi = \frac{Tl}{GI_P} \tag{7-20}$$

上式表明：扭转角 φ 与扭矩 T、轴长 l 成正比，与截面抗扭刚度 GI_P 成反比。扭转角 φ 的单位为 rad(弧度)。如果扭转轴横截面沿轴向是成阶梯变化的圆轴，或扭矩是变化的，扭转变形则为

$$\varphi = \sum_{i=1}^{n} \frac{T_i l_i}{G_i I_{Pi}} \tag{7-21}$$

7.6.2　单位长度扭转角的计算

工程上对设计轴的变形有一定限制，通常限制单位长度扭转角 $\theta = \dfrac{\mathrm{d}\varphi}{\mathrm{d}x}$，即扭转角沿轴

线的变化率,它也表示扭转变形的程度。即

$$\theta = \frac{\mathrm{d}\varphi}{\mathrm{d}x} = \frac{T}{GI_P}(\mathrm{rad/m}) \tag{7-22}$$

例 7 - 2　阶梯圆截面轴受力如图 7 - 12 所示。已知:$M = 400\pi\mathrm{N \cdot m}$,$AB$ 段截面的直径是 $d = 40\ \mathrm{mm}$,BD 段截面直径是 $2d$,$a = 40\ \mathrm{cm}$,材料的剪切弹性模量 $G = 80\ \mathrm{GPa}$。求:(1)轴内最大切应力;(2)D 截面相对 A 截面的扭转角 φ_{DA}。

解:(1)用截面法计算轴扭矩,画扭矩图,如图 7 - 12 所示。

(2)计算轴内最大切应力。由扭矩图可以看出,由于 BC 与 CD 轴直径相同,而 CD 段横截面上的扭矩大于 BC 段的。另外,AB 段横截面上的扭矩较小,但 AB 段直径也较小,所以轴内最大剪应力可能在 AB 或 CD 段横截面的边缘上。

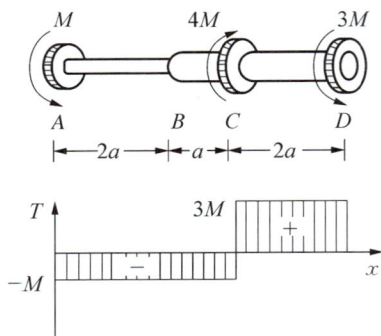

图 7 - 12　例 7 - 2 图

对 AB 段有

$$\tau'_{max} = \frac{T_{AB}}{W_{p1}} = \frac{400\pi\ \mathrm{N \cdot m} \times 16}{\pi \times 0.04^3\ \mathrm{m}^3} = 100 \times 10^6\ \mathrm{Pa} = 100(\mathrm{MPa})$$

对 CD 段有

$$\tau''_{max} = \frac{T_{CD}}{W_{p2}} = \frac{3 \times 400\pi\ \mathrm{N \cdot m} \times 16}{\pi \times 0.08^3\ \mathrm{m}^3} = 37.5 \times 10^6\ \mathrm{Pa} = 37.5(\mathrm{MPa})$$

轴内最大剪应力 100 MPa 在 AB 轴横截面的边缘上。

(3)D 截面相对 A 截面的扭转角为

$$\varphi_{DA} = \varphi_{BA} + \varphi_{CB} + \varphi_{DC}$$

$$= \frac{T_{AB} \times 2a}{GI_{P1}} + \frac{T_{BC} \times a}{GI_{P2}} + \frac{T_{CD} \times 2a}{GI_{P2}}$$

$$= -\frac{2aM}{GI_{P1}} - \frac{aM}{16GI_{P1}} + \frac{6aM}{16GI_{P1}} = -\frac{27aM}{16GI_{P1}}$$

$$= -\frac{27 \times 0.4 \times 400\pi \times 32}{16 \times 80 \times 10^9 \times \pi \times 0.04^4} = -0.042(\mathrm{rad})$$

"－"号表示 D 截面相对于 A 截面顺时针转了一个角度。转角的符号与扭矩的符号规定一致。

7.6.3　圆轴扭转刚度条件

一般传动轴除了满足强度条件外,还要满足刚度要求,以保证轴的扭转变形不能太

大,因而建立刚度条件。圆轴扭转时的刚度条件是圆轴最大单位长度扭转角不超过许用值,即

$$\theta_{\max} = \left(\frac{T}{GI_P}\right)_{\max} \leqslant [\theta](\text{rad/m}) \tag{7-23}$$

或

$$\theta_{\max} = \left(\frac{T}{GI_P}\right)_{\max} \times \frac{180°}{\pi} \leqslant [\theta](°/\text{m}) \tag{7-24}$$

一般精密车床的传动轴单位长度扭转角许用值 $[\theta] = 0.5°/\text{m}$,一般轴 $[\theta] = 1°/\text{m}$。

例 7-3　如图 7-13 所示,B 处的输入功率 3.75 kW,A 处的输出功率 0.755 kW,C 处输出功率 2.98 kW,轴的转速为 $n = 183.5$ r/min,材料的许用应力 $[\tau] = 40$ MPa,$[\theta] = 1.5°/\text{m}$,$G = 80$ GPa。试设计轴的直径 D。

解:(1)计算外力偶矩:

$$M_A = 9\,549 \times \frac{0.755 \text{ kW}}{183.5 \text{ r/min}} = 39.34(\text{N} \cdot \text{m})$$

$$M_B = 9\,549 \times \frac{3.735 \text{ kW}}{183.5 \text{ r/min}} = 194.36(\text{N} \cdot \text{m})$$

$$M_C = 9\,549 \times \frac{2.98 \text{ kW}}{183.5 \text{ r/min}} = 155.02(\text{N} \cdot \text{m})$$

(2)用截面法求各段扭矩,并画扭矩图,如图 7-13 所示,从扭矩图看出 BC 段横截面扭矩值最大。

(3)根据强度条件设计轴的直径。

根据强度条件 $\tau_{\max} = \dfrac{T_{\max}}{W_P} = \dfrac{16T_{\max}}{\pi D^3} \leqslant [\tau]$ 得

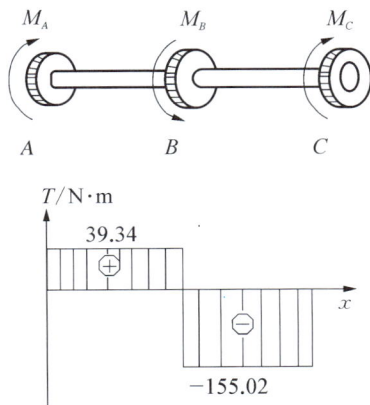

图 7-13　例 7-3 图

$$D \geqslant \sqrt[3]{\frac{16T_{\max}}{\pi[\tau]}} = \sqrt[3]{\frac{16 \times 155.02}{\pi \times 40 \times 10^6}} = 0.027 \text{ m}$$

(4)根据刚度条件设计轴的直径。

刚度条件:

$$\theta_{\max} = \frac{T_{\max}}{GI_P} \times \frac{180°}{\pi} = \frac{32T_{\max} \times 180°}{G\pi^2 D^4} \leqslant [\theta]$$

从而得:$D \geqslant \sqrt[4]{\dfrac{32T_{\max} \times 180°}{G\pi^2[\theta]}} = \sqrt[4]{\dfrac{32 \times 155.02 \times 180°}{\pi^2 \times 80 \times 10^9 \times 1.5°}} = 0.029 \text{ m} = 29 \text{ mm}$

综合强度和刚度条件得到的轴直径,取满足条件的两者中最大值 $D = 166$ mm。

例 7-4　如图 7-14 所示的圆轴,AC 段为空心轴,CE 段为实心轴,轴外直径 $D = 5$ cm,空心轴内直径 $d = 2.5$ cm,计算 A 截面的扭转角。

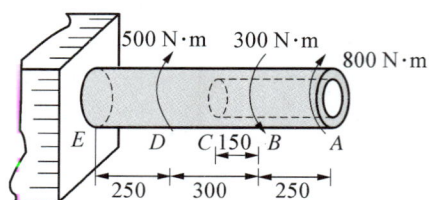

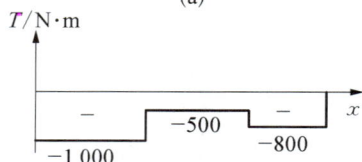

图 7-14 例 7-4 图

解:(1)根据已知条件画扭矩图,如图 7-14(b)所示。

(2)计算 A 截面扭转角。

对 EC 段,有

$$I_{P1} = \frac{\pi D^4}{32} = \frac{\pi \times 0.05^4}{32} = 6.13 \times 10^{-7} \text{ m}^4$$

对 AC 段,有

$$I_{P2} = \frac{\pi D^4}{32}(1 - \alpha^4)$$

$$= 6.13 \times 10^{-7} \text{ m}^4 \times (1 - 0.5^4)$$

$$= 5.75 \times 10^{-7} \text{ m}^4$$

$$\varphi_{AE} = \varphi_{DE} + \varphi_{CD} + \varphi_{BC} + \varphi_{AB}$$

$$= -\frac{1\,000 \times 0.25}{GI_{P1}} - \frac{500 \times 0.15}{GI_{P1}} - \frac{500 \times 0.15}{GI_{P2}} - \frac{800 \times 0.25}{GI_{P2}}$$

$$= -\frac{325}{GI_{P1}} - \frac{275}{GI_{P2}} = -\frac{325}{80 \times 10^9 \times 6.13 \times 10^{-7}} - \frac{275}{80 \times 10^9 \times 5.75 \times 10^{-7}}$$

$$= -0.012\,5 \text{(rad)}$$

例 7-5 如图 7-15 所示阶梯实心圆轴转速 $n = 200$ r/min,AC 段直径为 4 cm,CB 段直径为 7 cm,在 B 处输入功率 $P_B = 30$ kW,在 A 与 D 输出功率分别 $P_A = 13$ kW 和 $P_c = 17$ kW,圆轴许用剪切应力 $[\tau] = 60$ kPa,许用单位长度扭转角 $[\theta] = 2°$/m。材料的剪切弹性模量 $G = 80$ GPa,试校核此轴的强度和刚度。

解:(1)计算外力偶矩大小。

$$M_A = 9\,549\,\frac{P_A}{n} = 9\,549 \times \frac{13 \text{ kW}}{200 \text{ r/min}}$$
$$= 620.69 \text{ N} \cdot \text{m}$$

$$M_B = 9\,549\,\frac{P_B}{n} = 9\,549 \times \frac{30 \text{ kW}}{200 \text{ r/min}}$$
$$= 1\,432.35 \text{ N} \cdot \text{m}$$

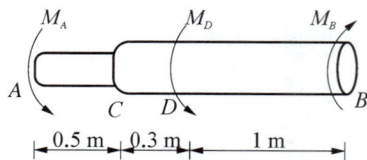

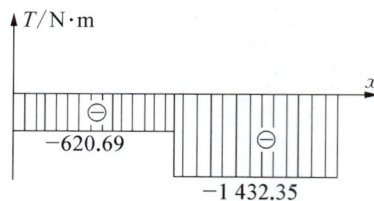

图 7-15 例 7-5 图

(2)画扭矩图,如图 7-15 所示。

(3)由于 AC 段截面直径小,DB 段扭矩值大,所以危险截面出现在 AC 和 DB 段上。进行强度校核

对 AC 段：$\tau_{1\max} = \dfrac{T_1}{W_{P1}} = \dfrac{620.69\ \text{N}\cdot\text{m}}{\dfrac{\pi}{16} \times (0.04)^3\ \text{m}^3} = 49.42 \times 10^6\ \text{Pa} = 49.42\ \text{MPa}$

对 DB 段：$\tau_{2\max} = \dfrac{T_2}{W_{P2}} = \dfrac{1\ 432.35\ \text{N}\cdot\text{m}}{\dfrac{\pi}{16} \times (0.07)^3\ \text{m}^3} = 21.27 \times 10^6\ \text{Pa} = 21.27\ \text{MPa}$

对全轴：$\tau_{\max} = 49.42\ \text{MPa} < [\tau]$

进行刚度校核：

对 AC 段：$\theta_1 = \dfrac{T_1}{GI_{P1}} \times \dfrac{180°}{\pi} = \dfrac{620.69\ \text{N}\cdot\text{m} \times 32 \times 180°}{80 \times 10^9\ \text{Pa} \times \pi^2 \times 0.04^4} = 1.77\ °/\text{m} < [\theta]$

对 DB 段：$\theta_2 = \dfrac{T_2}{GI_{P2}} \times \dfrac{180°}{\pi} = \dfrac{1\ 432.35\ \text{N}\cdot\text{m} \times 32 \times 180°}{80 \times 10^9\ \text{Pa} \times \pi^2 \times 0.07^4} = 0.44\ °/\text{m} < [\theta]$

结论：该轴强度和刚度都满足要求，安全。

7.7　薄壁圆轴扭转

如图 7-16 所示薄壁（$d/D \geqslant 0.9$）圆轴扭转时切应力的分布规律。由于壁很薄，可以近似地认为扭转切应力在管壁上是均匀分布的。

若薄壁的平均半径为 R_0，t 为厚度，则

$$T = \int \tau \cdot R_0\, \mathrm{d}A = \int_0^{2\pi R_0} R_0 \tau \cdot t \cdot \mathrm{d}s = 2\pi R_0^2 t \tau$$

故薄壁圆管扭转时的切应力计算公式为

$$\tau = \dfrac{T}{2\pi R_0^2 t} \tag{7-25}$$

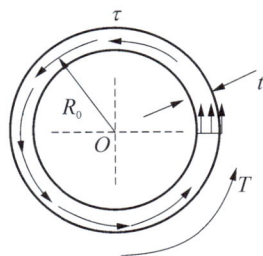

图 7-16　薄壁截面切应力分布

习　题　7

题 7-1　作出题 7-1 图各轴的扭矩图。

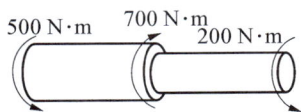

(a)

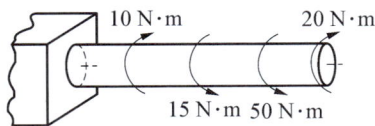

(b)

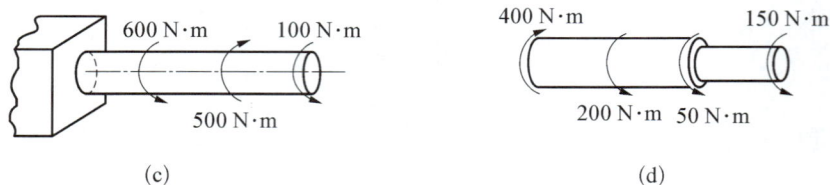

(c)   (d)

题 7 - 1 图

题 7 - 2 已知传动轴的转速 $n=300$ r/min，主动轮 A 输入的功率 $P_A=400$ kW，三个从动轮输出的功率分别为 $P_B=120$ kW，$P_C=120$ kW，$P_D=160$ kW。试画轴的扭矩图。

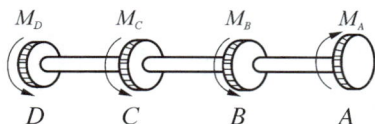

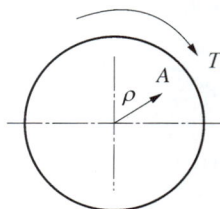

题 7 - 2 图   题 7 - 3 图

题 7 - 3 直径为 $D=50$ mm 的圆轴，横截面上的扭转 $T=1$ kN·m，材料的剪切弹性模量 $G=80$ GPa 试求：

(1) 该截面上距圆心为 $\rho=D/4$ 点处的切应力和切应变；

(2) 轴上最大切应力和单位长度扭转角。

题 7 - 4 已知圆轴受外力偶矩 $m=2$ kN·m，材料的许用切应力 $[\tau]=60$ MPa。

(1) 试设计实心圆轴的直径 D_1；

(2) 若该轴改为 $\alpha=(d/D)=0.8$ 的空心圆轴，试设计空心圆轴的内、外径的值。

题 7 - 5 如题 7 - 5 图所示，变截面钢轴，已知材料的剪切弹性模量 $G=80$ GPa，若作用在其上的外力偶 $M_1=1.8$ kN·m，$M_2=1.2$ kN·m，求该轴最大切应力和最大扭转角。

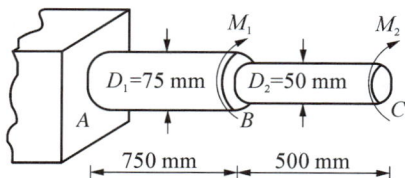

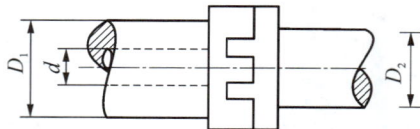

题 7 - 5 图   题 7 - 6 图

题 7 - 6 实心轴和空心轴由牙嵌式离合器相联接。已知轴的转速为 $n=100$ r/min，传递的功率 $P_2=7.5$ kW，材料的许用切应力 $[\tau]=40$ MPa。试选择实心轴直径 D_2 和内外径比值为 $D_1=2d$ 的空心轴外径 D_1。

题 7 - 7 如题 7 - 7 图阶梯形圆截面钢轴，已知材料的剪切弹性模量 $G=80$ GPa，

AE 段为空心圆轴,外径 $D=140$ mm,内径 $d=100$ mm,EB 段为实心圆轴;BC 段也为实心圆轴,直径 $d_1=100$ mm,若作用其上的外力偶矩 $M_1=18$ kN·m,$M_2=32$ kN·m,$M_3=14$ kN·m,试求轴内最大切应力和 A、C 两端面间的相对扭转角。

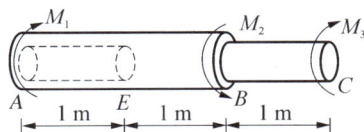

题 7-7 图

题 7-8　已知传动轴为钢制实心轴,最大扭矩 $T=7.64$ kNm,材料的许用切应力 $[\tau]=30$ MPa,切变模量 $G=80$ GPa,单位长度许用扭转角 $[\theta]=0.3$ °/m,试按强度条件和刚度条件设计轴直径。

题 7-9　阶梯形圆轴直径分别为 $d=40$ mm,$D=70$ mm。已知在 B 处的输入功率为 $P_2=130$ kW,在 A 处的输出功率为 $P_1=30$ kW,$PC=PO=50$ kW,轴作匀速转动,转速 $n=200$ r/min。轴的许用单位长度扭转角 $[\theta]=2$°/m,材料的许用切应力 $[\tau]=60$ MPa,$G=80$ GPa。试校核轴的强度和刚度。

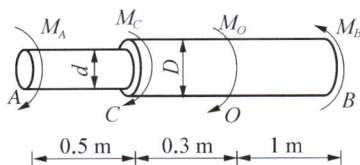

题 7-9 图

题 7-10　传动轴的转速为 $n=500$ r/min,主动轮 1 输入功率 $P_1=500$ kW,从动轮 2、3 分别输出功率 $P_2=200$ kW,$P_3=300$ kW。已知材料 $[\tau]=70$ MPa,$G=80$ GPa,轴的单位长度许用扭转角 $[\theta]=1$°/m。

（1）分别确定 AB 段的直径和 BC 段的直径;

（2）若要 AB 和 BC 两段选用同一直径,试确定该轴的直径;

（3）主动轮和从动轮应如何安排才比较合理?

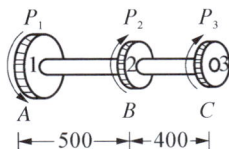

题 7-10 图

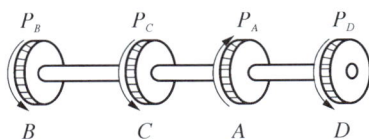

题 7-11 图

题 7-11　某钢制等截面实心传动轴,转速为 $n=300$ r/min,从主动轮 A 输入功率 $P_A=400$ kW,3 个从动轮输出功率分别为 $P_B=P_C=120$ kW,$P_D=160$ kW,钢的剪切弹性模量 $G=80$ GPa,许用切应力 $[\tau]=30$ MPa,许用单位长度扭转角 $[\theta]=0.3$°/m。试设计此轴的直径。

第8章 梁 的 弯 曲

当杆件受到垂直于杆轴线的横向力或受到位于杆轴平面内的外力偶作用时,杆的轴线由直线变成曲线,这就称为弯曲变形。以弯曲为主要变形的杆件称为梁。梁是机械与工程结构中常见的构件。通常在分析问题时,用轴线代表梁,如图8-1所示。

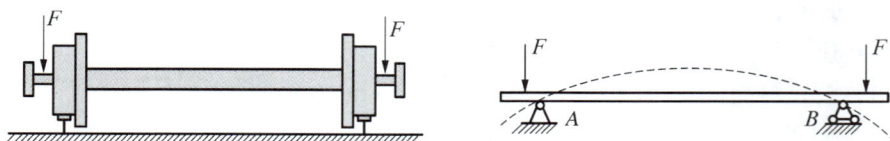

图8-1 火车轮轴

本章主要研究直杆在平面弯曲时横截面上的内力,再利用平面假设推导纯弯曲梁横截面上正应力的分布规律及计算公式,以及弯曲强度和弯曲变形问题。

8.1 梁 的 载 荷

梁所受的载荷包括主动力和约束力,通常作用在梁上载荷可以简化为三种形式:集中力、集中力偶、分布载荷。

如图8-2所示,梁横截面上的对称轴与梁轴线(横截面形心的连线)所组成的平面称为纵向对称面。如果作用在梁上的载荷作用线都位于纵向对称平面内,此时,梁的轴线由直线变成一条位于纵向对称平面内的曲线,这样的弯曲变形称为平面弯曲。

工程中常见梁的横截面的形状如图8-3所示。

根据梁的约束形式,通常将静定梁分为图8-4所示的3种类型:

(a)悬臂梁:一端为固定端约束,另一端自由的梁。

(b)简支梁:一端为固定铰链支座,另一端为活动铰链支座约束形式的梁。

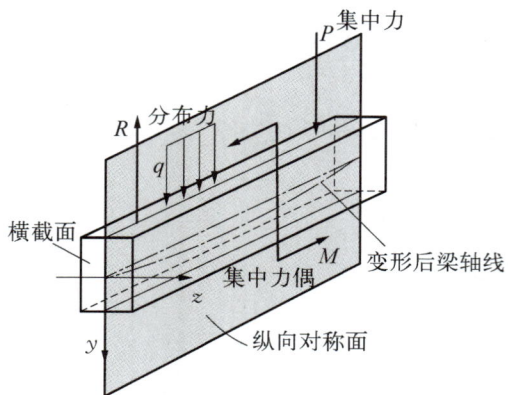

图8-2 常见梁受力

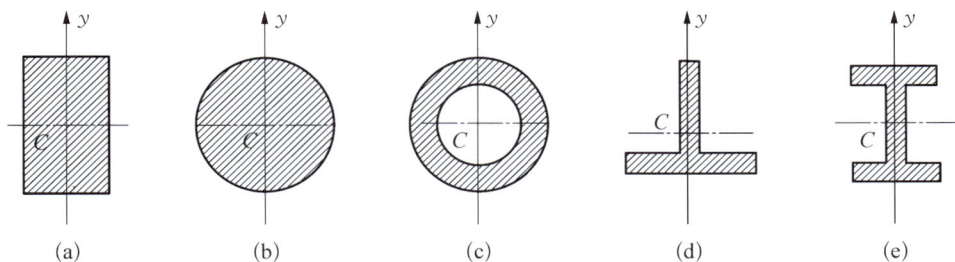

图 8-3 常见梁截面形状

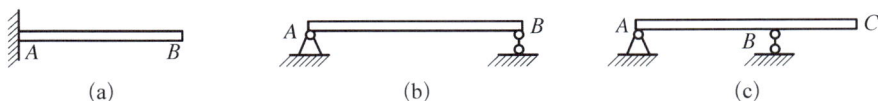

图 8-4 梁的类型

（c）外伸梁：一端为固定铰链支座，另一端为活动铰链支座约束，且伸出约束之外形式的梁。

8.2 梁弯曲内力、剪力和弯矩

下面通过例题介绍截面法求弯曲内力。设有一简支梁 AB，受集中力 F 作用，如图 8-5 所示。用截面法求距 A 端为 x 的 1-1 横截面上的内力。

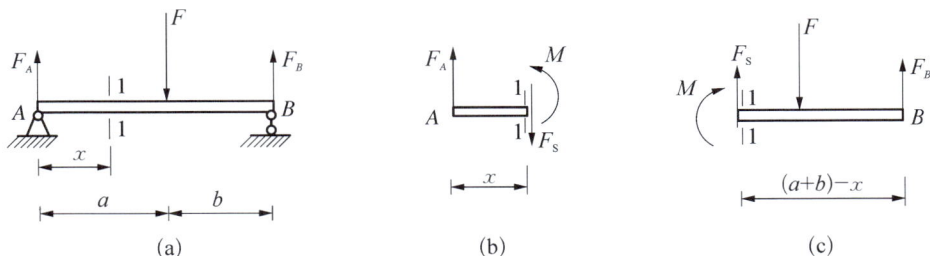

图 8-5 梁内力分析

首先根据平衡方程计算梁在 A，B 处约束力的大小。

$$\sum M_B = 0 \quad F \cdot b - F_A \cdot (a+b) = 0$$

$$\sum M_A = 0 \quad F_B(a+b) - F \cdot a = 0$$

得到 $F_A = \dfrac{Fb}{(a+b)}$，$F_B = \dfrac{Fa}{(a+b)}$

假想用一截面，在位置 1-1 处截开梁，取 1-1 截面左段部分为研究对象。该段除了受外力 F_A 作用外，还有去掉的右半部分梁对截面 1-1 的作用力，即为该截面上的内力。由于梁处于平衡状态,因此1-1截面上内力必有一个力 F_S(剪力)和一个力偶 M(弯矩),与外力共同作用使其平衡,受力如图8-5(b)所示。

剪力和弯矩是横截面上每点内力向截面形心简化的结果。横截面上的剪力 F_S 作用在截面的形心。弯矩 M 作用在该位置的纵向对称平面上,如图8-6所示。剪力 F_S 和弯矩 M 的大小由平衡方程确定。

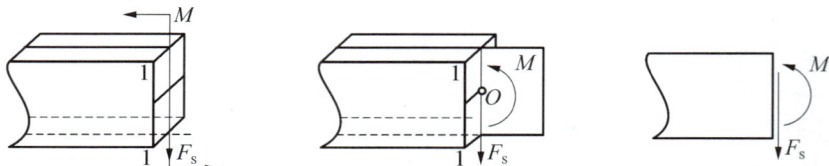

图8-6   截面弯矩

根据图8-5(b)建立平衡方程:

$$\sum F_y = 0 \quad F_A - F_S = 0$$

得: $F_S = \dfrac{Fb}{a+b}$

以1-1截面形心为矩心,建立力矩平衡方程式:

$$-F_A x + M = 0$$

得: $M = \dfrac{Fbx}{a+b}$

也可以取1-1截面右半部分杆件作为研究对象,该研究对象受力如图8-5(c)所示。根据图8-5(c)建立平衡方程:

$$\sum F_y = 0 \quad F_B + F_S - F = 0$$
$$\sum M_O = 0 \quad F_B(a+b-x) - M - F(a-x) = 0$$

解得: $F_S = \dfrac{Fb}{a+b}$, $M = \dfrac{Fbx}{a+b}$

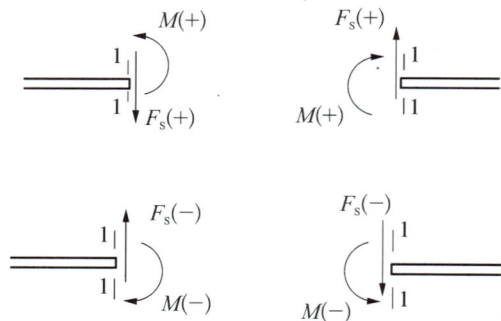

图8-7   横截面内力符号规定

可见,无论取截面的左半部分梁还是右半部分梁为研究对象,截开截面上的内力计算结果相同。为了统一内力的符号,即同一位置处左、右侧截面上内力分量必须具有相同的正负号,对内力作以下规定:

当截面上的剪力 F_S 使该截面邻近微段有作顺时针转动趋势时,剪力为正,反之为负。当截面上的弯矩 M 使该截面的邻近微段下部受拉、上部受压时,弯矩为正(即凹向上时为正),反之为负,如图8-7所示。

截面法求梁上任意横截面的内力计算步骤：

（1）先计算出梁所受的所有外力。

（2）在所需求内力的截面处，假想一截面在此处截开，将梁一分为二，任意取其中之一为研究对象。

（3）对研究对象受力分析。先画出所受的外力，然后假设在截开截面处的内力均为正的方向画出剪力和弯矩。

（4）对研究段建立平衡方程，求解剪力和弯矩的大小以及方向。

例 8 - 1　外伸梁 AD 受力如图 8 - 8 所示，试求指定截面上的内力大小。

解：（1）AD 梁受力如图所示，首先计算 B，D 处的约束力。

$$\sum M_B(F) = 0 \quad 20 \times 2.5 + F_D \times 5 - 40 \times 3 = 0$$

$$\sum F_y = 0 \quad F_B + F_D - 20 - 40 = 0$$

得到：$F_D = 14 \text{ kN}$，$F_B = 46 \text{ kN}$

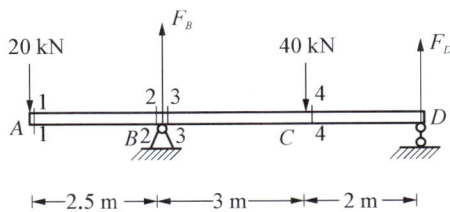

图 8 - 8　例 8 - 1 图

（2）用截面法求指定截面上的内力，各截面上的内力均按正方向假设。

以 1 - 1 截面左段为研究对象，受力如图 8 - 9(a) 所示，并以 1 - 1 截面形心为矩心，建立力矩平衡方程

$$\sum M_1(F) = 0 \quad M_1 + 20 \times 0 = 0$$

$$\sum F_y = 0 \quad -F_{S1} - 20 = 0$$

得到：$F_{S1} = -20 \text{ kN}$，$M_1 = 0$

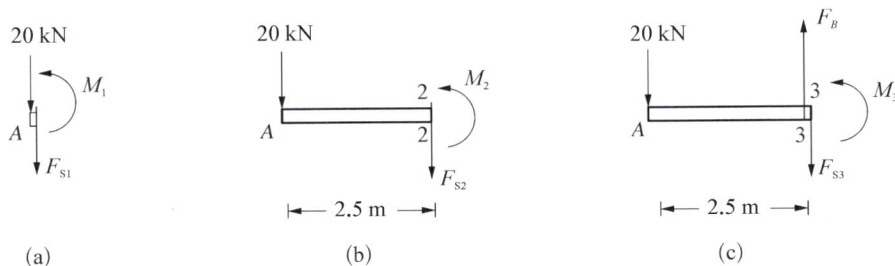

图 8 - 9　内力分析图

在力矩方程中，由于 20 kN 力线无限接近 1 - 1 截面，故力臂趋近于零。以 2 - 2 截面左段为研究对象，受力如图 8 - 9(b) 所示，并以 2 - 2 截面形心为矩心，建立力矩平衡方程

$$\sum M_2(F) = 0 \quad M_2 + 20 \times 2.5 = 0$$

$$\sum F_y = 0 \quad -20 - F_{S2} = 0$$

得到：$F_{S2} = -20 \, \text{kN}$，$M_2 = -50 \, \text{kN} \cdot \text{m}$

在此剪力和弯矩计算的结果都是"负"，表明 2-2 截面上内力实际的方向与图示假设的方向相反。

以 3-3 截面左段为研究对象，受力如图 8-9(c)所示，同理建立平衡方程

$$\sum M_3(F) = 0 \quad M_3 + 20 \times 2.5 = 0$$

得到：$M_3 = -50 \, \text{kN} \cdot \text{m}$

由于 F_B 力线无限接近 3-3 截面，故该力对截面 3-3 的力矩趋近于零。

$$\sum F_y = 0, \; F_B - 20 - F_{S3} = 0$$

得到：$F_{S3} = 26 \, \text{kN}$

以 4-4 截面右段为研究对象，受力如图 8-10 所示，同理建立平衡方程：

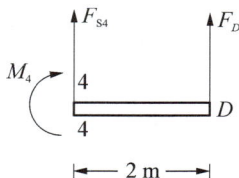

$$\sum F_y = 0, \; F_{S4} + F_D = 0$$

$$\sum M_4(F) = 0, \; F_D \times 2 - M_4 = 0$$

图 8-10   4-4 截面内力分析

得到：$F_{S4} = -14 \, \text{kN}$，$M_4 = 28 \, \text{kN} \cdot \text{m}$

计算结果中，"一"号表明实际方向与所假设的方向相反。

8.3　剪力图和弯矩图

只知道指定截面上的剪力 F_S 和弯矩 M 是不够的，还要知道沿梁不同截面内力的变化以及 F_{Smax}、M_{max} 所在位置，以便对梁进行强度分析和刚度计算，因此我们必须作梁截面上的剪力和弯矩沿轴线方向变化的图线，即为剪力图和弯矩图。

梁内各横截面上的 F_S，M 一般随位置不同而变化。横截面位置用沿梁轴线的坐标 x 来表示（坐标原点一般设在梁的左端），则各截面上的剪力和弯矩都随 x 变化的函数称为梁的剪力方程和弯矩方程，即

剪力方程　$F_S = F_S(x)$　　　　　　　　　　（8-1）

弯矩方程　$M = M(x)$　　　　　　　　　　（8-2）

如果以 x 轴表示横坐标位置，用纵坐标表示剪力或弯矩的值，可以根据剪力方程和弯矩方程画出剪力图和弯矩图。

下面通过建立梁的剪力方程和弯矩方程为例，画梁的剪力图和弯矩图。

例 8-2　作图 8-11(a)所示简支梁的剪力图和弯矩图。

解：（1）梁受力如图 8-11(a)所示，计算支座处的约束力。

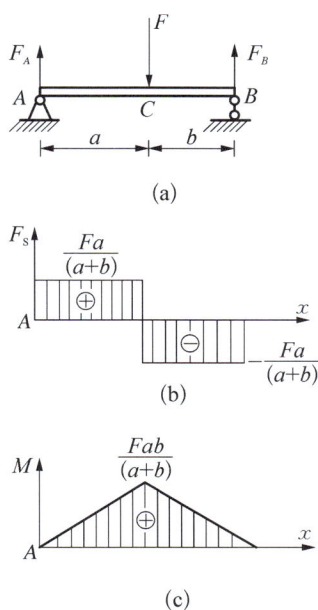

(a)

(b)

(c)

图 8 - 11　例 7 - 2 图

$$\sum M_B(F) = 0, \ F \cdot b - F_A \cdot (a+b) = 0$$

$$\sum F_y = 0, \ F_A + F_B - F = 0$$

得到：$F_A = \dfrac{Fb}{a+b}$，$F_B = \dfrac{Fa}{a+b}$

（2）建立各段的剪力方程和弯矩方程。

用截面法将梁在 AC 之间任一截面处截开，取截面左部分为研究对象，受力如图 8 - 12 所示。建立平衡方程

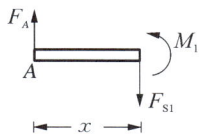

图 8 - 12　AC 段截面内力

$$\sum F_y = 0, \ F_A - F_{S1} = 0$$

$$\sum M_O(F) = 0, \ M_1 - F_A \cdot x = 0$$

得 AC 段剪力方程、弯矩方程

$$F_{S1} = \frac{Fb}{a+b} \ (0 < x < a); \ M_1 = \frac{Fx}{a+b} \ (0 \leqslant x \leqslant a)$$

用截面法将梁在 CB 之间任一截面位置截开，以截面左部分为研究对象，受力如图 8 - 13 所示。建立平衡方程：

$$\sum F_y = 0, \ F_A - F - F_{S2} = 0$$

$$\sum M_O(F) = 0, \ M_2 + F \cdot (x - a) - F_A \cdot x = 0$$

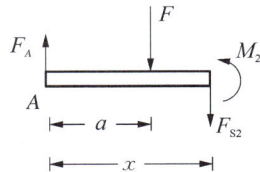

得 CB 段剪力方程、弯矩方程

图 8 - 13　CB 段截面内力

$$F_{S2} = -\frac{Fa}{a+b} \ (a < x < a+b)$$

$$M_2 = \frac{Fa}{a+b}(a+b-x) \ (a \leqslant x \leqslant a+b)$$

以 A 截面形心为坐标原点，分别建立坐标 AxF_S，AxM，根据以上各段的剪力方程和弯矩方程画梁的剪力图和弯矩图，如图 8 - 11(b)(c) 所示。

例 8 - 3　如图 8 - 14(a) 所示为 AC 外伸梁的 AB 段作用均布载荷 q，在 C 位置作用集中力 F。试列出梁的剪力方程和弯矩方程，并画出剪力图和弯矩图。

解：（1）AB 梁的受力如图 (a) 示，计算支座处的约束力。

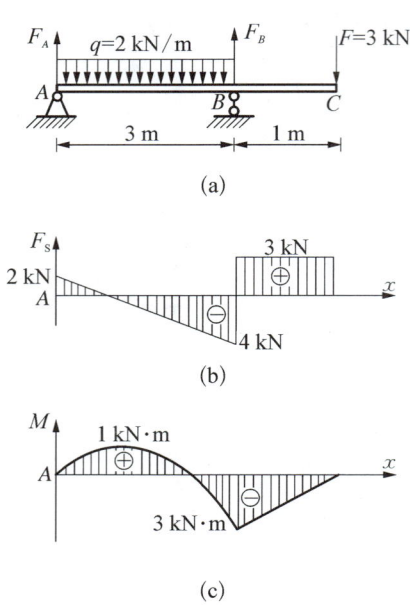

(a)

(b)

(c)

图 8 - 14　例 8 - 3 图

$$\sum M_B(F) = 0 \quad -F_A \times 3 + 3q \times \frac{3}{2} - F \times 1 = 0$$

$$\sum F_y = 0 \quad F_A - q \times 3 + F_B - F = 0$$

得到：$F_A = 2 \text{ kN}$，$F_B = 7 \text{ kN}$

（2）剪力方程和弯矩方程。

AB 段：

$$F_{S1}(x) = 2 - 2x \ (0 \leqslant x \leqslant 3)$$

$$M_1(x) = 2x - x^2 \ (0 \leqslant x \leqslant 3)$$

在 $\dfrac{\mathrm{d}M_1}{\mathrm{d}x} = 2 - 2x = 0$，即 $x = 1$ 处 M_1 取得极值，

$$M_{1\max} = 1 \text{ kN} \cdot \text{m}$$

BC 段：

$$F_{S2}(x) = 3 \ (3 \leqslant x \leqslant 4)$$

$$M_2(x) = 3x - 12 \ (3 \leqslant x \leqslant 4)$$

（3）根据剪力方程和弯矩方程画出梁的剪力图 8 - 14(b)和弯矩图 8 - 14(c)。

8.4　剪力 F_S、弯矩 M 与分布荷载集度 q 间的微分关系

梁横截面上的内力与梁上分布荷载集度 q 之间存在一定的数学关系。下面来推导剪力 F_S、弯矩 M 与分布荷载集度间 q 的关系。

设梁 AB 受力如图 8 - 15(a)所示，梁沿轴向为 x 轴，规定分布载荷 q 向上为正，并假设 $q(x)$ 为连续函数。在梁上任意取一微段 $\mathrm{d}x$，微段的受力如图 8 - 15(b)，微段平衡方程为

$$\sum F_y = 0, \ F_S + q(x) \cdot \mathrm{d}x - F_S - \mathrm{d}F_S = 0$$

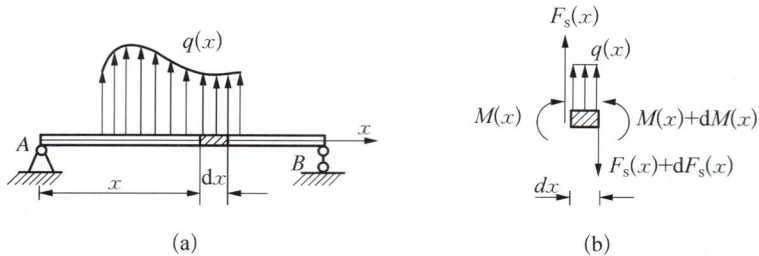

(a)

(b)

图 8 - 15　微段受力

由上式得到

$$q(x) = \frac{\mathrm{d}F_{\mathrm{S}}}{\mathrm{d}x} \tag{8-3}$$

以微段右截面形心 O 为矩心,则由平衡方程

$$\sum M_O(F_i) = 0, \quad M(x) + F_{\mathrm{S}} \cdot \mathrm{d}x + q(x) \cdot \mathrm{d}x \cdot \frac{\mathrm{d}x}{2} - M(x) - \mathrm{d}M(x) = 0$$

在忽略高阶小量 $\frac{1}{2}\mathrm{d}x^2$ 后得

$$\frac{\mathrm{d}M}{\mathrm{d}x} = F_{\mathrm{S}} \tag{8-4}$$

即

$$\frac{\mathrm{d}^2 M}{\mathrm{d}x^2} = \frac{\mathrm{d}F_{\mathrm{S}}}{\mathrm{d}x} = q(x)$$

根据上述 F_{S}、$M(x)$ 与 $q(x)$ 的关系式(8-3)和(8-4),可做出如下的结论:

(1) 若在梁的一段内无分布载荷,即 $q(x) = 0$,则梁在该段内 $F_{\mathrm{S}}(x) = $ 常数,剪力保持不变,剪力图线是水平直线,弯矩是 x 的一次函数,即弯矩图是以 F_{S} 为斜率的直线。

(2) 若均匀分布载荷作用在梁上,即 $q(x) = $ 常数,则由 $\dfrac{\mathrm{d}^2 M}{\mathrm{d}x^2} = \dfrac{\mathrm{d}F_{\mathrm{S}}}{\mathrm{d}x} = q$ 知,剪力图线是 x 的一次函数,即以 q 为斜率的斜直线;弯矩是 x 的二次函数曲线(抛物线)。若 $q > 0$,弯矩是下凸的曲线;若 $q < 0$,弯矩是上凸的曲线图。且在剪力等于零的位置,即 当 $F_{\mathrm{S}}(x) = 0$ 时,弯矩有极大值或极小值。

(3) 集中力作用处剪力图有突变。表明该处左右面上的剪力值不同,弯矩图线在此处会有一个转折点。

(4) 力偶作用位置,剪力图线没有变化,表明该处左右面上的剪力值相同,而弯矩会有突变。

例 8-4　根据弯矩、剪力和均布荷载之间微分关系,画出图 8-16(a)所示梁 DB 的剪力图与弯矩图,已知 $F = 2qa$。

解:(1) 梁的受力如图 8-16(a)示,计算支座 A,B 处的约束力。

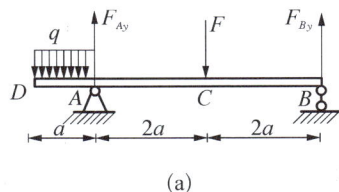

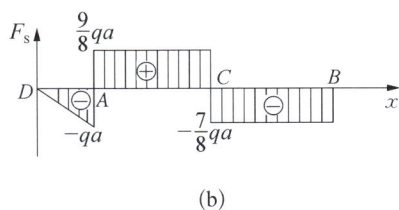

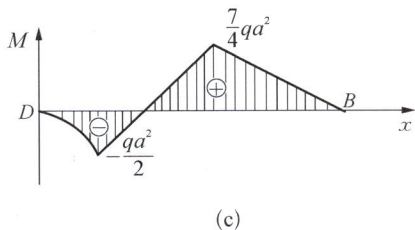

图 8-16　例 8-4 图

$$\sum M_B(F) = 0, \ -F_{Ay} \cdot 4a + qa \cdot \frac{9a}{2} + F \cdot 2a = 0$$

$$\sum F_y = 0, \ F_{Ay} - q \cdot a + F_{By} - F = 0$$

解得

$$F_{Ay} = \frac{17}{8}qa, \ F_{By} = \frac{7}{8}qa$$

（2）画梁的剪力图与弯矩图：

将梁分为 DA，AC，CB 三段，计算各分段点上的剪力和弯矩大小。

DA 段：$F_{SD} = 0$，$M_D = 0$，$F_{SA左} = -qa$，$M_A = -\dfrac{qa^2}{2}$

AC 段：$F_{SA右} = \dfrac{9qa}{8}$，$F_{SC左} = \dfrac{9qa}{8}$，$M_C = \dfrac{7}{4}qa^2$

CB 段：$F_{SC右} = -\dfrac{7qa}{8}$，$F_{SB左} = -\dfrac{7qa}{8}$，$M_B = 0$

根据计算得到的分段点处剪力和弯矩值，按照剪力、弯矩与均布荷载集度之间微分关系，画出梁的剪力图 8-16(b) 和弯矩图 8-16(c)。

例 8-5　根据弯矩、剪力和均布荷载集度之间的关系，画出图 8-17 所示简支梁的剪力图与弯矩图。

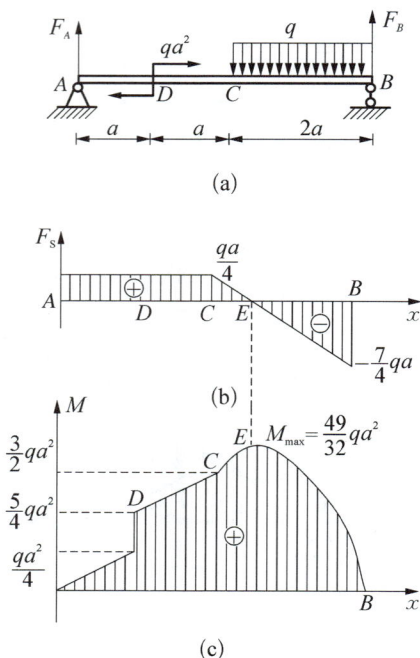

(a)

(b)

(c)

图 8-17　例 8-5 图

解：（1）计算支座处的约束力：

梁的受力如图 8-17(a) 所示。

$$\sum M_B(F) = 0, \ -F_A \cdot 4a - qa^2 + q \cdot 2a \cdot a = 0$$

$$\sum F_y = 0, \ F_A - q \cdot 2a + F_B = 0$$

解得

$$F_A = \frac{1}{4}qa, \ F_B = \frac{7}{4}qa$$

（2）将梁分为三段，分别写出各分段点处的剪力和弯矩大小。

AD 段：$F_{SA右} = \dfrac{qa}{4}$，$M_A = 0$，$M_{D左} = \dfrac{qa^2}{4}$，

$M_{D右} = \dfrac{5qa^2}{4}$

DC 段：$F_{SC左} = \dfrac{qa}{4}$，$M_C = \dfrac{3qa^2}{2}$

CB 段：$F_{SC} = \dfrac{qa}{4}$，$F_{SB左} = -\dfrac{7qa}{8}$，$M_B = 0$

CB 段,剪力为零的 E 截面位移确定:

由于 $\dfrac{\mathrm{d}F_\mathrm{s}}{\mathrm{d}x} = q$,令 $CE = x$,有

$$\frac{qa}{4} = qx, \ x = \frac{a}{4}$$

整根梁的最大弯矩在截面 E 上,其大小为

$$M_{\max} = F_A(2a+x) + qa^2 - \frac{qx^2}{2} = \frac{49}{32}qa^2$$

根据剪力、弯矩与载荷集度的微分关系,画出梁的剪力图 8-17(b)和弯矩图 8-17(c)。

8.5 弯曲梁横截面上的应力

梁弯曲时,如果梁的横截面上既有弯矩又有剪力,则这种弯曲称为横力弯曲,如图 8-18 所示,AC 段和 DB 段是横力弯曲。如果梁横截面上只有弯矩而无剪力,这种弯曲称为纯弯曲,如图 8-18 所示 CD 段是纯弯曲。弯矩在横截面上引起正应力 σ,剪力在横截面上产生切应力 τ。

8.5.1 弯曲正应力

下面推导纯弯曲梁横截面上的正应力。

在梁的微段上画与轴线平行的纵向线段 bb' 及与轴线垂直的横向线 nm、$n'm'$,如图 8-19(a)所示。然后两端加载力偶 M,梁产生纯弯曲。由图 8-19(b)可以观察到:

(1)纵向线均变成为曲线;靠近凹边的纵向线缩短,靠近凸边的纵向线伸长。由于纵向线的长度沿高度连续变化,因而在某一高度层上的纵向线既不伸长也不缩短,称这一层为中性层。中性层与横截面的相交线称中性轴 z(见图 8-19(c))。

图 8-18 纯弯曲与横力弯曲

(2)横向线在梁发生弯曲后仍保持为直线,只是倾斜一个角度,且与变形后的轴线正交,见图 8-19(b)。

根据横向线的变形特点可以得出平面假设:梁在平面弯曲时,横截面变形后保持为平面。梁变形后横截面与梁的轴线正交,只是绕中性轴旋转了一角度。梁的纵向层面之间无相互挤压,故梁沿高度方向上无应力。

下面通过考虑几何关系、物理关系以及静力学三方面的关系,研究纯弯曲梁横截面上的正应力。

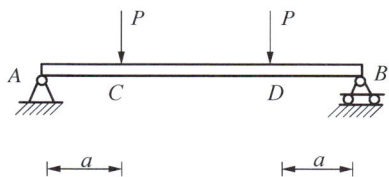

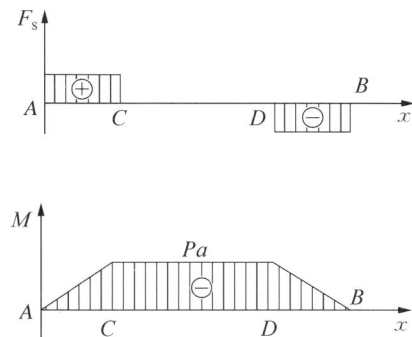

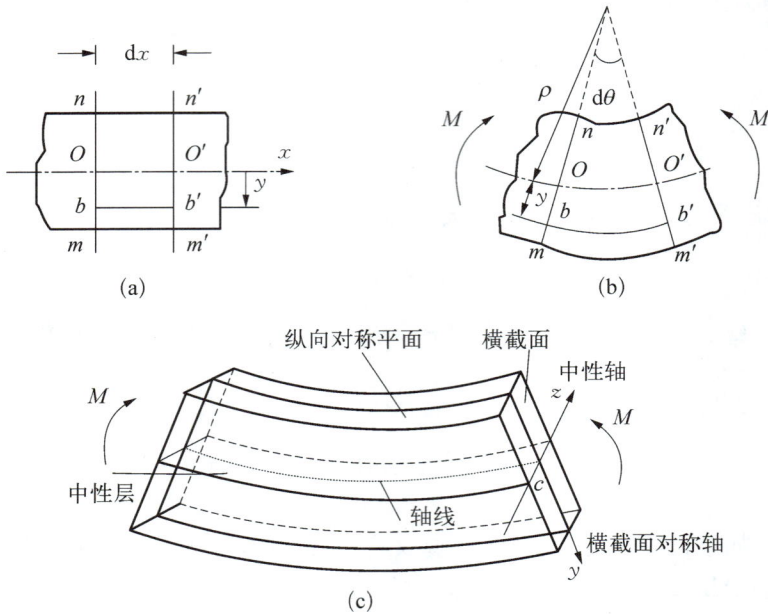

图 8－19　纯弯曲微段变形

1）变形几何关系

取一微段梁,变形前后分别如图 8－19(a)(b)所示,图 8－19(c)所示中性轴为 z,横截面对称为 y 轴。根据平面假设,变形前相距为 dx 的两个横截面,变形后绕各自中性轴相对转动了一个角度,两横截面之间的夹角为 $d\theta$,并仍保持为平面。这使距中性层为 y 的纵向线段 bb'（见图 8－19(b)）长度的改变量为

$$\Delta l = bb' - OO' = (\rho + y)d\theta - \rho \cdot d\theta = y \cdot d\theta$$

线段的应变为

$$\varepsilon = \frac{\Delta l}{OO'} = \frac{y \cdot d\theta}{\rho \cdot d\theta} = \frac{y}{\rho} \tag{8－5}$$

其中,y 为任意纵向纤维至中性层的距离;O 为曲率中心;ρ 为中性层的曲率半径。由上式可见,纵向线的应变 ε 与其到中性层的距离 y 成正比。

2）物理关系

由于梁沿纵向方向受到拉伸或压缩,当应力小于比例极限时,由胡克定理知

$$\sigma = E\varepsilon$$

将式(8-5)代入上式可得到

$$\sigma = E\frac{y}{\rho} \tag{8－6}$$

这表明,任意纵向线的正应力 σ 与它到中性层的距离 y 成正比。因此在梁的横截面上,

任意点的弯曲正应力与该点到中性轴的距离成正比,即沿截面等高度点上的正应力值相等,在中性轴上的正应力为零,距中性轴越远的点,其正应力值越大,截面正应力按线性规律变化,如图 8-20(b)(c)所示。

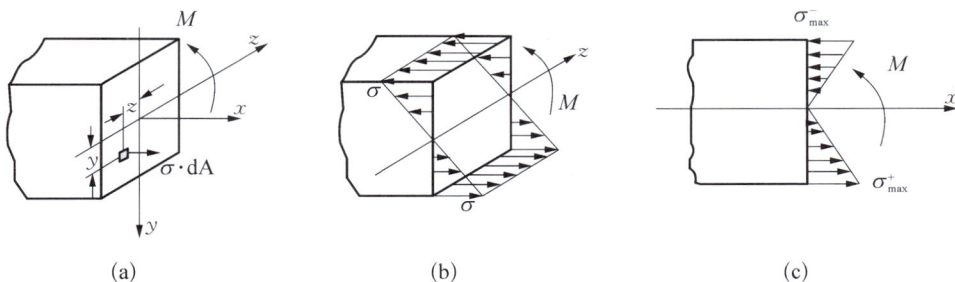

(a)　　　　　　　　　　(b)　　　　　　　　　　(c)

图 8-20　横截面正应力分布

3) 静力关系

在梁的横截面上取一微元 dA,其上的内力 $\sigma \cdot dA$,如图 8-20(a)所示。则该截面上所有内力满足:

(1) 横截面上的轴力为零。

$$\sum F_x = 0, \quad \sum F_x = \int_A \sigma dA = \int_A \frac{y}{\rho} dA = \frac{\int_A y\, dA}{\rho} = \frac{S_z}{\rho} = 0$$

即截面对中性轴的静矩 $S_z = \int y\, dA$ 为零, $S_z = 0$ 表明轴 z(中性轴)必过横截面形心。

(2) 横截面上的内力对 z 轴力矩之和 $\sum M_z(F)$ 等于截面上的弯矩 M。

$$\sum M_z(F) = \int_A y\sigma \cdot dA = \int_A \frac{y^2}{\rho} dA = \frac{E}{\rho} \int_A y^2 dA = \frac{EI_z}{\rho}$$

令 $I_z = \int y^2 dA$, I_z 称作截面对 z 轴的惯性矩,它综合地反映了横截面形状与尺寸对弯曲变形的影响。

由 $\sum M_z(F) = M$ 得

$$\frac{1}{\rho} = \frac{M}{EI_z} \qquad\qquad (8-7)$$

式(8-7)中, $\frac{1}{\rho}$ 是梁轴线变形后的曲率; EI_z 称为梁的抗弯刚度。 EI_z 越大,梁轴线曲率越小,弯曲变形就小。

(3) 横截面上的内力对 y 轴力矩之和 $\sum M_y(F)$ 等于零。

$$\int_A z\sigma\,\mathrm{d}A = \int_A \frac{Eyz}{\rho}\,\mathrm{d}A = \frac{E\int_A yz\,\mathrm{d}A}{\rho} = \frac{EI_{yz}}{\rho} = 0$$

令 $I_{yz} = \int yz\,\mathrm{d}A$，$I_{yz}$ 称作横截面对 y、z 轴的惯性积。于是 $I_{yz} = 0$，表明 y、z 轴是截面形心的主惯性轴。由于 y 是截面的对称轴，所以 $I_{yz} = 0$ 自然满足。

将式(8-7)代入式(8-6)，得到纯弯曲梁横截面上正应力计算公式为

$$\sigma = \frac{M}{I_z}y \tag{8-8}$$

由于 y 是点相对中性轴的位置坐标，所以由公式(8-8)可以看到：中性轴上的正应力等于零，距中性轴越远的点，其上的正应力值越大。横截面上最大正应力出现在上边缘或下边缘上，正应力的方向由横截面上弯曲的转向以及所研究点的位置来确定的。

正应力公式的适用范围：

(1) 材料在线弹性变形范围。

(2) 梁有纵向对称轴，且外力都作用在纵向对称平面。即在平面弯曲条件下成立。在纯弯曲条件下，或梁的跨度 l 与梁的横截面的高度 h 之比较大时（$l/h > 5$）公式可以应用。

一般情况下，梁的横截面上既有剪力又有弯矩，即为横力弯曲，所以，横截面上既有弯矩引起的正应力，又有剪力引起的剪应力。

8.5.2　弯曲切应力

弯曲梁横截面上的切应力与截面上剪力有关，还与截面的形状有关。下图给出了常见两种截面形状切应力的分布规律，以了解切应力分布。从表8-1中可以看到，矩形截面在中性轴上的切应力最大，距中性轴最远处切应力最小。同高度线上的切应力相等，各点切应力的方向由截面上剪力的方向确定。工字型截面梁，切应力主要集中在腹板上，腹板上切应力分布规律与矩形截面相似。其他形状的截面，切应力分布各有不同，可以查阅相关资料了解。

表 8-1　矩形及工字型面上切应力分布规律

序号	截面形状(形心 C)	切应力沿高度方向分布规律	切 应 力 计 算
1			$\tau(y) = \dfrac{3F_S}{2bh}\left(1 - \dfrac{4y^2}{h^2}\right)$

（续表）

序号	截面形状(形心 C)	切应力沿高度方向分布规律	切应力计算
2	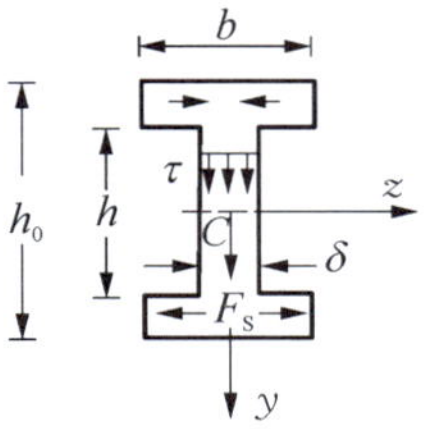	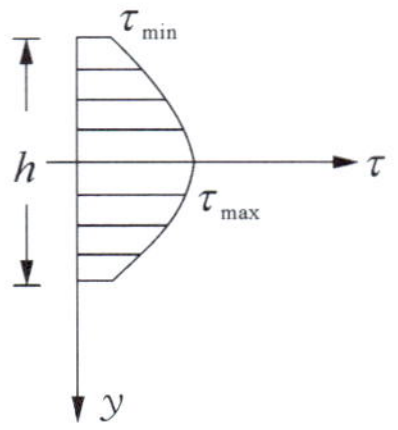	$\tau(y)=\frac{F_S}{8I_z\delta}[b(h_0^2-h^2)+\delta(h^2-4y^2)]$

8.6 弯曲正应力强度条件

对于等截面弯曲梁，其上最大正应力出现在弯矩绝对值最大横截面的上距中性轴最远的点上。

$$\sigma_{max}=\frac{M_{max}}{I_z}y_{max} \tag{8-9}$$

令

$$W_z=\frac{I_z}{y_{max}} \tag{8-10}$$

W_z 称作抗弯截面模量。则由式(8-9)得

$$\sigma_{max}=\frac{M_{max}}{W_z} \tag{8-11}$$

限定弯曲正应力不得超过许用应力，于是强度条件为

$$\sigma_{max}=\frac{M_{max}}{W_z}\leqslant[\sigma] \tag{8-12}$$

或

$$\sigma_{max}=\left(\frac{My_{max}}{I_z}\right)_{max}\leqslant[\sigma] \tag{8-13}$$

对于非对称截面、脆性材料梁，由于材料的抗拉和抗压性能不同，且最大拉应力和最大压应力不一定出现在同一个截面上，所以要分别建立拉应力和压应力的强度条件。

8.7 截面的惯性矩 I_z 及抗弯截面模量 W_z

弯曲梁横截面上正应力计算公式中的 I_z 和 W_z 都是表征平面图形几何性质的量,这节讨论如何计算简单截面的惯性矩和抗弯截面模量。

8.7.1 几种常见截面的惯性矩和抗弯截面模量

1) 矩形截面

如图 8 - 21 所示,高为 h、宽为 b 的矩形截面, y, z 轴是过截面形心的对称轴。根据惯性矩的定义得

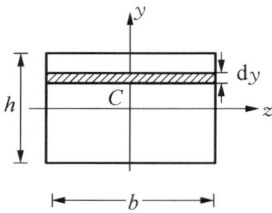

$$I_z = \int_A y^2 \mathrm{d}A = \int_{-\frac{h}{2}}^{\frac{h}{2}} y^2 \cdot b\mathrm{d}y = \frac{bh^3}{12} \tag{8-14}$$

$$W_z = \frac{I_z}{y_{\max}} = \frac{\frac{bh^3}{12}}{\frac{h}{2}} = \frac{bh^2}{6} \tag{8-15}$$

图 8 - 21   矩形截面惯性矩

同样,可以得到截面对轴 y 的惯性矩和抗弯截面模量分别为

$$I_y = \frac{hb^3}{12} \tag{8-16}$$

$$W_y = \frac{hb^2}{6} \tag{8-17}$$

2) 圆形截面

如图 8 - 22(a)所示,圆截面的直径为 D,轴 y 和 z 为过截面形心的对称轴。由于过圆截面形心的任意轴都是对称轴,故有 $I_z = I_y$。

$$I_P = \int_A \rho^2 \mathrm{d}A = \int_A (y^2 + z^2) \cdot \mathrm{d}A = \int_A y^2 \mathrm{d}A + \int_A z^2 \mathrm{d}A = I_z + I_y = 2I_z$$

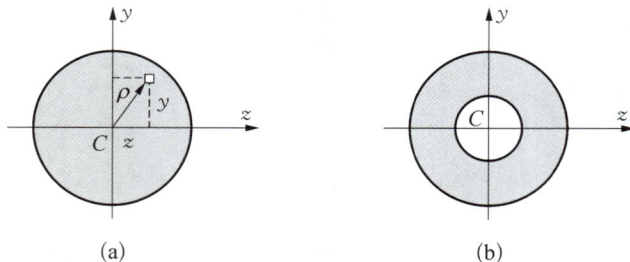

(a)   (b)

图 8 - 22   圆截面惯性矩

而 $I_P = \dfrac{\pi D^4}{32}$，故有

$$I_z = I_y = \frac{\pi D^4}{64}, \quad W_z = W_y = \frac{\pi D^3}{32} \qquad (8-18)$$

3）圆环截面

如图 8-22(b)所示，圆环截面的外径为 D，内径为 d，内外径之比 $\alpha = \dfrac{d}{D}$，轴 y 和 z 为过截面形心的对称轴。同理有

$$I_P = \frac{\pi D^4}{32}(1 - \alpha^4) = I_z + I_y = 2I_z$$

则

$$I_z = I_y = \frac{\pi D^4}{64}(1 - \alpha^4), \quad W_z = W_y = \frac{\pi D^3}{32}(1 - \alpha^4) \qquad (8-19)$$

表 8-2　几种常见图形的形心位置和惯性矩

序号	截 面 形 状	形 心 位 置	惯 性 矩
1	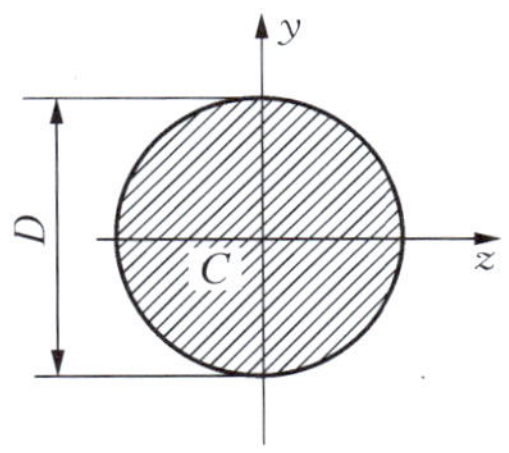	截面中心 C	$I_z = \dfrac{\pi D^4}{64}$
2	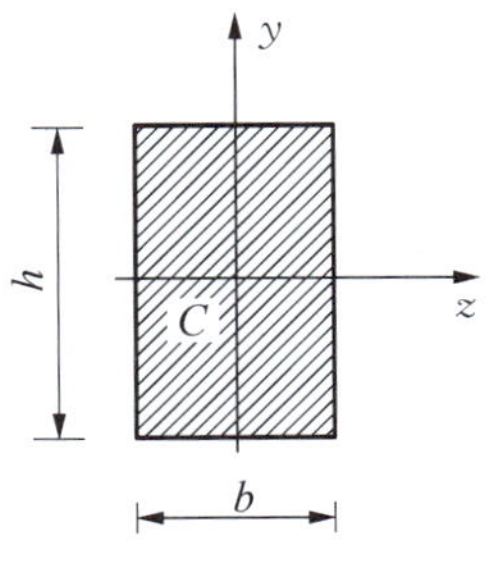	截面中心 C	$I_z = \dfrac{bh^3}{12}$ $I_y = \dfrac{hb^3}{12}$
3	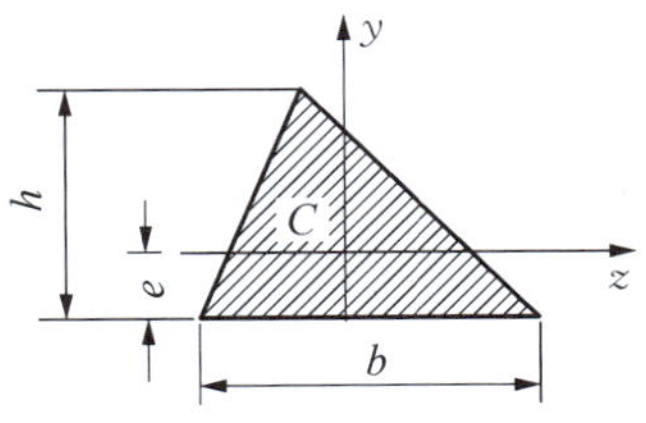	$e = \dfrac{h}{3}$	$I_z = \dfrac{bh^3}{36}$

序号	截 面 形 状	形 心 位 置	惯 性 矩
4		截面中心 C	$I_z = \dfrac{\pi a b^3}{4}$ $I_y = \dfrac{\pi b a^3}{4}$
5		$e = \dfrac{4r}{3\pi}$	$I_z \approx 0.11 r^2$

8.7.2　惯性矩平行移轴定理

如图 8-23 所示任意形状的截面，其面积为 A，在 Ozy 坐标系下形心坐标为 $C(b, a)$。已知该截面对其形心轴 z_c、y_c 的惯性矩分别为 I_{zc} 和 I_{yc}。下面分析截面对任意轴 z、y 的惯性矩 I_z 与形心轴惯性矩 I_{zc} 的关系。

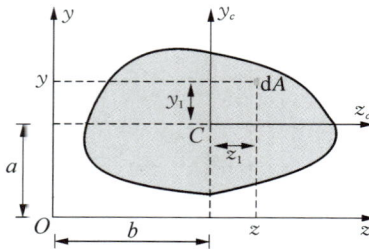

图 8-23　平行移轴定理

$$I_z = \int_A y^2 \mathrm{d}A = \int_A (y_1 + a)^2 \mathrm{d}A$$

$$= \int_A y_1^2 \mathrm{d}A + 2\int_A y_1 a \cdot \mathrm{d}A + \int_A a^2 \mathrm{d}A$$

由于 C 为截面形心，所以 $\int_A y_1 a \cdot \mathrm{d}A = 0$

而 $I_{zC} = \int_A y_1^2 \mathrm{d}A$，$\int_A a^2 \cdot \mathrm{d}A = a^2 A$

所以有

$$I_z = I_{zC} + a^2 A \tag{8-20}$$

即截面对任意轴的惯性矩 I_z 等于截面对过形心平行轴惯性矩 I_{zC} 加上截面面积 A 与两轴间距离 d 的平方之积，称之为惯性矩平行移轴定理。

同理有

$$I_y = I_{yC} + b^2 A \tag{8-21}$$

8.7.3 组合截面的惯性矩

如果一个截面可由若干个简单截面组合而成,这样的截面叫组合截面。设组合截面的面积为 A,各简单截面面积分别为 A_i,则

$$I_z = \int_A y^2 \mathrm{d}A = \int_{A_1} y^2 \mathrm{d}A + \int_{A_2} y^2 \mathrm{d}A + \cdots + \int_{A_n} y^2 \mathrm{d}A = I_{z1} + I_{z2} + \cdots + I_{zn} = \sum_{i=1}^{n} I_{zi}$$

即组合截面对任意轴的惯性矩等于各个简单截面对同一轴惯性矩的代数和。

例 8 - 6 T 形截面的尺寸如图 8 - 24 所示,求截面对形心轴 z_C 的惯性矩。

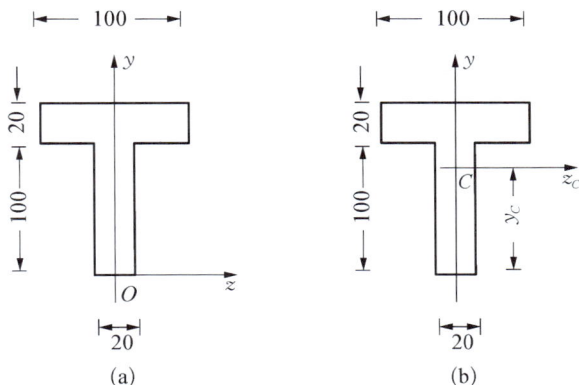

图 8 - 24 T 形截面惯性矩

解:(1) 确定组合截面的形心。

首先建立坐标 Ozy 如图 8 - 24(a)所示,y 轴为截面的对称轴。将截面分为两个矩形,这两个矩形的形心坐标及面积分别为

$$A_1 = 100 \times 20 = 200(\mathrm{mm}^2), \quad y_1 = 100 + \frac{20}{2} = 110(\mathrm{mm})$$

$$A_2 = 20 \times 100 = 200(\mathrm{mm}^2), \quad y_2 = \frac{100}{2} = 50(\mathrm{mm})$$

$$y_C = \frac{A_1 y_1 + A_2 y_2}{A_1 + A_2} = \frac{200 \times 110 + 200 \times 50}{200 + 200} = 80(\mathrm{mm})$$

(2)求截面对过形心轴 z_C 的惯性矩。

通过形心 C 建立坐标 $Cz_C y$,如图 8 - 24(b)所示。

$$\begin{aligned}
I_{zC} &= I_{z1} + I_{z2} \\
&= \left(\frac{100 \times 20^3}{12} + 100 \times 20 \times 30^2 \right) + \left(\frac{20 \times 100^3}{12} + 20 \times 100 \times 30^2 \right) \\
&= 533.5 \times 10^4 (\mathrm{mm}^4)
\end{aligned}$$

例 8-7 矩形截面梁截面尺寸 $b=60$ mm，$h=120$ mm。梁受力如图 8-25 所示。材料的许用应力 $[\sigma]=160$ MPa，试求梁承受载荷 F 的最大值。

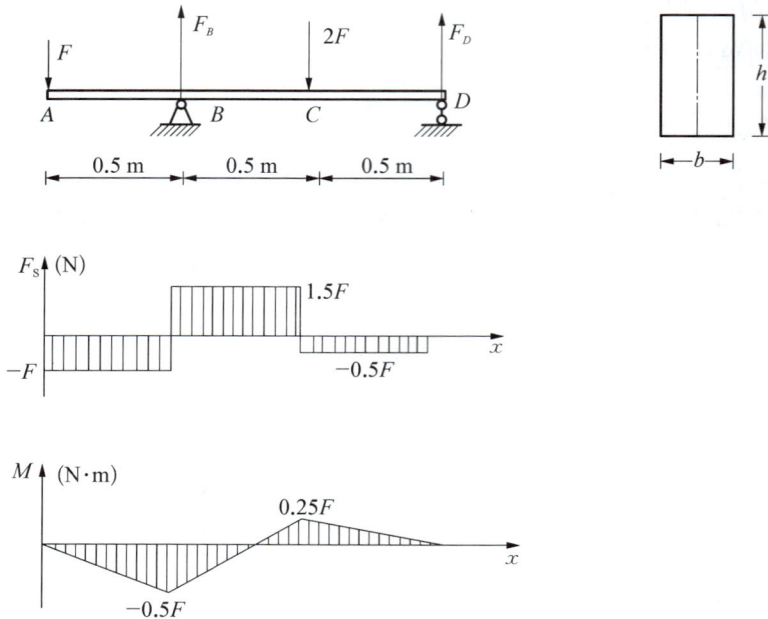

图 8-25 例 8-7 图

解：(1) 计算 D，B 处约束力大小。

建立平衡方程：

$$\sum M_B(F)=0, \quad F\times0.5+F_D\times1-2F\times0.5=0$$

$$\sum M_D(F)=0 \quad F\times1.5-F_B\times1+2F\times0.5=0$$

解得：$F_B=2.5F$，$F_D=0.5F$。

画梁的剪力图、弯矩图。由弯矩图知 B 截面是危险截面。

(2) 强度计算。

B 截面的最大应力应满足条件：

$$\sigma_{\max}=\frac{M_B}{W_z}=\frac{0.5F\times6}{bh^2}\leqslant[\sigma]$$

$$F\leqslant\frac{[\sigma]bh^2}{0.5\times6}=\frac{160\times10^6\times0.06\times0.12^2}{3}=46.08\times10^3(\text{N})$$

$$F_{\max}=46.08\text{ kN}$$

例 8-8 铸铁梁的载荷及截面尺寸如图 8-26 所示。材料许用拉应力 $[\sigma_t]=40$ MPa，许用压应力 $[\sigma_c]=160$ MPa。试求：

(1) 已知截面形心位置 $y_1=88$ mm，对形心轴的惯性矩为 $I_z=7.63\times10^{-6}$ m^4，按正应

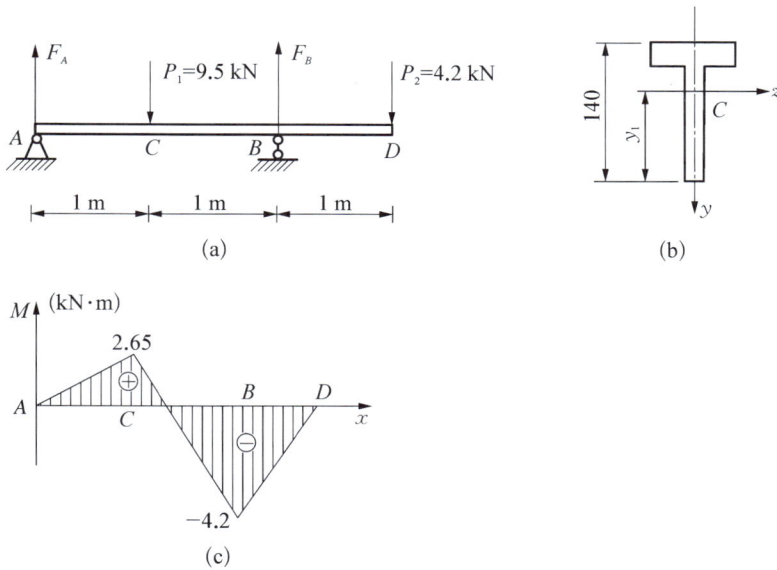

图 8-26 例 8-8 图

力强度条件校核梁的强度。

（2）若梁外载荷不变，但将⊤形截面倒置成为⊥形，是否合理？为什么？

解：（1）计算 A，B 处的约束力大小。

建立平衡方程：

$$\sum M_B(F) = 0, \quad P_1 \times 1 - F_A \times 2 - P_2 \times 1 = 0$$

$$\sum M_A(F) = 0, \quad F_B \times 2 - P_1 \times 1 - P_2 \times 3 = 0$$

解得：$F_A = 2.65$ kN，$F_B = 11.05$ kN。

画梁的弯矩图如图 8-26(c)所示。由弯矩图知，可能危险截面是 B 和 C 截面（见图 8-27）。

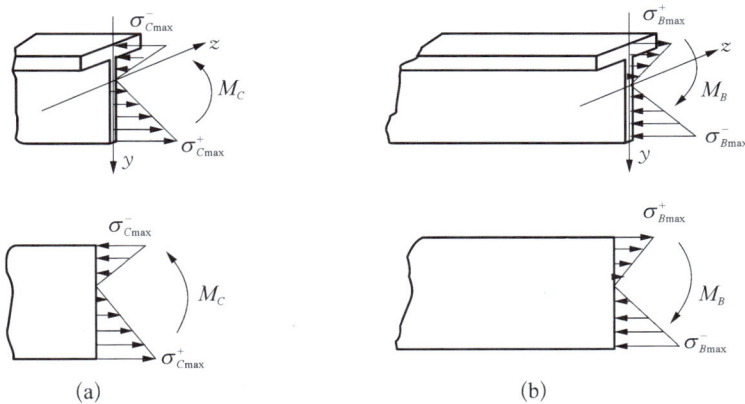

图 8-27 **B 和 C 截面正应力分布**

（a）C 截面上应力分布规律 （b）B 截面上应力分布规律

（2）强度校核。由于 $|M_C| < |M_B|$，则 $|\sigma^-_{B\max}| > |\sigma^-_{C\max}|$，至于最大拉应力的位置须经过计算才能得。

C 截面的最大拉应力为

$$\sigma^+_{C\max} = \frac{M_C y_1}{I_z} = \frac{2.65 \times 10^3 \times 88 \times 10^{-3}}{7.63 \times 10^{-6}} = 30.6 \text{ MPa}$$

B 截面的最大拉应力为

$$\sigma^+_{B\max} = \frac{M_B(140 - y_1)}{I_z} = \frac{4.2 \times 10^3 \times (140 - 88) \times 10^{-3}}{7.63 \times 10^{-6}} = 28.6 \text{ MPa}$$

B 截面的最大压应力为

$$\sigma^-_{B\max} = \frac{M_B y_1}{I_z} = \frac{4.2 \times 10^3 \times 88 \times 10^{-3}}{7.63 \times 10^{-6}} = 48.4 \text{ MPa}$$

计算得知，梁最大的拉应力发生 C 截面的下边缘，最大压应力发生在 B 截面的下边缘，且

$$\sigma^+_{\max} = 30.6 \text{ MPa} < [\sigma_t]$$

$$\sigma^-_{\max} = 48.4 \text{ MPa} < [\sigma_c]$$

故强度足够。

（3）讨论：当梁的截面倒置时，如图 8-28 所示，梁内的最大拉应力发生在 B 截面的上边缘。

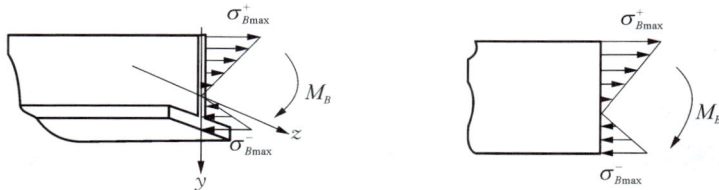

图 8-28 B 截面上应力分布规律

$$\sigma^+_{\max} = \frac{M_B y_1}{I_z} = \frac{4.2 \times 10^3 \times 88 \times 10^{-3}}{7.63 \times 10^6} = 48.4 \text{ MPa} > [\sigma_t]$$

梁的强度不够，不安全。

8.8   提高梁弯曲强度的措施

根据正应力强度条件 $\sigma_{\max} = \dfrac{M_{\max}}{W_z} \leqslant [\sigma]$ 可以看出，提高梁弯曲强度有两个途径：一是在不减少载荷情况下，设法降低梁内最大弯矩；另一个途径是在不加大横截面情况下增大抗

弯截面模量。

8.8.1 降低梁内最大弯矩措施

1）合适的支座位置

图 8 - 29 是在外载荷不变的情况下改变支座的位置，即将简支梁改变为外伸梁，梁的最大弯矩值由 $0.125qL^2$ 减少到 $M_{max} = \dfrac{1}{5} \times 0.125qL^2 = 0.025qL^2$，从而使得梁承受载荷的能力增加，强度提高。

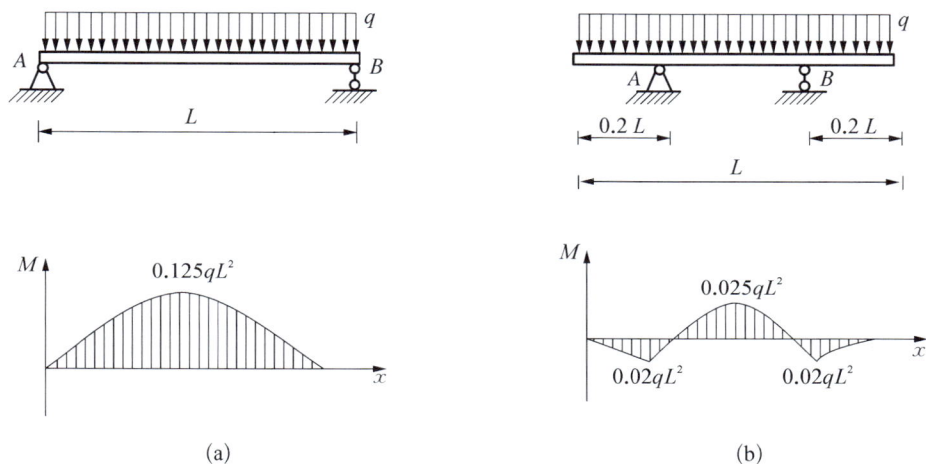

图 8 - 29 支座位置影响

2）合理布置载荷

将集中载荷分散成较小的力或改变为分布力都将大大降低最大弯矩值。如图 8 - 30（b）所示把作用于中点的力移至靠近支座，弯矩由 $0.25PL$ 降低到 $0.139PL$。或如图 8 - 30（c）所

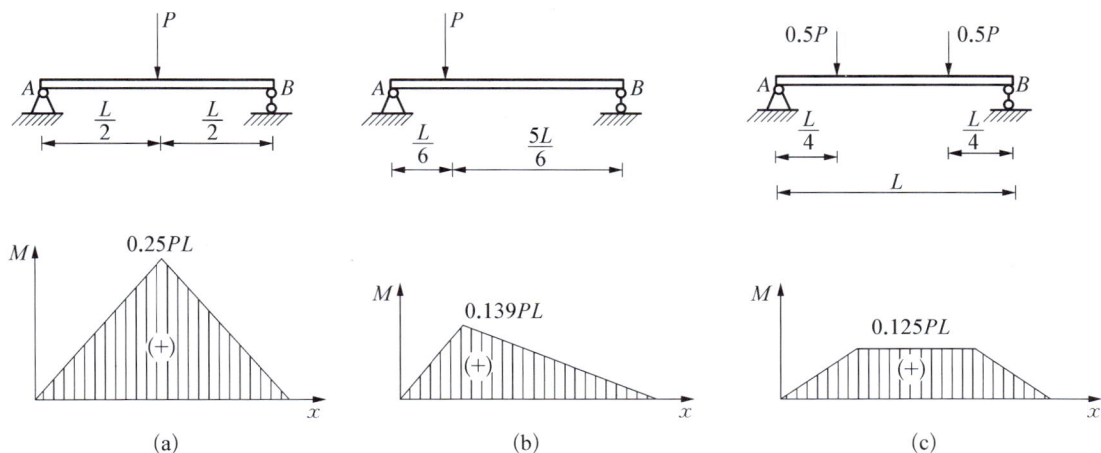

图 8 - 30 载荷位置影响

示把一个集中力分散成两个力,则最大弯矩降低到 $0.125PL$。

8.8.2　加大抗弯截面模量

从弯矩强度考虑,比较合理的截面形状是使用较小的截面面积却能获得较大的抗弯截面模量的截面。从横截面上正应力的分布看到中性轴附近的正应力较小,此处的材料没有完全发挥其作用。因此把中性轴附近的材料移至离中性轴较远的上下边缘可以提高其强度。

由弯曲正应力强度条件知,正应力大小与抗弯截面模量成反比,说明抗弯截面模量越大越有利。如图 8-31 所示同一平板有两种放置方式的悬臂梁,图 8-31(a)的抗弯截面模量 $W_{z(a)} = \dfrac{bh^2}{6}$,图 8-31(b)的抗弯截面模量 $W_{z(b)} = \dfrac{hb^2}{6}$,可见 $W_{z(a)} > W_{z(b)}$,图 8-31(a)放置方式更有利,说明当面积一定时,宜将较多的材料放置离中性轴较远的位置,以提高材料的利用率。

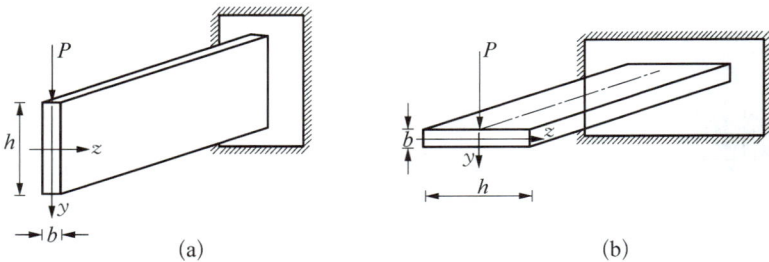

图 8-31　放置方位影响

另一方面,还要从经济角度和梁的自重考虑,所以用抗弯截面模量与截面面积的比值来衡量截面形状的合理性,比值 $\dfrac{W_z}{A}$ 越大就表示截面较合理。例如相同截面的工字形截面比矩形截面 $\dfrac{W_z}{A}$ 比值要大,相同面积的空心圆截面比实心圆截面弯曲强度高。

另外,对于抗拉、抗压强度相同的材料,宜采用对称截面梁。对于铸铁等材料,由于其抗压强度大于抗拉强度,最好采用中性轴偏于拉应力一侧,以提高其强度。

表 8-3 是几种常用截面的截面模量 W_z 与 A 面积之比。

表 8-3　几种截面的 W_z 与 A 的比值

截 面 名 称	截 面 形 状	$\dfrac{W_z}{A}$
矩　形		$0.167h$

(续表)

截面名称	截 面 形 状	$\dfrac{W_z}{A}$
圆 形		$0.125d$
槽 钢		$0.27h \sim 0.31h$
工字钢		$0.27h \sim 0.3h$

8.9 弯 曲 变 形

工程中除了对梁的强度要求外,对梁的变形,即对梁的刚度也有所要求,例如车床主轴变形过大,会使齿轮啮合不良,轴与轴承产生非均匀磨损,产生噪声或引起振动,降低寿命,影响加工精度。

为了描述弯曲变形,以图 8 - 32 所示悬臂梁为例。首先建立坐标,变形前的轴线为 x 轴,垂直向上为 y 轴,xOy 平面为梁的纵向对称面,外力均作用在此对称平面内。在外力作用下,梁的轴线由直线变为曲线,变形后梁的轴线为 xOy 平面内的一条光滑、连续的曲线,此曲线称为挠曲线。梁的任一截面形心的竖直位移称为挠度,用 y 表示。弯曲变形中,变形后梁的轴线为曲线,因此梁的横截面对其原来位置转过的角度,称为截面转角 θ。

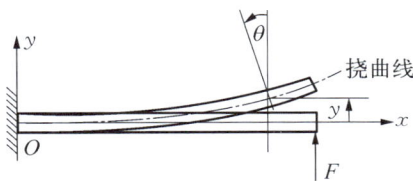

图 8 - 32 挠曲线

尽管梁的轴线由直线变成曲线,由于是小变形,可认为梁的长度保持不变,截面形心沿 x 轴的位移忽略不计。

挠度 y "正负"符号规定:在图示坐标中,挠度在 x 轴之上为"正",反之为"负"。转角 θ "正负"符号规定:在图示坐标中,若截面逆时针转到变形后的截面位置,该转角为"正",反之为"负"。

将梁挠度随截面位置的变化的函数关系表示出来,就是挠曲线的方程式:$y = f(x)$;将梁截面转角随轴线位置的变化表示出来,就是梁的转角方程:$\theta = \theta(x)$。

根据平面假设,梁的横截面变形前垂直于轴线,变形后垂直于挠曲线。故某截面转角 θ 是挠曲线在该截面处的法线与 y 轴的夹角,也就等于该处挠曲线切线与 x 轴的夹角。又因小变形,故有

$$\theta \approx \tan\theta = \frac{\mathrm{d}y}{\mathrm{d}x} = y'(x) \tag{8-22}$$

即横截面的转角近似地等于挠曲线在该截面处的斜率。

梁的变形用挠度和转角度量,它们是梁变形的两个基本量。工程问题中,梁的变形量是有限定的,即对梁的最大挠度 y_{max} 和转角 θ_{max} 不能超过允许值。下面讨论梁的最大挠度和转角计算。

8.9.1 挠曲线的近似微分方程

前面已推导出纯弯曲时挠曲线的曲率表达式为

$$\frac{1}{\rho} = \frac{M}{EI}$$

对细长梁,跨度远大于横截面高度,忽略剪力 F_S 的影响,该公式可作为横力弯曲变形的基本方程,即

$$\frac{1}{\rho(x)} = \frac{M(x)}{EI}$$

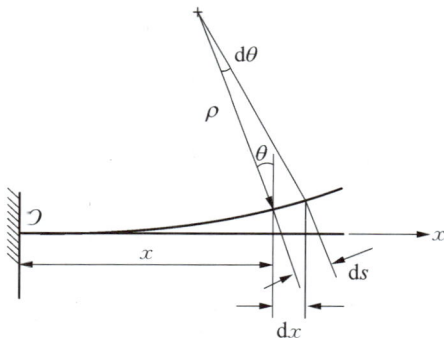

由图 8-33 可以得到如下关系:

$$|\mathrm{d}s| = \rho |\mathrm{d}\theta|$$

$$\frac{1}{\rho} = \left| \frac{\mathrm{d}\theta}{\mathrm{d}s} \right|$$

考虑曲率始终为正,所以上式右端取绝对值。

对于小变形:$\mathrm{d}s \approx \mathrm{d}x$,因此有

$$\left| \frac{\mathrm{d}\theta}{\mathrm{d}x} \right| = \frac{M(x)}{EI} \tag{8-23}$$

图 8-33 梁的变形

在图 8-34(a)所示的情况下,曲线具有极小值,即 $\dfrac{\mathrm{d}^2 y}{\mathrm{d}x^2} > 0$,挠曲线上凹下凸,此时截面上的弯矩为正($M > 0$),同样图(b)满足 $\dfrac{\mathrm{d}^2 y}{\mathrm{d}x^2} < 0$,$M < 0$,因而在此坐标系下,根据式 $\theta = \dfrac{\mathrm{d}y}{\mathrm{d}x}$ 可以写成:

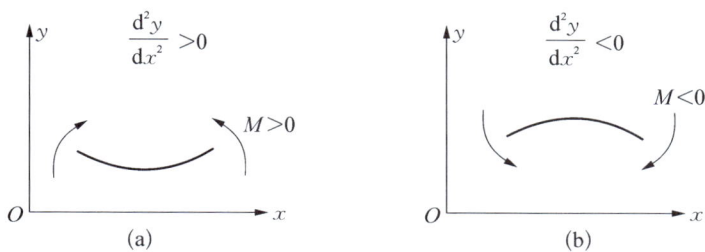

图 8-34　挠曲线微分与弯矩正负量

$$\frac{\mathrm{d}^2 y}{\mathrm{d}x^2} = \frac{M(x)}{EI} \tag{8-24}$$

这就是挠曲线的近似微分方程。

将式(8-24)两边分别乘以 $\mathrm{d}x$，并积分得

$$\theta = \frac{\mathrm{d}y}{\mathrm{d}x} = \int \frac{M(x)}{EI}\mathrm{d}x + C \tag{8-25}$$

上式两边乘以 $\mathrm{d}x$ 再积分得

$$y = \int\left(\int \frac{M(x)}{EI}\mathrm{d}x\right)\mathrm{d}x + Cx + D \tag{8-26}$$

若 EI 沿梁轴线为常数，可将 EI 从积分号中提出，得

$$y = \frac{1}{EI}\int\left(\int M(x)\mathrm{d}x\right)\mathrm{d}x + Cx + D$$

其中，积分常数由梁的边界条件和连续条件确定。

边界条件：在挠曲线的某些位置点上，挠度、转角已知条件或位移所受的限制条件称为边界条件。

连续条件：挠曲线是一条光滑连续的曲线，在挠曲线的任一点上有唯一确定的挠度和转角。可见，梁的位移不仅与弯矩、梁截面弯曲刚度有关，而且与梁的边界条件及连续条件有关。

例 8-9　如图 8-35 所示，直径为 $d = 10$ mm 的圆截面梁，长度为 $l = 50$ mm，受到集中力 $F = 200$ N 的作用。材料的弹性模量为 $E = 210$ GPa，试求 B 截面的挠度和转角。

图 8-35　例 8-9 图

解：先计算 A 处约束力，根据平衡方程得

$$\sum M_A(F) = 0 \quad M_A = Fl$$

$$\sum F_y = 0 \quad F_A = F$$

距 A 为 x 的任意截面上的弯矩是

$$M = Fx - Fl$$

梁的挠曲线微分方程为

$$EIy'' = Fx - Fl$$

积分得

$$EIy' = \frac{Fx^2}{2} - Flx + C \tag{a}$$

再积分得

$$EIy = \frac{Fx^3}{6} - \frac{Fl}{2}x^2 + Cx + D \tag{b}$$

根据边界条件：$x = 0$ 时，$y = 0$，$y' = 0$，分别代入(a)、(b)式得到

$$C = 0, D = 0$$

代入得到梁的转角方程和挠曲线方程为

$$EIy' = \frac{Fx^2}{2} - Flx$$

$$EIy = \frac{Fx^3}{6} - \frac{Fl}{2}x^2$$

梁的截面惯性矩：

$$I = \frac{\pi d^4}{64} = \frac{3.14 \times 10^4}{64} = 491 (\text{mm}^4)$$

B 截面挠度和转角：

$$y_B = \frac{1}{EI}\left(\frac{Fl^3}{6} - \frac{Fl^3}{2}\right) = -\frac{Fl^3}{3EI}$$

$$= -\frac{200\,\text{N} \times (50 \times 10^{-3})^3 \text{m}^3}{3 \times 210 \times 10^9\,\text{Pa} \times 491 \times 10^{-12}\,\text{m}^4} = -0.080\,8 \times 10^{-3}\,\text{m}$$

$$\theta_B = \frac{1}{EI}\left(\frac{Fl^2}{2} - Fl^2\right)$$

$$= -\frac{Fl^2}{2EI} = -\frac{200\,\text{N} \times (50 \times 10^{-3})^2 \text{m}^2}{2 \times 210 \times 10^9\,\text{Pa} \times 491 \times 10^{-12}\,\text{m}^4} = -0.002\,42\,\text{rad}$$

可见挠度和转角都比较小。

例 8-10　如图 8-36 所示简支梁上作用一集中力 F，已知梁的抗弯刚度 EI，长度为 $l = a + b$，试求梁的转角方程及挠曲线方程。

解：(1) 求约束力。

$$\sum M_B(F) = 0,\ F \cdot b - F_A(a+b) = 0$$

$$\sum M_A(F) = 0,\ F_B(a+b) - F \cdot a = 0$$

解得

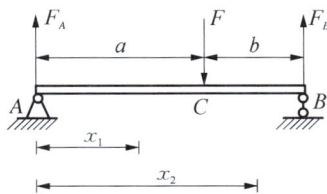

图 8 - 36　例 8 - 10 图

$$F_A = \frac{Fb}{l},\ F_B = \frac{Fa}{l}$$

（2）分段列出弯矩方程。

AC 段：$M(x_1) = \dfrac{Fb}{l} x_1 (0 \leqslant x_1 \leqslant a)$

CB 段：$M(x_2) = \dfrac{Fb}{l} x_2 (a \leqslant x_1 \leqslant l)$

（3）分段计算梁的转角方程和挠曲线方程（见下表）。

	AC 段 $(0 \leqslant x_1 \leqslant a)$	CB 段 $(a \leqslant x_2 \leqslant l)$
挠曲线微分方程 $EIy'' = M(x)$	$EIy_1'' = \dfrac{Fb}{l} x_1$	$EIy_2'' = \dfrac{Fb}{l} x_2 - F(x_2 - a)$
对挠曲线微分方程积分一次得到转角方程	$EIy_1' = \dfrac{Fb}{2l} x_1^2 + C_1$	$EIy_2' = \dfrac{Fb}{2l} x_2^2 - \dfrac{F}{2}(x_2 - a)^2 + C_2$
对转角方程积分一次得到挠曲线方程	$EIy_1 = \dfrac{Fb}{6l} x_1^3 + C_1 x_1 + D_1$	$EIy_2 = \dfrac{Fb}{6l} x_2^3 - \dfrac{F}{6}(x_2 - a)^3 + C_2 x_2 + D_2$

（4）确定积分常数。光滑、连续条件：挠曲线是光滑连续曲线，故在截面 C 只有一个转角和挠度值。即 $x_1 = x_2 = a$，$y_1 = y_2$，$y_1' = y_2'$

$$\frac{Fb}{6l} a^3 + C_1 a + D_1 = \frac{Fb}{6l} a^3 + C_2 a + D_2$$

$$\frac{Fb}{2l} a^2 + C_1 = \frac{Fa}{2l} a^2 + C_2$$

由上两式联立得到

$$C_1 = C_2,\ D_1 = D_2$$

边界条件：在 A，B 铰支座处梁的挠度为零。

由条件 $x_1 = 0$，$y_1 = 0$ 得到：$D_1 = D_2 = 0$

由条件 $x_2 = l$，$y_2 = 0$ 得到：$C_2 = -\dfrac{Fb}{6l}(l^2 - b^2) = C_1$

最终得到梁的转角方程及挠曲线方程（见下表）：

	AC 段 $(0 \leqslant x_1 \leqslant a)$	CB 段 $(a \leqslant x_2 \leqslant l)$
转角方程	$EI\theta_1 = -\dfrac{Fb}{6l}(l^2 - b^2 - 3x_1^2)$	$EI\theta_2 = -\dfrac{Fb}{6l}\left[(l^2 - b^2 - 3x_2^2) + \dfrac{3l}{b}(x_2 - a)^2\right]$
挠曲线方程	$EIy_1 = -\dfrac{Fbx_1}{6l}(l^2 - b^2 - x_1^2)$	$EIy_2 = -\dfrac{Fb}{6l}\left[(l^2 - b^2 - x_2^2)x_2 + \dfrac{l}{b}(x_2 - a)^3\right]$

可见根据梁的转角方程及挠曲线方程可以得到任意截面的转角和挠度值。

8.9.2 叠加法计算梁的位移

在小变形、线弹性前提下(材料服从胡克定律),挠度与转角均与载荷呈线性关系。因此,当梁上有多个载荷作用时,可以分别求出每一载荷单独引起的变形,把所得变形叠加即为这些载荷共同作用时的变形,这就是弯曲变形的叠加法。

为了便于工程计算,简单基本载荷作用下梁的挠曲线方程、最大挠度、最大转角计算公式已编入手册,以便查用。常见梁的变形计算见表 8-4。

表 8-4 梁的挠度和转角

序号	梁 的 简 图	挠 曲 线 方 程	端截面转角	最 大 挠 度
1		$y = -\dfrac{Fx^2}{6EI}(3l - x)$	$\theta_B = -\dfrac{Fl^2}{2EI}$	$y_B = -\dfrac{Fl^3}{3EI}$
2		$y = -\dfrac{qx^2}{24EI}(x^2 - 4lx + 6l^2)$	$\theta_B = -\dfrac{ql^3}{6EI}$	$y_B = -\dfrac{ql^4}{8EI}$
3		$y = -\dfrac{Mx^2}{2EI}$	$\theta_B = -\dfrac{Ml}{EI}$	$y_B = -\dfrac{Ml^2}{2EI}$

（续表）

序号	梁 的 简 图	挠 曲 线 方 程	端截面转角	最大挠度
4		$y = -\dfrac{Mx}{6EIl}(l^2 - x^2)$	$\theta_A = -\dfrac{Ml}{6EI}$ $\theta_B = \dfrac{Ml}{3EI}$	$x = \dfrac{l}{\sqrt{3}}$ $y_{max} =$ $-\dfrac{Ml^2}{9\sqrt{3}EI}$
5		$y = -\dfrac{Fbx}{6EIl}(l^2 - x^2 - b^2)\ (0 \leqslant x \leqslant a)$ $y = -\dfrac{Fb}{6EIl}\left[\dfrac{l}{b}(x - a)^2 + (l^2 - b^2)x - x^3\right]\ (a \leqslant x \leqslant l)$	$\theta_A =$ $-\dfrac{Fab(l+b)}{6EIl}$ $\theta_B =$ $\dfrac{Fab(l+a)}{6EIl}$	设 $a > b$ 当 $x =$ $\sqrt{\dfrac{l^2 - b^2}{3}}$, $y_{max} =$ $-\dfrac{Fb\,(l^2 - b^2)^{\frac{3}{2}}}{9\sqrt{3}EIl}$
6		$y = -\dfrac{qx}{24EI}(l^3 - 2lx^2 + x^3)$	$\theta_A = -\theta_B$ $= -\dfrac{ql^3}{24EI}$	$x = \dfrac{l}{2}, y_{max} =$ $-\dfrac{5ql^4}{384EI}$

对于机械工程中的许多梁，为了安全工作，不仅应具有足够强度，还要具有必需的刚度。因此，以 $[y]$ 表示许用挠度，$[\theta]$ 表示许用转角，则梁的刚度条件是要求梁的最大挠度和最大转角分别不超过各自的许用挠度、许用转角值。

$$|y|_{max} \leqslant [y] \tag{8-27}$$

$$|\theta|_{max} \leqslant [\theta] \tag{8-28}$$

1）第一类叠加法：载荷叠加法

叠加原理：在小变形和线弹性范围内，由几个载荷共同作用下梁的任一截面的挠度和转角，应等于每个载荷单独作用下同一截面产生的挠度和转角的代数和。

例 8 - 11　如图 8 - 37(a)所示，桥式起重机吊车大梁是工字形钢，已知截面的惯性矩 $I_z = 11\,076\ \text{cm}^4$，$l = 8.76\ \text{m}$，$[y] = l/500$，$E = 210\ \text{GPa}$，$q = 527\ \text{N/m}$，$F = 20\ \text{kN}$，校核大梁刚度。

解：图 8 - 37(a)中梁可以看成是图 8 - 37(b)、(c)的叠加，而图 8 - 37(b)、(c)梁的最大挠度均在梁的中点 C 处。

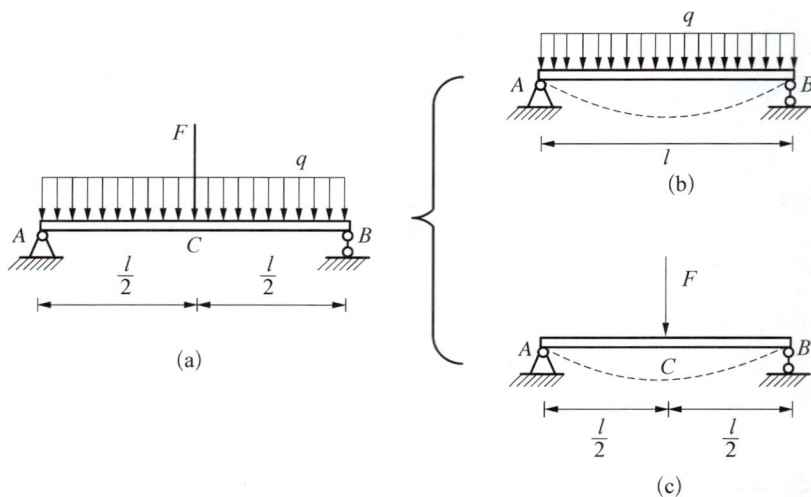

图 8-37   例 8-11 图

$$y_{max} = y_C(q) + y_C(F) = -\frac{ql^4}{384EI} - \frac{Fl^3}{48EI}$$

$$= -\frac{527 \times 8.76^4}{384 \times 210 \times 10^9 \times 11\ 076 \times 10^{-8}} - \frac{20 \times 10^3 \times 8.76^3}{48 \times 210 \times 10^9 \times 11\ 076 \times 10^{-8}}$$

$$= 0.012\ 4(\text{m})$$

而

$$[y] = \frac{l}{500} = \frac{8.76}{500} = 17.5(\text{mm})$$

$$y_{max} = 12.4\ \text{mm} < [y]$$

满足刚度要求。

例 8-12   如图 8-38(a)所示悬臂梁在 BC 段受到均布载荷 q 作用,梁的 EI 已知。用叠加法计算 C 处的挠度和转角。

解:图 8-38(a)所示梁可以看成是图 8-38(b)、(c)叠加。

8-38(b)图在 C 处的挠度和转角分别为

$$y_{C1} = -\frac{q(a+b)^4}{8EI}, \quad \theta_{C1} = -\frac{q(a+b)^3}{6EI}$$

8-38(c)图在 B、C 处的挠度和转角分别为

$$\theta_B = \frac{qa^3}{6EI}, \quad y_B = \frac{qa^4}{8EI},$$

$$y_{C2} = \theta_B \times b = \frac{qa^3 b}{6EI}, \quad \theta_{C2} = \theta_B = \frac{qa^3}{6EI}$$

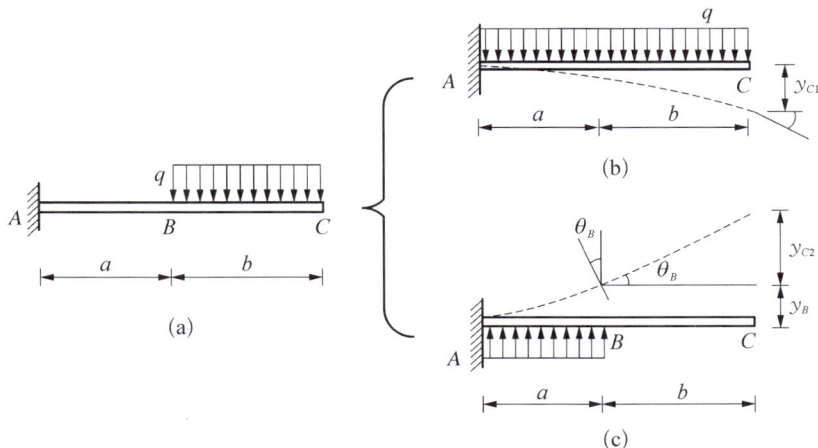

图 8 - 38　例 8 - 12 图

则图 8 - 38(a)在 C 处的挠度和转角大小为

$$y_C = y_{C1} + y_{C2} + y_B = -\frac{q\,(a+b)^4}{8EI} + \frac{qa^3b}{6EI} + \frac{qa^4}{8EI}$$

$$\theta_C = \theta_{C1} + \theta_{C2} = -\frac{q\,(a+b)^3}{6EI} + \frac{qa^3}{6EI}$$

2) 第二类叠加法：逐段分析法

将梁的挠曲线分成几段，首先分别计算梁各段因变形在需求位移处引起的位移（挠度和转角），然后计算其总和，即得需求的位移。分析各段梁的变形在需求位移处引起的位移时，除所研究的梁段发生变形外，其余各段梁均视为刚体。例如图 8 - 39 所示外伸梁在 BC 段受到均布载荷 q 作用，梁的 EI 已知。用叠加法计算 C 处的挠度和转角。

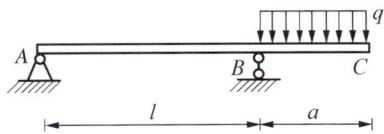

图 8 - 39　逐段分析法

如图 8 - 40(a)所示，先考虑 AB 段为刚体，则梁的受力与图 8 - 40(c)等效。再考虑 BC 段为刚体，由于刚体上的力系可简化至 B 截面，得到图 8 - 40(b)所示的一个力和一个力偶。力 F 对梁的变形不产生影响。这样载荷在 C 处的挠度和转角是由图 8 - 40(c)的分布荷载 q 和图 8 - 40(b)的力偶 M 共同作用产生变形叠加。

对于图 8 - 40(c)查表可得

$$\theta_C(q) = -\frac{qa^3}{6EI}\,,\ y_C(q) = -\frac{qa^4}{8EI}$$

对于图 8 - 40(b)查表可得

$$\theta_C(M) = \theta_B(M) = \frac{Ml}{3EI} = -\frac{qa^2l}{6EI}\,,\ y_C(M) = \theta_B(M) \cdot a = -\frac{qa^3l}{6EI}$$

原图在 C 处的挠度和转角为

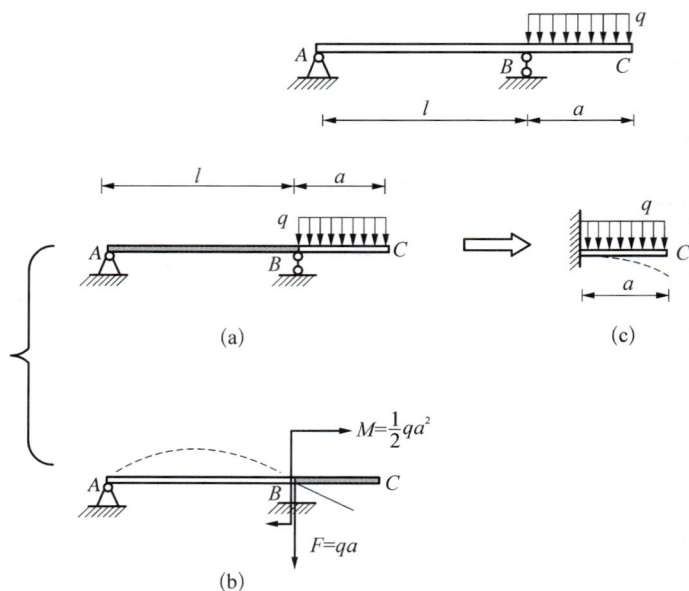

图 8-40   逐段叠加分析图

$$\theta_C = \theta_C(M) + \theta_C(q) = -\frac{qa^2 l}{6EI} - \frac{qa^3}{6EI} = \frac{-qa^2(l+a)}{6EI}$$

$$y_C = y_C(M) + y_C(q) = -\frac{qa^3 l}{6EI} - \frac{qa^4}{8EI} = -\frac{qa^3(4l+3a)}{24EI}$$

8.10   提高弯曲刚度的措施

梁的弯曲变形与梁的受力支撑条件及截面的弯曲刚度有关。需要通过以下方式来提高梁的刚度。

（1）合理选择截面形状。通过使用较小截面面积、增加截面的惯性矩来提高梁的刚度。

（2）合理选择材料。影响梁材料刚度的是弹性模量 E，因此从材料的弹性模量的高低来确定材料的选择。

（3）合理选择梁的跨度。梁跨度的微小改变，将会引起弯曲变形的显著改变，所以尽量减少梁的跨度，以提高梁的刚度。

（4）合理安排梁的约束和加载方式。加载方式的不同将影响最大挠度值的大小，例如以均布载荷加载方式代替集中载荷加载方式会降低梁的最大挠度值。

习   题   8

题 8-1   计算下列梁指定截面上的剪力和弯曲。

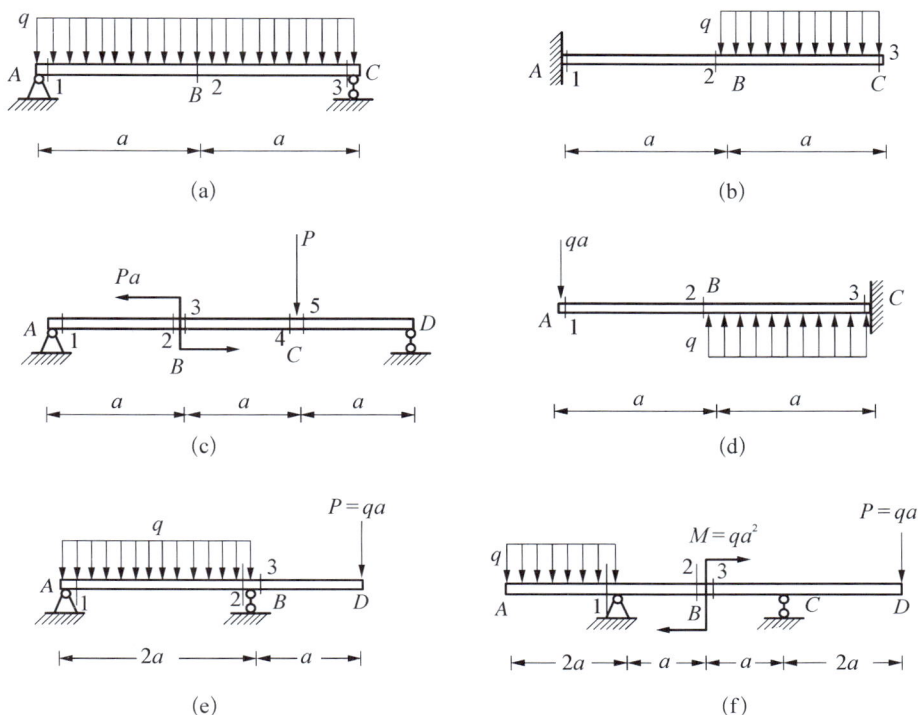

题 8-1 图

题 8-2 画出题 8-1 图中各梁的剪力图和弯矩图,确定 F_{Smax} 和 M_{max} 的值。

题 8-3 试求图中各截面对其形心轴 z_C 的惯性矩 I_{zC},其中 y 为对称轴,长度单位为 cm。

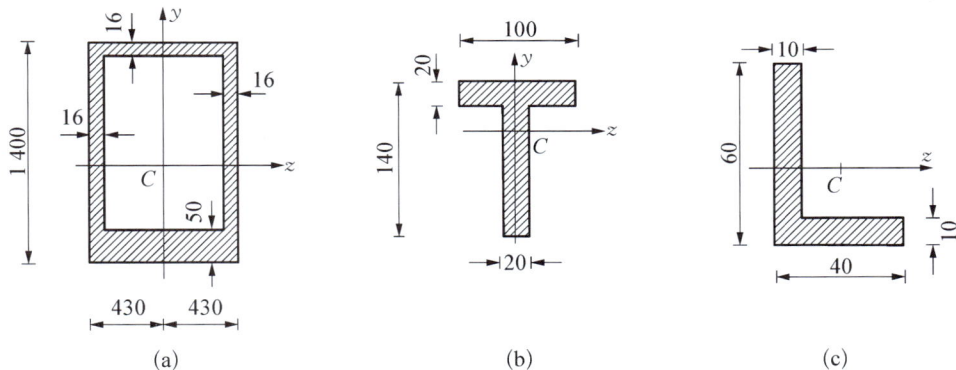

题 8-3 图

题 8-4 如题 8-4 图所示为矩形截面梁受集中力和集中力偶作用,试求:截面 1-1 和 2-2 固定截面上 A,B,C(形心),D 4 点处的正应力,梁的自重不计。

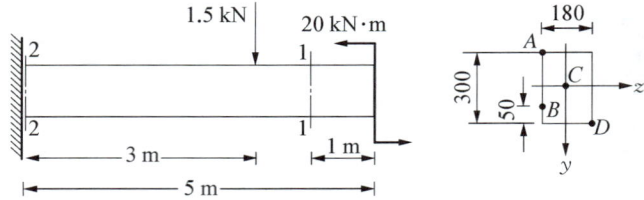

题 8-4 图

题 8-5　受均布载荷作用的简支梁如题 8-5 图所示，$q = 60 \text{ kN/m}$，试求：

（1）$a-a$ 截面上 b 点的正应力以及该截面上最大的正应力。

（2）梁上最大的正应力。

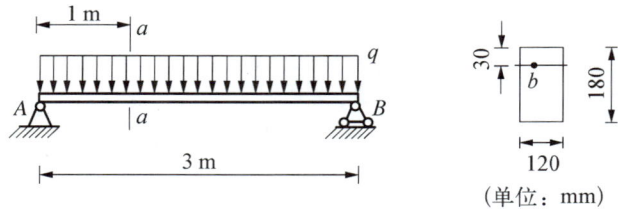

（单位：mm）

题 8-5 图

题 8-6　矩形截面悬臂梁受力如题 8-6 图所示，已知 $l = 4 \text{ m}$，$\dfrac{b}{h} = \dfrac{2}{3}$，$q = 10 \text{ kN/m}$，$[\sigma] = 10 \text{ MPa}$，试确定横截面的尺寸 b 和 h。

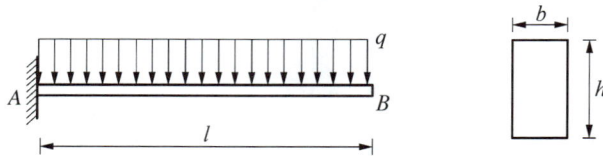

题 8-6 图

题 8-7　悬臂梁受力如题 8-7 图所示，分别采用 4 种不同的横截面，根据截面放置方式，试分别绘出固定端 A 处不同截面的正应力沿截面高度的变化规律。

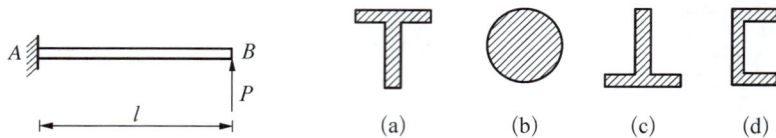

题 8-7 图

题 8-8　工字形截面（惯性矩 $I_z = 2\,370 \text{ cm}^4$）钢梁的支撑和受力情况如题 8-8 图所示，材料的许用应力 $[\sigma] = 160 \text{ MPa}$，试求许用载荷 F。

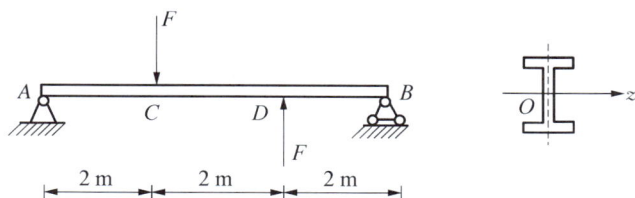

题 8 - 8 图

题 8 - 9 题 8 - 9 图所示,圆截面外伸梁 AB 段是实心圆截面,直径 $D = 60$ mm,BC 段是空心圆截面,内径 $d = 45$ mm,求梁内最大正应力的大小。

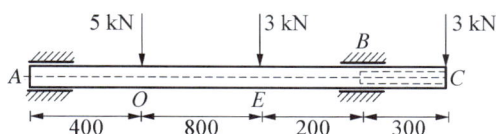

题 8 - 9 图

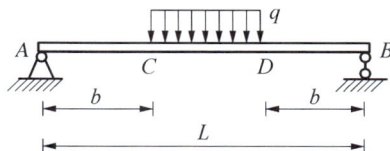

题 8 - 10 图

题 8 - 10 题 8 - 10 图所示简支梁 AB 的截面直径为 $d = 280$ mm,跨长 $L = 1\,000$ mm,$b = 450$ mm。该材料的许用应力 $[\sigma] = 100$ MPa,试求均布荷载的许用值 q 的大小。

题 8 - 11 已知铸铁梁受力及截面尺寸如题 8 - 11 图所示,材料的许用拉应力 $[\sigma_t] = 40$ MPa、许用压应力 $[\sigma_c] = 90$ MPa,校核该梁的强度。

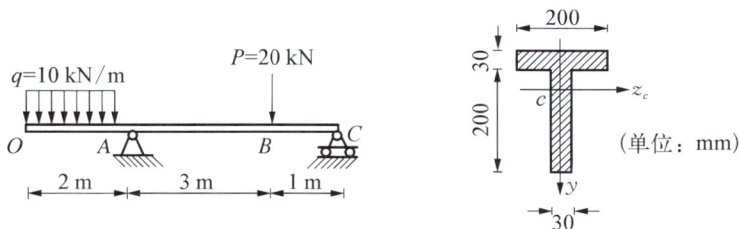

题 8 - 11 图

题 8 - 12 铸铁制成的悬臂梁 AB,其截面形状及尺寸如题 8 - 12 图所示。已知该材料的许用拉应力 $[\sigma_t] = 40$ MPa、许用压应力 $[\sigma_c] = 160$ MPa,截面对形心轴的惯性矩 $I_z = 10\,180$ cm^4,试求梁的许用载荷 $[P]$ 的大小。

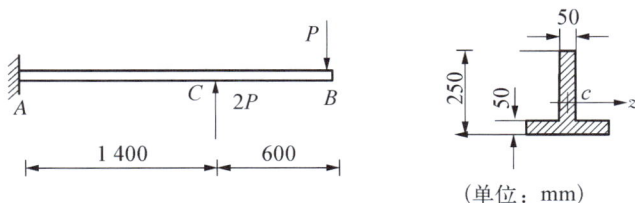

题 8 - 12 图

题 8 - 13   如题 8 - 13 图所示,当 20 号槽钢($I_z = 1\ 913.7\ \text{cm}^4$)受纯弯曲变形时,测出 A,B 两点间长度的改变量 $\Delta L = 27 \times 10^{-3}$ mm,材料的弹性模量 $E = 200$ GPa,试求梁截面上的弯矩值。

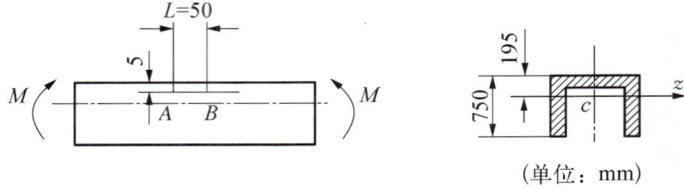

题 8 - 13 图

题 8 - 14   外伸梁 AB 受力如题 8 - 14 图,该梁是 16($I_z = 1\ 130\ \text{cm}^4$,$W_z = 141\ \text{cm}^3$)号工字形截面,试计算梁内最大正应力。

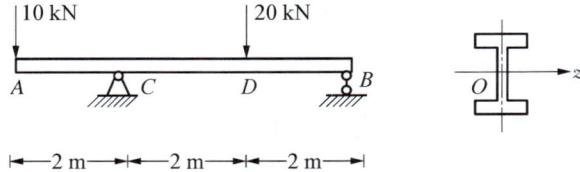

题 8 - 14 图

题 8 - 15   下列各梁(EI 为常数)所受载荷 q,M,P 以及尺寸 a 均已知,试求:
(1)列出梁的剪力方程和弯矩方程。
(2)用积分法求梁的挠曲线方程和转角方程。
(3)计算梁在 A 和 B 截面处的转角以及梁的最大挠度值。

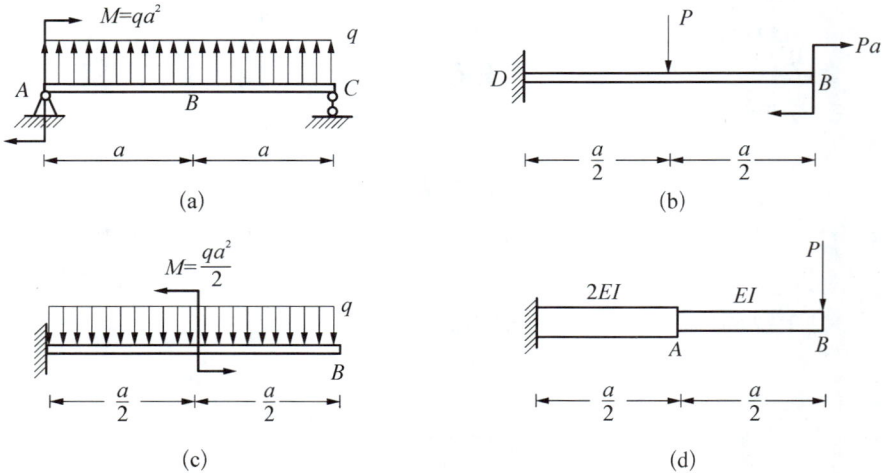

题 8 - 15 图

题 8 - 16   用叠加法求题 8 - 16 图所示梁在 A 截面的转角和 B 截面的挠度,已知 EI 为常数。

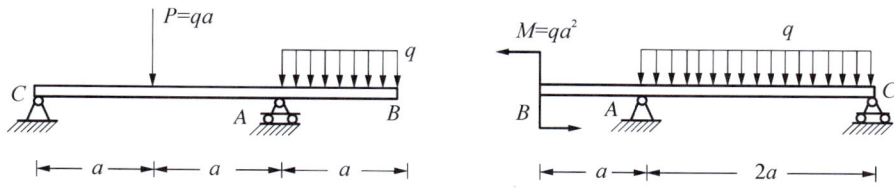

题 8 - 16 图

题 8 - 17　　两端由轴承支撑的圆截面轴受力如题 8 - 17 图所示,若轴承处的许用转角 $[\theta]=0.05$ rad,材料的弹性模量 $E=200$ GPa,试根据刚度要求确定轴的直径 d。

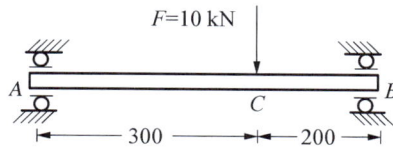

(单位: mm)

题 8 - 17 图

第 9 章 压 杆 稳 定

我们发现在工程实践中,对于有些受压的杆件(二力直杆)还未到达强度破坏前,就在外力的作用下突然由直线变成微弯形态,从而丧失直线平衡的现象,这在力学中称为压杆失稳。这种失稳会导致含有压杆的结构或机器的损坏,甚至造成重大的人员伤亡和经济损失。

9.1 压杆临界载荷概念

首先介绍压杆稳定的几个概念。如图 9-1(a),一根压杆在外力 F 作用下保持直线平衡。当侧向受到如图 9-1(b)所示微小干扰力,使得该杆产生微弯形态。如果干扰去除,杆件仍能保持图 9-1(c)所示直线平衡,说明压杆原有的直线平衡是稳定的。若干扰去除后,杆件不能恢复到直线平衡而保持图 9-1(d)所示微弯的平衡形态,说明原有的直线平衡是不稳定的。对于一个压杆是否处于稳定的平衡,与其所受到的外力 F 大小有关。

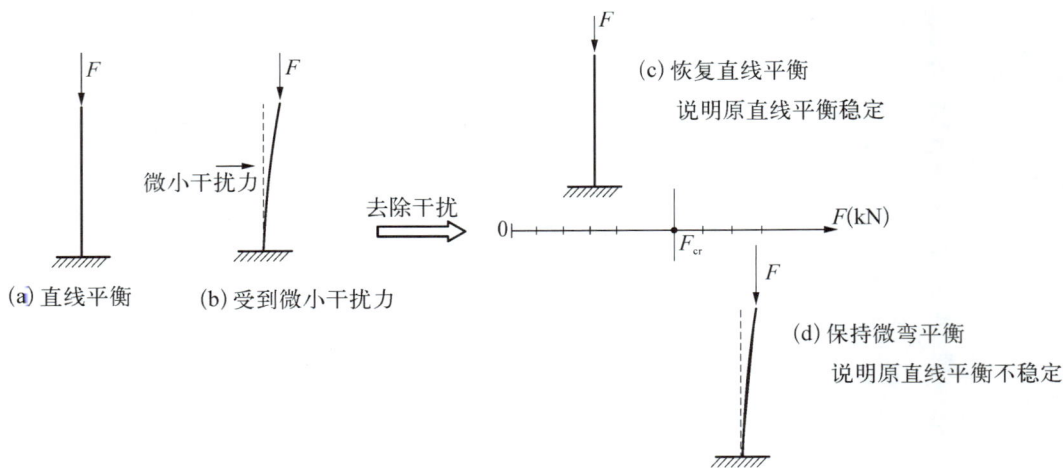

图 9-1 压杆稳定概念

压杆失稳现象的产生与杆件轴向压力 F 大小有关。当轴向压力达到或超过某一数值(临界载荷 F_{cr}),压杆的直线平衡变为不稳定的平衡。因此,压杆临界载荷的研究是压杆稳定问题的关键。可以这样讲,临界载荷 F_{cr} 是保持直线平衡的最大载荷,也是压杆在微弯形态下保持平衡的最小轴向压力。

下面以图 9-2 所示两端铰支(一端固定铰链、一端活动铰链)的细长压杆为例,计算这种约束下压杆的临界载荷。

建立坐标,根据截面法得到任意截面上弯矩的大小。

$$M(x) = -Fy \tag{a}$$

根据弯曲变形计算方法得到压杆微弯后挠曲线微分方程为

$$EI \frac{\mathrm{d}^2 y}{\mathrm{d}x^2} = M(x) \tag{b}$$

式中,EI 是压杆的抗弯刚度。将式(a)代入式(b),并令

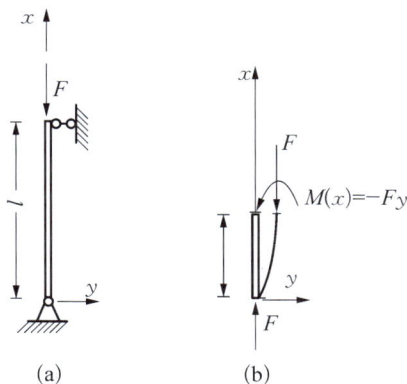

图 9‑2　两端铰支压杆稳定临界载荷

$$k^2 = \frac{F}{EI} \tag{c}$$

$$\frac{\mathrm{d}^2 y}{\mathrm{d}x^2} + k^2 y = 0 \tag{d}$$

式(d)通解为

$$y = a\sin kx + b\cos kx \tag{e}$$

式中,a,b 是积分常数。根据杆下端的边界条件,$x = 0$ 时,$y = 0$ 代入式(e)可得 $b = 0$。再由杆上端的边界条件,$x = l$ 时,$y = 0$,即 $a\sin kl = 0$。由此式解得

$$a = 0 \text{ 或 } \sin kl = 0 \tag{f}$$

如果取 $a = 0$,则由式(e)得到挠曲线方程 $y = 0$,说明杆仍保持直线平衡形式,这与微弯状态保持平衡不符。因此取 $\sin kl = 0$,即要求

$$kl = n\pi \ (n = 0, 1, 2, 3, \cdots)$$

或

$$k = \frac{n\pi}{l} \tag{g}$$

将式(g)代入式(c),得

$$F = \frac{n^2 \pi^2 EI}{l^2} \ (n = 0, 1, 2, 3, \cdots) \tag{9-1}$$

因为 $n = 0$ 时 $F = 0$,表示压杆不受力,舍去此条件。临界载荷是压杆在微弯形态下保持平衡的最小轴向压力,所以将 $n = 1$ 代入,得到两端铰支细长压杆的临界载荷

$$F_{\mathrm{cr}} = \frac{\pi^2 EI}{l^2} \tag{9-2}$$

上式又称欧拉公式，F_{cr} 称为欧拉临界载荷。

从以上推导过程可以看出，压杆两端约束不同，将会影响到积分常数的确定，因此不同约束的细长压杆会有不同的临界载荷。对于其他约束形式的细长压杆通过计算推导，得到常见的不同约束条件下细长压杆的临界载荷公式。它们可以统一写成

$$F_{cr} = \frac{\pi^2 EI}{(\mu l)^2} \tag{9-3}$$

式中，μ 称为长度因数，受杆端约束方式对临界载荷的影响。图 9-3 所示为几种常见的约束方式的长度因数。μl 称为相当长度，即压杆微弯曲轴拐点间的距离相当于两端铰支的压杆长度。

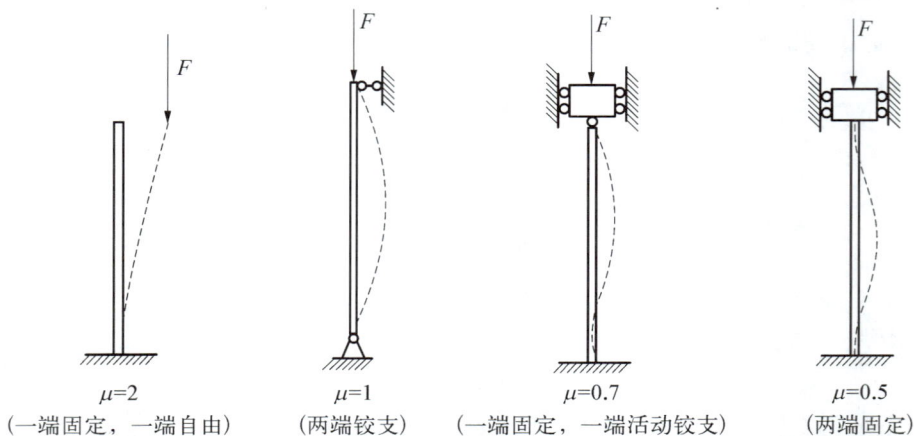

$\mu=2$	$\mu=1$	$\mu=0.7$	$\mu=0.5$
（一端固定，一端自由）	（两端铰支）	（一端固定，一端活动铰支）	（两端固定）

图 9-3　不同约束下压杆的长度因数

另外，临界载荷与截面对形心的惯性矩 I 有关。由于临界载荷是压杆在微弯形态下保持平衡的最小轴向压力，所以截面应取最小惯性矩 I_{min}。

所以细长压杆的临界载荷公式也可以写成

$$F_{cr} = \frac{\pi^2 EI_{min}}{(\mu l)^2} \tag{9-4}$$

例 9-1　图 9-4 所示为长度 $l = 0.5$ m 的细长压杆，材料的弹性模量 $E = 200$ MPa，试计算图 9-4(a)、(b)两种截面的压杆临界载荷的大小。

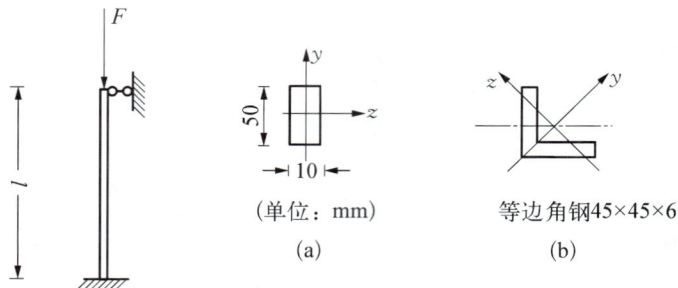

（单位：mm）

(a)　　　　　等边角钢45×45×6

(b)

图 9-4　例 9-1 图

解：根据压杆两端的约束，确定长度因数 $\mu = 0.7$。

（1）由于杆截面是矩形，压杆产生微弯是具有方向性的。由于 $I_y < I_z$，横截面以 y 为中性轴发生弯曲时截面的惯性矩最小，即

$$I_y = \frac{50 \times 10^3}{12} \times 10^{-12} = 4.17 \times 10^{-9} \ \text{m}^4$$

$$F_{cr} = \frac{\pi^2 E I_{min}}{(\mu l)^2} = \frac{3.14^2 \times 200 \times 10^6 \times 4.17 \times 10^{-6}}{(0.7 \times 0.5)^2} = 67.1 \ \text{kN}$$

由上可知，杆件以小的惯性矩所对应的形心轴为中性轴发生微弯。

（2）查附录型钢表等边角钢 $45 \times 45 \times 6$，得到 $I_y = 14.76 \ \text{cm}^4$，$I_z = 3.89 \ \text{cm}^4$。由 $I_y > I_z$ 可知 $I_{min} = I_z = 3.89 \ \text{cm}^4$，故

$$F_{cr} = \frac{3.14^2 \times 200 \times 10^6 \times 3.89 \times 10^{-8}}{(0.7 \times 0.5)^2} = 62.62 \times 10^3 \ \text{N} = 62.62 \ \text{kN}$$

9.2　临界应力与临界应力总图

前面讲了细长压杆临界载荷的计算公式，那么什么样的杆件属于细长压杆呢？首先引入临界应力 σ_{cr} 的概念。

$$\sigma_{cr} = \frac{F_{cr}}{A} = \frac{\pi^2 E}{(\mu l)^2} \cdot \frac{I}{A} = \frac{\pi^2 E}{\left(\dfrac{\mu l}{i}\right)^2}$$

令

$$i = \sqrt{\frac{I}{A}} \tag{9-5}$$

$$\lambda = \frac{\mu l}{i} \tag{9-6}$$

式中，i 称为压杆横截面对形心轴的惯性半径。λ 称为压杆的长细比或柔度。则细长压杆的临界应力 σ_{cr} 可以表示为

$$\sigma_{cr} = \frac{\pi^2 E}{\lambda^2} \tag{9-7}$$

欧拉公式是根据挠曲线微分方程推导出来，即 $\sigma \leqslant \sigma_p$，因此只适用于不超过比例极限的弹性变形范围。因此有

$$\sigma_{cr} = \frac{\pi^2 E}{\lambda^2} \leqslant \sigma_p$$

或

$$\lambda \geqslant \sqrt{\frac{\pi^2 E}{\sigma_p}}$$

令

$$\lambda_p = \sqrt{\frac{\pi^2 E}{\sigma_p}} \qquad (9-8)$$

则 $\lambda \geqslant \lambda_p$ 就是欧拉公式使用的柔度范围。将满足欧拉公式的压杆（$\lambda \geqslant \lambda_p$ 或 $\sigma \leqslant \sigma_p$）称为大柔度杆，或称为细长压杆。

工程中除了细长压杆外，还有一些压杆的应力已超过材料比例极限，不能用欧拉公式计算其临界应力，但其应力还未达到屈服极限，故仍存在稳定性问题。工程中采用直线经验公式或抛物线经验公式计算临界应力，这里只介绍直线经验公式。

如果 $\lambda < \lambda_p$ 或（$\sigma_p < \sigma < \sigma_s$），压杆的临界应力与其柔度表示为直线关系

$$\sigma_{cr} = a - b\lambda \qquad (9-9)$$

式中，a 和 b 是与材料有关的常数，在表 9-1 中列入了几种常见材料的 a 和 b 值。

但也不是所有 $\lambda < \lambda_p$ 的压杆都可以用式（9-9）来计算临界应力的。压杆的柔度越小，它抵御失稳的能力越大。当柔度小于某一数值时，压杆的破坏不是因为失稳所引起的，而主要因为应力达到其危险应力（屈服极限或强度极限）所引起的。因此，这只是强度问题而并非压杆稳定问题。对这类压杆，临界应力即为它的屈服极限或强度极限。这样，使用直线经验公式还有最小柔度限制

$$\sigma_{cr} = a - b\lambda_0 = \sigma_s$$

$$\lambda_0 = \frac{a - \sigma_s}{b} \qquad (9-10)$$

通常把柔度 λ 介于 $\lambda_0 \leqslant \lambda \leqslant \lambda_p$ 之间的压杆称为中柔度杆。中柔度杆的临界应力用直线经验公式（9-9）计算。

当 $\lambda < \lambda_0$（或 $\sigma > \sigma_s$），此时压杆的破坏是因为强度引起。此类杆件称为小柔度杆，不考虑其压杆稳定问题。

表 9-1   常见几种材料直线经验公式的系数 a 和 b

材　　　料	E /GPa	a /MPa	b /MPa	λ_p（参考值）	λ_0（参考值）
Q235 钢	196～216	304	1.12	100	61.4
优质碳素钢	186～206	461	2.58	100	60.3
灰铸铁	78.5～157	332.2	1.45		

压杆的临界应力 σ_{cr} 随柔度 λ 的变化关系可用图 9-5 所示压杆临界应力总图来表示。

从临界应力总图可以看出,柔度 λ 越大压杆越容易失稳。临界应力越大,压杆越不容易失稳。压杆的临界应力 σ_{cr} 与压杆截面面积之积即为压杆的临界载荷 F_{cr},即

$$F_{cr} = \sigma_{cr} \cdot A \qquad (9-11)$$

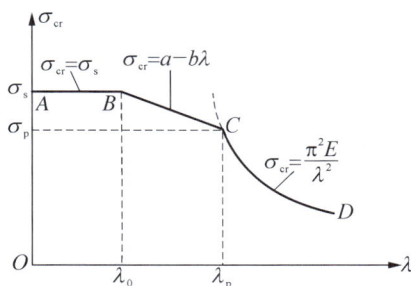

图 9-5 压杆临界应力总图

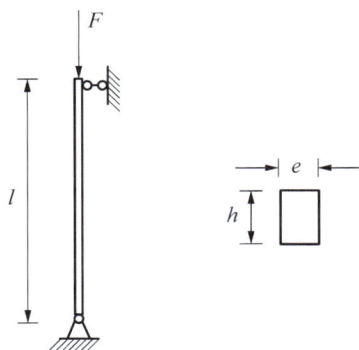

图 9-6 例 9-2 图

例 9-2 已知图 9-6 所示压杆材料为 Q235 钢,材料的弹性模量 $E = 200$ GPa,$a = 304$ MPa,$b = 1.12$ MPa,杆长为 $l = 300$ mm,矩形截面 $e = 12$ mm,$h = 20$ mm。试求压杆的临界压力的大小。

解:计算压杆的柔度,由此判断属于哪种类型的柔度杆,以选择临界应力的计算公式。首先求横截面最小惯性半径:

$$I_{min} = \frac{he^3}{12}$$

$$i_{min} = \sqrt{\frac{I_{min}}{A}} = \sqrt{\frac{he^3}{12eh}} = \frac{e}{2\sqrt{3}} = 3.46 (\text{mm})$$

由压杆的约束知长度因数 $\mu = 1$ 得

$$\lambda = \frac{\mu l}{i} = \frac{1 \times 300}{3.46} = 86.7$$

查表知 Q235 钢为 $\lambda_0 = 61.6$,$\lambda_p = 100$。

可见压杆的柔度 $\lambda = 86.7$ 介于 λ_0 和 λ_p 之间,属于中柔度杆,其临界应力为

$$\sigma_{cr} = a - b\lambda = 304 - 1.12 \times 86.7 = 207 (\text{MPa})$$

$$F_{cr} = \sigma_{cr} \cdot A = 207 \times 10^6 \times 12 \times 20 \times 10^{-6} = 49.7 \times 10^3 (\text{N})$$

9.3 压杆稳定校核:安全系数法

在工程中,为了保证压杆的稳定性要求压杆的轴向压力 F 必须小于压杆临界载荷 F_{cr},

且有一定的安全余量,即 F 应满足

$$F \leqslant \frac{F_{\text{cr}}}{n_{\text{st}}} \tag{9-12}$$

将上式两边同时除以截面面积 A,得到

$$\sigma \leqslant \frac{\sigma_{\text{cr}}}{n_{\text{st}}} \tag{9-13}$$

其中, $n_{\text{st}}(n_{\text{st}} > 1)$ 为压杆稳定安全系数,由经验及实践得到。σ 为压力 F 在横截面上产生的应力,也称为工作应力。

由于压杆失稳大都具有突发性,危害较大,一般而言压杆稳定安全系数大于强度安全系数,对于金属结构压杆,$n_{\text{st}} = 1.8 \sim 3$。

若 $n_{\text{g}} = \dfrac{F_{\text{cr}}}{F}$ 为工作安全系数,压杆稳定的条件也可以表示为

$$n_{\text{g}} \geqslant n_{\text{st}} \tag{9-14}$$

例 9-3　有长度为 $l = 50 \text{ cm}$、直径 $d = 52 \text{ mm}$ 的压杆,一端固定,在另一端自由处受沿杆件轴线上的压力 $F = 300 \text{ kN}$, $\lambda_{\text{p}} = 100$, $\lambda_0 = 62$, $a = 304 \text{ MPa}$, $b = 1.12 \text{ MPa}$。压杆稳定安全系数 $n_{\text{st}} = 2$,校核压杆的稳定性。

解:(1)先计算压杆的柔度。

杆件的惯性半径为

$$i = \sqrt{\frac{I}{A}} = \sqrt{\frac{\pi d^4}{64} \times \frac{4}{\pi d^2}} = \frac{d}{4} = 13 (\text{mm})$$

根据约束知:$\mu = 2$

计算柔度得

$$\lambda = \frac{\mu l}{i} = \frac{2 \times 500}{13} = 77$$

(2)判断柔度类型,计算压杆临界载荷。由于杆柔度 $\lambda = 77$,介于 λ_0 和 λ_{p} 之间,属于中柔度杆,其临界力为

$$F_{\text{cr}} = (a - b\lambda)A = (304 - 1.12 \times 77) \times 10^6 \times \frac{\pi \times 0.052^2}{4} = 462 \times 10^3 (\text{N})$$

压杆稳定判别式为

$$n_{\text{g}} = \frac{F_{\text{cr}}}{F} = \frac{462 \text{ kN}}{300 \text{ kN}} = 1.54 < n_{\text{st}}$$

故压杆不稳定,不安全。

习　题　9

题 9 - 1　题 9 - 1 图所示的 4 根压杆的材料及截面大小均相同,试判断哪一根最容易失稳? 哪一根最不容易失稳?

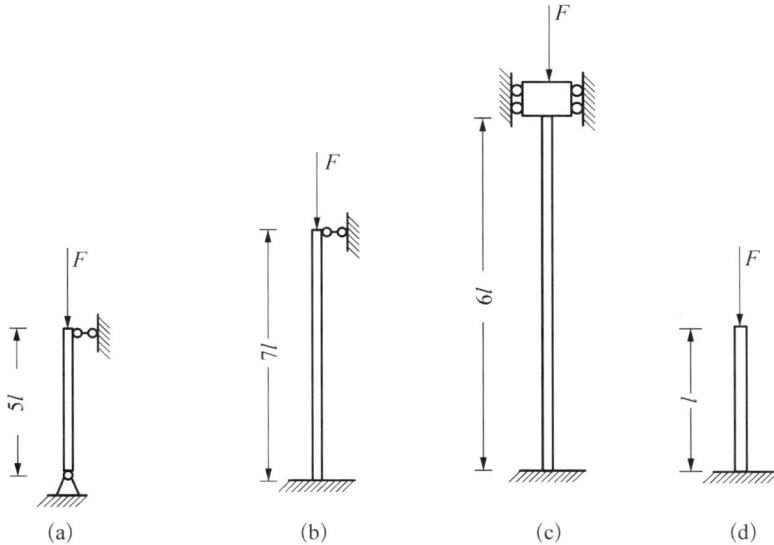

题 9 - 1 图

题 9 - 2　两端铰支的 3 根圆截面压杆,直径均为 160 mm,各杆长度分别为 $l_1 = 5$ m, $l_2 = 2.5$ m, $l_3 = 1.25$ m,试求各杆的临界载荷大小。已知材料为 Q235 钢,$E = 200$ GPa, $\sigma_s = 240$ MPa, $\sigma_p = 200$ MPa, $a = 304$ MPa, $b = 1.12$ MPa。

题 9 - 3　题 9 - 3 图所示压杆的截面有 4 种形式,但其横截面积均为 $A = 3.2 \times 10^3$ mm², 压杆材料均为 Q235 钢,试计算这 4 种压杆的临界载荷。

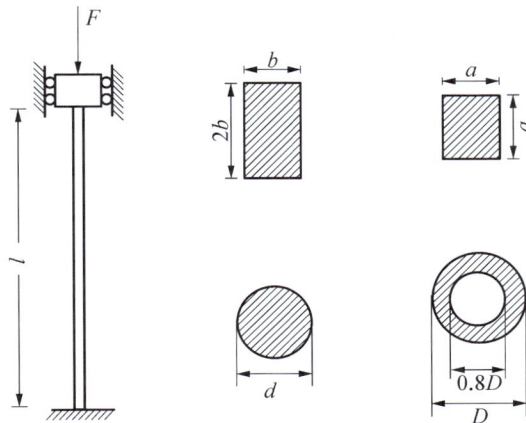

题 9 - 3 图

第三篇

HANG HAI LI XUE　　　HANG HAI LI XUE

流 体 力 学

第 10 章 流体静力学基础

10.1 流体力学的基本任务

流体包括气体和液体。流体作为一种基本的物质形态,遵循自然界物质运动普遍规律。流体力学就是研究其规律,它是研究流体的宏观平衡和流体的宏观机械运动规律及其在工程实践中应用的一门科学。

流体处于平衡状态时,研究作用在流体上的力之间关系的基础理论称为流体静力学;流体处于流动状态时,作用在流体上的力和流动之间关系的理论,称为流体动力学;流体动力学部分主要研究流体的质量守恒、动量守恒和能量守恒及转换等基本规律。流体力学研究方法采用理论分析、科学实验和数值模拟。

流体力学是一门基础性很强和应用性很广的学科,其研究知识涉及航空、航天、大气、海洋、航运、水利和各种管路系统等方面,航海技术以及船舶工业等更是离不开流体力学。例如船舶安全行驶首先要知道船舶与周围水流的相对运动以及相互作用的关系,还有船舶的"浮性"问题等。

10.2 流体的基本特性和基本假设

连续介质假设对大多数流体适用。在连续介质假设下,可以引用连续函数的解析方法来研究流体平衡和运动规律。首先介绍流体的基本特征。

1) 流体的基本特征

流体的基本特征:易流动性和易变形。

流体与固体相比,分子排列松散,分子间的内聚力较小。运动较强烈时,只能抗压,不能抗拉和抗剪,即承受任何微小剪切力都会发生流动,具有易流动性。由于流体没有抵抗变形的能力,在极小外力作用包括自身重力的作用,就会发生变形,因此流体没有固定形状,其随容器形状而变。

气体不能承受拉力,静止时不能承受剪切力,具有明显的压缩性。

2) 流体的基本假设

(1) 流体质点。流体质点可视为几何尺寸非常小的一个点,但该点内含足够多的流体分子,具有密度、压强、流速等宏观物理量。即流体质点是不考虑其在空间所占尺度仅考虑质量的一个点。

（2）连续性。流体是由连续分布的流体质点所组成，即认为流体所占据的空间完全由没有任何空隙的流体质点所充满，即为流体的连续性假设。因此，表征流体属性的压强、速度、密度等物理量可以表述成空间和时间变量的函数，流体质点在时间过程中作连续运动。

为了更好地研究静止以及运动状态下流体受力的情况分析，还要认识流体的主要物理性质。

10.3   流体的主要物理性质

流体的主要物理性质包括密度、重度、压缩性、膨胀性、黏性、表面张力等，它们是决定流体平衡和运动规律的内因。

10.3.1   密度

对于均质流体，单位体积内所具有的质量称为流体密度，以 ρ 表示，单位为 kg/m^3。

$$\rho = \frac{m}{V} \tag{10-1}$$

式中：ρ——流体的密度；
$\quad V$——流体的体积；
$\quad m$——流体的质量。
当密度 ρ 为常数的流体称为不可压均质流体。

10.3.2   容重

对于均质流体，单位体积流体的重量称为流体的容重（又称重度），用 γ 来表示，单位为 N/m^3。

$$\gamma = \frac{G}{V} \tag{10-2}$$

式中：γ——流体的容重；
$\quad V$——流体的体积；
$\quad G$——流体的重量。
由于 $G = mg$，将上式两边同除以体积 V，得到流体的密度与容重间的关系

$$\frac{G}{V} = \frac{m}{V}g$$

化简得

$$\gamma = \rho g \tag{10-3}$$

式中，g 为重力加速度，取 $g = 9.8 \text{ m/s}^2$。

式(10-3)表明：流体的容重 γ 等于流体的密度 ρ 与重力加速度 g 的乘积。

不同流体其容重和密度是不相同的。即使同种流体也会因温度、压力的变化，引起体积改变，使得流体的容重和密度也会随温度、压力的改变而变化。表 10-1 列出了标准大气压下水的密度和容重随温度的变化值。

表 10-1　标准大气压下水的密度和容重

$t/\text{℃}$	0	4	10	20	40	60	80	100
$\rho/(\text{kg/m}^3)$	999.87	1 000.00	999.75	998.26	992.35	983.38	971.94	958.65
$\gamma/(\text{N/m}^3)$	9 798.73	9 800.00	9 797.54	9 782.95	9 725.03	9 637.12	9 525.01	9 394.77

10.3.3　压缩性和膨胀性

1）压缩性

当流体温度不变，作用在流体上的压强增加时，流体的体积缩小、密度增加的性质称为流体的压缩性。

流体压缩性的大小用体积压缩系数 β_p 表征。它指在温度不变的时候，压强增加一个单位所引起的流体体积相对缩小量，即

$$\beta_p = -\frac{\dfrac{\text{d}V}{V}}{\text{d}p} = -\frac{\text{d}V}{\text{d}p} \cdot \frac{1}{V} \tag{10-4}$$

由于体积增大压强减少，$\text{d}p$ 与 $\text{d}V$ 始终反号，为保持体积压缩系数 β_p 为正数，所以在式(10-4)中加一负号。体积压缩系数 β_p 单位为 m^2/N，国际单位为 $1/\text{Pa}$。

流体体积压缩系数 β_p 的倒数就是流体的体积弹性模量 E，它指流体的单位体积相对变化量所需的压强增量，即

$$E = \frac{1}{\beta_p} \tag{10-5}$$

任何流体都是可压缩的，只是可压缩程度有所不同而已。当流体的压缩性对所研究的流动影响不大时，忽略其压缩性，这样的流体称为不可压缩流体。液体的压缩性都很小，随着压强和温度的变化，液体的密度仅有微小的变化，在大多数情况下，可以忽略液体的压缩性影响。例如水在环境压力 $5 \times 10^5 \text{ Pa}$ 下，压力每增加 1 Pa，水体积相对压缩 0.529×10^{-9}，因此水的压缩性很小。通常认为液体不可压缩，气体可压缩。但对于某些情况，压缩性的影响应依具体问题、具体条件而定。如：分析声波在液体传播时必须考虑液体的压缩性，对于低速气流可以不考虑气体的压缩性，高速情况下必须考虑气体压缩的影响。

2）流体膨胀性

压强不变时，流体体积随温度增高而增大的特性称为流体的膨胀性。流体膨胀程度由

体积膨胀系数 β_t 表征。β_t 是压强不变时,温度增加一个单位所引起的流体体积的相对增大量。即

$$\beta_t = \frac{\dfrac{\mathrm{d}V}{V}}{\mathrm{d}t} \tag{10-6}$$

体积膨胀系数 β_t 国际单位:1/K;工程单位:1/℃。

水在环境压力 1×10^5 Pa,环境温度 0~10℃ 条件下,温度每增加 1℃,水体积相对膨胀 1.4×10^{-5}。因此,水的膨胀性很小。在实际计算中,一般不考虑液体的膨胀性,气体易于膨胀则需要考虑。

10.3.4   流体的黏性

流体流动时,由于液体分子间的内聚力,不同速度层的流体之间有相对滑动,必然在层与层之间产生内摩擦力。内摩擦力是流体的内力,这种内力总是等值、反向、成对地出现在相邻的两流体层上,有相互影响、牵制的作用。所有流体在有相对运动时都要产生内摩擦力,这是流体的一种固有物理属性,它反映流体具有抵抗变形的特性即为黏性。流体内摩擦力的计算——牛顿内摩擦定律。

牛顿平板实验:如图 10-1 所示,D,B 为长宽都是足够大的平板,互相平行,设 D 板以速度 u_0 运动,B 板不动。由于黏性流体黏附于它所接触的固体表面上(流体的边界无滑移假定),所以在流体接触板表面上的速度:$u_D = u_0$,$u_B = 0$。

两板间的流体作平行于平板的运动,其速度大小由下板的零逐渐过渡到上板的 u_0。这

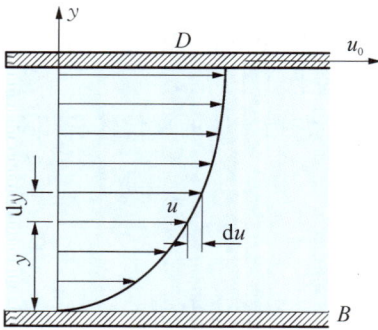

样,速度较大的上层流体将带动速度较小的下层流体向右运动,而下层流体将阻滞上层流体的运动,流层之间便产生大小相等、方向相反的切向阻力,也称摩擦阻力或黏滞力,以 F 表示。各层流体由于质点间的内摩擦力作用,其速度沿 y 方向的变化规律如图 10-1 所示。

实验证明,内摩擦力 F 与接触面积 A、相对速度差 $\mathrm{d}u$ 成正比,而与垂直距离 $\mathrm{d}y$ 成反比,即

$$F \propto A \frac{\mathrm{d}u}{\mathrm{d}y}$$

图 10-1   平行平板实验

同时,内摩擦力 F 与流体的性质有关,即与流体的动力黏性系数 μ 有关。

因此流体内摩擦阻力 F 的大小为

$$F = \mu A \frac{\mathrm{d}u}{\mathrm{d}y} \tag{10-7}$$

由于 $F = \tau A$,因此黏滞切应力为

$$\tau = \mu \frac{\mathrm{d}u}{\mathrm{d}y} \tag{10-8}$$

以上两式(10-7)、(10-8)称为牛顿内摩擦定律或黏性定律。该定律表明：流体相对运动时，流体层间内摩擦力 F 的大小与接触面积、速度梯度成正比，与流体性质、温度有关，而与接触面上的压强无关。

公式适用条件：牛顿流体(动力黏性系数 μ 不随变形率改变的流体)做层流运动。

式中：F——内摩擦力，单位：N；

　　　τ——单位面积上的内摩擦力或切应力，单位：MPa；

　　　A——流体层的接触面积，单位：m^2；

　　　μ——动力黏性系数。表征流体黏性大小的比例系数，或称动力黏度，简称黏度。与流体性质有关。单位：$N \cdot s/m^2$，$Pa \cdot s$ 或 P(泊)，$1 P = 0.1 N \cdot s/m^2$。通常用实验方法确定。

在流体力学中，还常常以运动黏性系数 ν 体现流体的黏性。

$$\nu = \frac{\mu}{\rho} \tag{10-9}$$

式中，ν 为运动黏性系数，单位为 m^2/s。

需要说明，温度对流体的黏性影响很大，但是对液体和气体的影响变化不同。液体的黏度 μ 随温度升高而减小，气体的黏度却随温度升高而增大。原因在于液体的内摩擦力取决于分子间的内聚力。温度升高，液体内部分子间的距离增大，内聚力变小，黏性降低。而对气体的内摩擦力是由相邻流层分子动量交换决定。温度升高，气体分子的运动加快，相邻流层分子动量交换增加，黏性增强。

实际流体都具有黏性。当黏性力对流动影响很小时，忽略黏性的流体称为理想流体。在研究流体力学时，引入理想流体具有重要意义：

(1) 对于黏性不大的实际流体视为理想流体，简化分析与计算。

(2) 实际黏性流体问题的分析和解决都是基于理想流体的研究结果导出的。

在某些流体力学问题中，黏性不发挥作用，如：均匀流动、流体处于静止状态的情况。不同温度下水和空气的运动黏性系数值可查阅表 10-2 和表 10-3。

表 10-2　水在常压下不同温度的运动黏性系数 ν 值

温度/℃	运动黏性系数/(cm^2/s)	温度/℃	运动黏性系数/(cm^2/s)	温度/℃	运动黏性系数/(cm^2/s)	温度/℃	运动黏性系数/(cm^2/s)
0	0.017 9	7	0.014 3	14	0.011 8	40	0.006 6
1	0.017 3	8	0.013 9	15	0.011 5	50	0.005 5
2	0.016 7	9	0.013 5	16	0.011 2	60	0.004 8
3	0.016 2	10	0.013 1	17	0.010 9	70	0.004 2
4	0.015 7	11	0.012 7	18	0.010 6	80	0.003 7
5	0.015 2	12	0.012 4	19	0.010 1	90	0.003 3
6	0.014 7	13	0.012 1	20	0.008 1	100	0.003 0

表 10－3　空气在标准大气压下、不同温度的运动黏性系数 ν 值

温度/℃	运动黏性系数/(cm²/s)	温度/℃	运动黏性系数/(cm²/s)	温度/℃	运动黏性系数/(cm²/s)
0	0.137 0	40	0.176 0	80	0.217 0
10	0.147 0	50	0.186 0	90	0.229 0
20	0.157 0	60	0.196 0	100	0.237 8
30	0.166 0	70	0.204 5	120	0.262 0

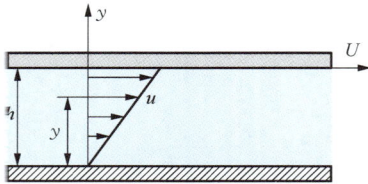

图 10－2　线性速度梯度分布

特殊地,当 h 和 U 不大时,速度 u 沿其法线方向可看成呈线性分布(见图 10－2),即

$$\frac{\mathrm{d}u}{\mathrm{d}y} = \frac{U}{h}$$

流体内摩擦阻力 F 的大小为

$$F = \mu A \frac{U}{h} \qquad (10-10)$$

我们把符合牛顿内摩擦定律的流体称为牛顿流体。如水、酒精、汽油。一般气体等分子结构简单的流体都是牛顿流体。把不符合牛顿内摩擦定律的流体称非牛顿流体。如泥浆、有机胶体、油漆、高分子溶液、甘油、蜂蜜等。

静止流体不能承受切应力,只有流体运动时才有微小的抗切能力。而流体具有一定的抗压能力,这种抗压能力大小与该流体是液体还是气体而有所不同。

例 10－1　如图 10－3 所示,轴置于轴套中以 $P = 90$ N 的力将轴向右推移,轴移动的速度为 $V = 0.122$ m/s,轴的直径为 $D = 75$ mm,长度 $L = 200$ mm,轴与轴套间的径向间隙 $e = 0.075$ mm。求轴与轴套间流体的动力黏性系数 μ。

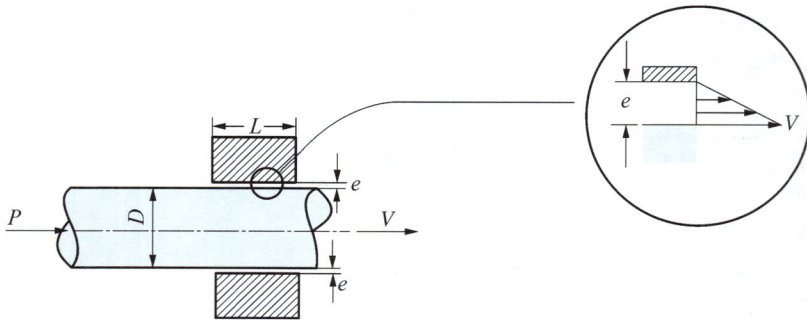

图 10－3　轴与轴套

解:因轴与轴套间的径向间隙 $e = 0.075$ mm 很小,故设间隙内流体的速度为线性分布,列成下式:

$$F = \mu A \frac{V}{h}$$

其中，$F = P = 90$ N，$A = \pi D L$，$h = e$。

则 $\mu = \dfrac{Pe}{VA} = \dfrac{90 \times 0.000\,075}{0.122 \times 3.14 \times 0.075 \times 0.2} = 1.174(\text{Pa} \cdot \text{s})$。

10.4　液体的表面张力

液体具有内聚性和吸附性，这都是分子引力的表现。内聚性是液体能够抵抗拉伸的表现，而吸附性使液体黏附在其他物体表面上。

内聚力：液体分子间存在的相互吸引力。

附着力：液体分子和固体分子间存在的相互吸引力。

在液体与气体分界处（或两种流体不能掺混的界面处），由于液体分子的内聚力显著的大，因此在液体表面的分子有向液体内部收缩的倾向，使得自由表面有一拉紧作用的力产生，液体的这一属性称为表面张力。由于表面张力作用，在一个表面之内，人们通过测量单位长度表面上的拉力来比较这种力。表面张力值随温度升高而有所减少，因而它的值是在一个范围内。例如水的表面张力在 0.058 6 N/m 与 0.075 6 N/m 之间。可见，表面张力是由于内聚力的不同而导致（分子受力不平衡），出现在液、气接触自由表面，其方向与液面相切。我们可以看到很多表面张力的现象及其运用。比如，露水总是尽可能地呈球形，而某些昆虫则利用表面张力可以漂浮在水面上。

当液体和固体管壁之间的附着力大于液体本身内聚力时，会产生毛细管现象。毛细管现象是流体通过细管或多孔介质表现出来的受力属性。这个力来源于内聚与黏附两种现象。将毛细管插入液体内，当附着力大于内聚力时，液体能润湿管壁，它会浸占这个接触表面并在接触处上升，则管壁处液体升高（如与壁接触的水沿杯壁向上浸润），整个液面呈凹形，如图 10 - 4(a)所示；如果附着力小于内聚力，如水银内聚力大于管壁对其的黏附作用，如图 10 - 4(b)所示，则管壁处液面向下，水银整个液面呈凸形。

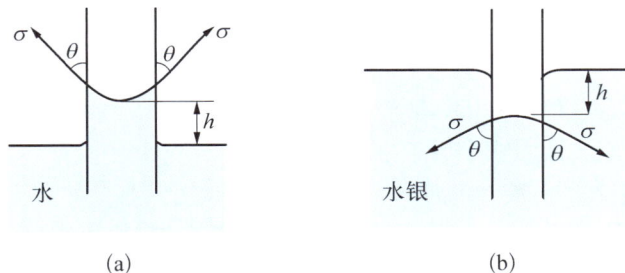

(a)　　　　　　　　　　　　　(b)

图 10 - 4　内聚力与附着力

管壁圆轴上总表面张力（单位长度的力）在垂直方向上的分力为 $\pi D \sigma \cos\theta$，上升液柱重 $\dfrac{\pi D^2}{4} h \gamma$。根据表面张力的合力与毛细管中上升（或下降）液柱所受的重力相等，得到

$$\pi D \sigma \cos \theta = \frac{\pi D^2}{4} h \gamma$$

得到毛细管内液柱上升高度为

$$h = \frac{4\sigma \cos \theta}{D \gamma} \qquad (10-11)$$

其中, h 为毛细升高量。θ 为液面与壁面的接触角, 称浸湿角。如果是清洁管, 水的 $\theta = 0°$, 水银的 $\theta = 40°$。γ 为液体的重度; D 为毛细管的内径。σ 为表面张力系数, 等于液体表面相邻两部分间单位长度的相互牵引力, 即单位长度上的表面张力。表面张力系数与液体性质有关, 与液面大小无关。

　　液体在垂直的细管中液面呈凹或凸状, 以及多孔材质物体能吸收液体皆为此现象所致。在多数工程问题中, 同其他作用力相比, 表面张力很小, 可以忽略不计。但如果涉及流体计量、物理化学变化、液滴和气泡的形成等问题, 则必须考虑表面张力的作用。

　　一般工程情况下, 毛细效应作用的影响可以忽略不考虑。但有些情况下必须要考虑, 例如设计喷墨打印机时, 人们就十分关心这个问题。

　　例 10-2　10℃的水(表面张力 $\sigma = 0.074\ 1$ N/m, $\gamma = 9\ 804$ N/m³) 盛在直径为 2 mm 的清洁玻璃管中, 高度为 35 mm, 其真实的静液高度 h' 是多大?

　　解: 对于清洁的管壁, $\theta = 0°$

　　液面凹陷高度为

$$h = \frac{4\sigma \cos \theta}{\gamma \cdot D} = \frac{4 \times 0.074\ 1\ \text{N/m} \times \cos 0°}{9\ 804\ \text{N/m}^3 \times 0.002\ \text{m}} = 0.015\ 14\ \text{m} = 15.14\ \text{mm}$$

真实的静压高度

$$h' = 35\ \text{mm} - 15.14\ \text{mm} = 19.86\ \text{mm}$$

习　题　10

　　题 10-1　从力学角度分析一般流体与固体的区别。

　　题 10-2　下面流体中哪个属于牛顿流体?

① 汽油; ② 纸浆; ③ 血液; ④ 沥青

　　题 10-3　流体的动力黏性系数与运动黏性系数有何不同? 它们之间的关系是什么?

　　题 10-4　黏滞切应力与什么有关?

　　题 10-5　液体的黏性主要来自液体的什么? 液体的黏性随温度的升高是如何变化? 已知15℃时水和空气的运动黏性系数分别为: $\nu_{水} = 1.141 \times 10^{-6}\ \text{m}^2/\text{s}$, $\nu_{空气} = 14.55 \times 10^{-6}\ \text{m}^2/\text{s}$, 能否说明空气比水的黏性大?

　　题 10-6　黏性流体($\mu = 3.91 \times 10^{-2}\ \text{Pa} \cdot \text{s}$)沿壁面流动, 距壁面为 y 处的流速是

$u = 3y + y^2 (\text{m/s})$，试求壁面的切应力。

题 10 - 7 两无限大的平板，下板固定，上板以速度 $u = 0.5\ \text{m/s}$ 向右滑移，保持两板的间距 $\delta = 0.2\ \text{mm}$，板间流体的黏性系数 $\mu = 0.01\ \text{Pa·s}$，密度 $\rho = 800\ \text{kg/m}^3$，假设板与板之间沿垂直方向是线性分布的速度。试求：(1) 流体的运动黏性系数；(2) 上下板所受的黏性切应力。

题 10 - 8 旋转圆筒黏度计的内筒的直径 $d = 30\ \text{mm}$，高 $h = 30\ \text{mm}$，外筒与内筒（静止）的间隙 $\delta = 0.2\ \text{cm}$，间隙中充满被测的流体，外筒以角速度 $\omega = 15\ \text{rad/s}$ 绕中心轴匀速旋转，测出作用在静止内筒上的力矩为 $M = 8.5\ \text{N·m}$，忽略筒底部的阻力，求被测流体的黏度 μ。

题 10 - 9 一底面积为 $40\ \text{cm} \times 45\ \text{cm}$ 的木块，高为 $1\ \text{cm}$，质量为 $5\ \text{kg}$，沿涂有润滑油的斜面以 $V = 1\ \text{m/s}$ 的速度匀速下滑。油层厚度 $\delta = 1\ \text{mm}$，求油的黏性系数。

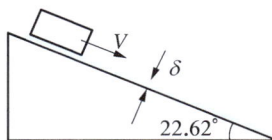

题 10 - 9 图

第 11 章　流 体 静 力 学

流体静力学主要研究流体在外力作用下处于平衡状态的规律及其在工程实际中的应用。流体静力学研究内容包括：流体静压及其分布规律，静止流体表面受力及其对固体作用力大小及作用位置的计算。

11.1　作用在流体上的力

作用在流体上的力按照作用特点分为两大类：质量力和表面力，它们是决定流体宏观表象（流体的平衡和运动）的外因。

11.1.1　质量力

作用在流体每一质点上，并与所作用的流体质量成正比的力，统称质量力。常见的质量力有

（1）重力：$G = mg$。

（2）惯性力：直线惯性力 $F = ma$；

离心惯性力 $F = mr\omega^2$。

在流体力学中，常用单位质量力来衡量质量力的大小。f_x、f_y、f_z 分别代表单位质量力在直角坐标轴 x、y、z 方向的分量，则

$$f_x = \frac{G_x}{m}, \ f_y = \frac{G_y}{m}, \ f_z = \frac{G_z}{m}$$

单位质量力与加速度的单位相同，均为 m/s^2。

当流体相对平衡时，仅存在质量力；当流体流层之间存在相对运动时，还存在切应力，在这种情况下要考虑摩擦力。

11.1.2　作用在流体表面上的力

表面力是作用在液体的表面上并与液体的表面积成正比。表面力分为切向力和法向力。表面切向力即为摩擦力，通常用切应力 τ 或摩擦应力表示。表面法向力又可用压强 p 表示。静止流体中没有切应力，只有法线方向的压力。

11.2　流体静压强及其特性

11.2.1　流体静压强

在流体内部或流体与固体壁面之间所存在的单位面积上的法向作用力称为流体的压强。当流体处于静止状态时,流体的压强称为流体静压强。用符号 p 表示,单位为 Pa。

静压强的两个特性:

(1) 流体静压强的方向与作用面相垂直,并指向作用面的内法线方向。

(2) 静止流体中任意一点流体压强的大小与作用面的方向无关,即任一点上各方向的流体静压强都相同。

如图 11-1 所示,一块微小的楔形流体微元,沿各坐标方向的长度分别为 dx,dy 及 dz。压强 p、p_z、p_y 分别作用在斜面、水平面及竖直平面上。微元体的质量为 $\gamma\left(\dfrac{1}{2}dx\,dy\,dz\right)$,由于流体静止,不涉及切向力,则微元在图示的 yOz 平面上的力满足平衡条件:

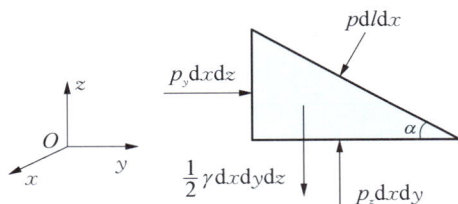

图 11-1　流体微元面上压强

$$\sum F_z = 0 \quad p_z \cdot dx\,dy - p \cdot dl\,dx\cos\alpha - \frac{1}{2}\gamma \cdot dx\,dy\,dz = 0 \qquad (11-1)$$

$$\sum F_y = 0 \quad p_y \cdot dx\,dz - p \cdot dl\,dx\sin\alpha = 0 \qquad (11-2)$$

忽略式(11-1)中的高阶小量 $\gamma\left(\dfrac{1}{2}dx\,dy\,dz\right)$,由于 $dl\cos\alpha = dy$,$dl\sin\alpha = dz$,由式(11-1)和(11-2)分别得到:$p_z = p$,$p_y = p$。此结论说明相应面上的压强与 α 无关,同理可以推出 $p_x = p$。结果表明流体中任何一点在各个方向上的静压强大小相等,即 $p_x = p_y = p_z = p$。

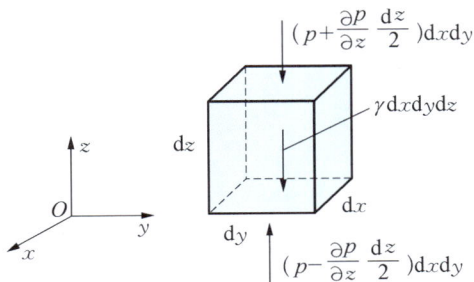

图 11-2　微元平行六面体 z 方向的受力分析

11.2.2　静止流体中压强的变化

在静止流体中任取一微元,各边长分别为 dx,dy 及 dz,如图 11-2 所示,流体微团在 z 方向所受的力包括微元内重力、微元周围的流体传递并作用在微元表面的压力。假设微元中心处的压强为 p,现在来分析作用在这流体微团上 z 方向外力的平衡问题。

z 方向受力:

表面力——$\left(p - \dfrac{1}{2} \dfrac{\partial p}{\partial z} dz\right) dy\, dx$ 和 $\left(p + \dfrac{1}{2} \dfrac{\partial p}{\partial z} dz\right) dy\, dx$

质量力——$\gamma \cdot dx\, dy\, dz$

处于静止状态下的微元平行六面体的流体微团的平衡条件及方程是

$$\sum F_z = 0 \quad \left(p - \dfrac{\partial p}{\partial z} \cdot \dfrac{dz}{2}\right) dx\, dy - \left(p + \dfrac{\partial p}{\partial z} \cdot \dfrac{dz}{2}\right) dx\, dy - \gamma \cdot dx\, dy\, dz = 0$$

$$(11 - 3)$$

整理上式,则得

$$\dfrac{dp}{dz} = -\gamma \tag{11-4}$$

这就是静止流体中任何位置处的压强。

对于不可压流,γ 为常数,上式可以直接积分得

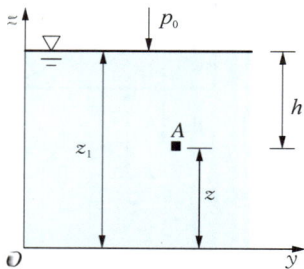

图 11-3　A 点的压强分析

$$z + \dfrac{p}{\gamma} = C \tag{11-5}$$

或采用定积分得

$$\int_{p_0}^{p} dp = -\int_{z_1}^{z} \gamma \cdot dz$$

$$p = p_0 + \gamma(z_1 - z) \tag{11-6}$$

或

$$p = p_0 + \gamma \cdot h \tag{11-7}$$

其中,$h = z_1 - z$,表示该点在自由面之下的深度(见图 11-3)。

式(11-5)表明流体内部压强与位置高度的关系。

式(11-7)表明同一均质流体中任意点的静压强与其在液面下的垂直深度成正比。深度越大,压强越大。

式(11-4)、(11-5)、(11-6)是静压强基本方程与高度的 3 种不同表达式。其实质没有原则上的差别。

一定液体高度可以产生相应的静压强,反之,一定的静压强也表示相应高度液柱产生的作用。当 γ 是常数时,静压强与高度之间满足以下关系:

$$h = \dfrac{p}{\gamma}$$

即单位面积上的力就相当于常值容重为 γ 的液体产生了 h 液柱的高度。实际应用中,用液柱高度表示压强会比单位面积上的压力表示更为方便。

SI 制中通常用水柱高度表示压强,若用流体柱的高度表示压强,通常称为压强水头,简

称压头。一般水的容重 $\gamma = 9\,800\ \text{N/m}^3$，则

$$1h(\text{水柱}) = \frac{1\ \text{kPa}}{9\,800\ \text{N/m}^3} = 0.102\ \text{m} = 102\ \text{mm}$$

因此 1 千帕相当于 102 毫米高的水柱。

由(11-6)式可以推导出

$$\frac{p}{\gamma} + z = \frac{p_1}{\gamma} + z_1 = 常数 \tag{11-8}$$

上式表明：对于静止的不可压流体，流体中任何一点的位置高度 z 和压头 p/γ 之和等于液体中其他点处这两个量之和。同时，此式也表明：静止流体中，高度增加，压头必减少；高度减少则压头必增加。

11.2.3　压强单位

(1) 液柱形式表示的压强单位：米水柱(mH_2O)，毫米汞柱(mmHg)。

(2) 应力形式：单位面积上的法向作用力，与应力的单位相同。

(3) 大气压形式：标准大气压(atm)、工程大气压(at)。

压强的单位(国际单位)：Pa，$1\ \text{Pa} = 1\ \text{N/m}^2$。

换算关系：

$$1\ 工业大气压(at) = 9.8 \times 10^4\ \text{Pa} = 10\ \text{mH}_2\text{O} = 736\ \text{mmHg} = 9.8\ \text{N/cm}^2。$$

$$1\ 标准大气压(atm) = 1.013\,25 \times 10^5\ \text{Pa} = 10.336\ \text{mH}_2\text{O} = 760\ \text{mmHg}。$$

例 11-1　如图 11-4 所示为敞口水箱，底部水深 1.4 m，水上有 2 m 厚的油($\gamma = 8.93\ \text{kN/m}^3$)，试问水箱底部的压力是多大(用水柱高表示)？

解：油水分界处的压强为

$$p_1 = \gamma_1 h_1 = 8.93 \times 10^3 \times 2 = 16.78 \times 10^3 (\text{Pa})$$

油层相当水柱高度为

$$h_{w1} = \frac{p_1}{\gamma} = \frac{16.78\ \text{kN/m}^2}{9.8\ \text{kN/m}^3} = 1.71\ \text{m 水柱}$$

水箱底部的压力为

$$h_w = h_{w1} + 1.4\ \text{m} = 3.11\ \text{m 水柱}$$

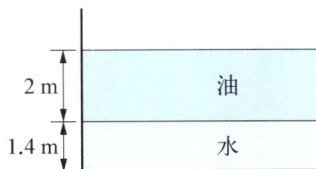

图 11-4　例 11-1 图

11.2.4　不同计算基准的压强度量

相对不同的参考基准，压强的表示也不同。通常有以下表示方式：

(1) 绝对压强：以完全真空时的绝对零压强为基准来计量的压强称为绝对压强，用 p' 表示。

(2) 相对压强：以当地大气压强为基准来计量的压强称为相对压强，用 p 表示。如果压

强比气压低,称为真空度,即相对压强为负值,表明比大气压低的数值。

绝对压强与相对压强之间的关系可在下面导出。当自由液面上的压强是当地大气压强 p_a 时,则流体内一点的压强为

$$p' = p_a + \rho g h \tag{11-9}$$

或

$$p = p' - p_a = \rho g h \tag{11-10}$$

式中,p' 为流体的绝对压强,单位为 Pa;p 为流体的相对压强,单位为 Pa。

由图 11 - 5 可见,绝对压强都是正值,相对压强可正可负。如果是真空度,表明相对压强比大气压低,一定为负。它们之间的关系

$$p' = p_a + p \tag{11-11}$$

图 11 - 5   不同基准压强关系

大气压强因海平面高度不同而有所变化,也会由气象状况的改变而随时间略有变化。在热力学计算中,主要用绝对压强,因为大多数热力学属性是流体实际压强的函数。由于压强一般对液体的属性影响不大,因此在处理液体问题时常常用相对压强分析计算,且由于大气压强会出现在公式的两边,不影响最终计算结果。所以,这也是处理液体问题普遍采用相对压强的原因。

11.2.5   流体静压强分布图

前面讨论了静止流体内任意点静压强的大小,此节,我们将用图形的方式将流体静压强的分布表示出来。这种流体静压强分布几何图形称为流体静压分布图。

流体静压强分布图按照一定的比例,即压强的大小由线段长短体现,且应符合 $p' = p_c + \gamma h$ 的变化规律。根据静压强的特性,箭头标出静压强方向。图 11 - 6 是一个垂直放于水中的平板的静压强分布图。

如图 11 - 6(a)所示采用绝对静压强绘制的压强图叫绝对静压强图。由于静压强是由 p_0 与 γh 之和得到,液体内部每一处的 p_0 基准压强都有相同的,所以,也可采用图 11 - 6(b)所示相对静压强的分布呈现出各处静压强的大小关系。工程中常常用相对静压强分布图呈现各处压强大小。

由于静压强与深度之间的线性函数关系,平面受压面的压强分布图外包线是直线(见图 11 - 7(a)(b)(c));曲面受压面的压强分布图外包线是曲线(见图 11 - 7(d)),压强的方向沿所在位置的法线,指向受压面。

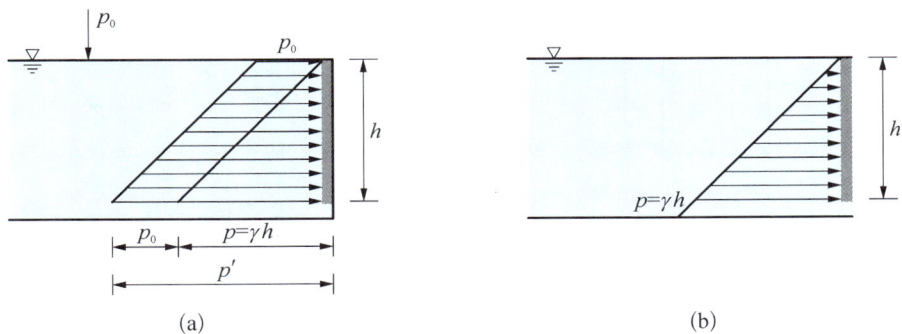

图 11 - 6　静压分布图

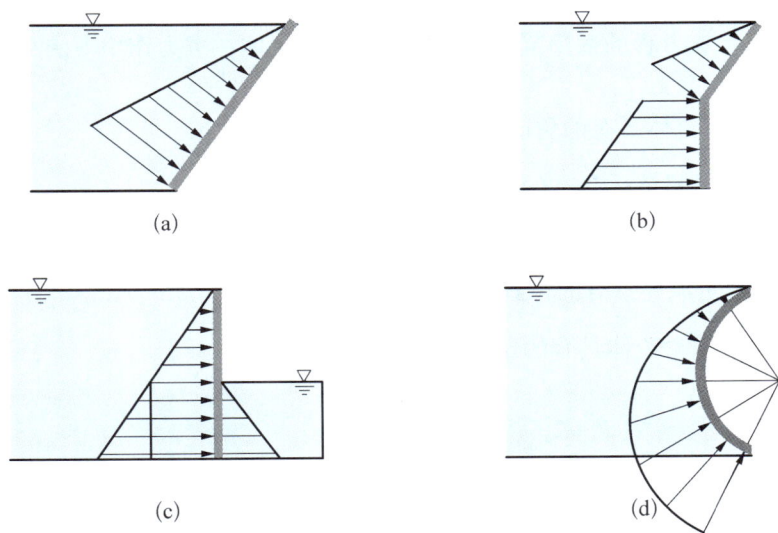

图 11 - 7　相对压强分布图

在静止流体中,各点的静压强是空间坐标的连续函数。一般来讲,不同点具有不同的静压。同种连续静止流体中,静压强相等的点组成的面叫等压面。等压面的重要特性是等压面与质量力正交。就是等压面与质量力互相垂直。由此,可以根据质量力的方向得到等压面的方位。如果有重力和惯性力,那么等压面与两者的合力方向正交。另外,同一流体中的等压面不能相交。

11.3　重力作用下的流体平衡

11.3.1　流体平衡条件

重力作用下的静力学基本方程式:在一盛有静止液体的容器上取直角坐标系(只画出 Oyz 平面,z 轴垂直向上),如图 11 - 8 所示。这时,作用在液体上的质量力只有重力 $G =$

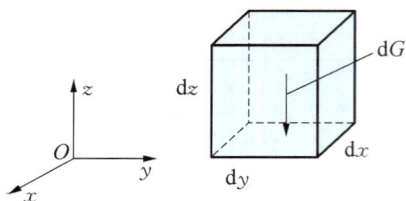

图 11-8 静止流体上的质量力

mg，其单位质量力在各坐标轴上的分力为

$$f_x = 0, f_y = 0, f_z = -g$$

所以 $\mathrm{d}p = -\rho g \mathrm{d}z$ 写成 $\mathrm{d}z + \dfrac{\mathrm{d}p}{\rho g} = 0$。

对于均质不可压缩流体，密度 ρ 为常数。积分上式，得

$$z + \frac{p}{\rho g} = C \qquad (11-12)$$

式中，C 为积分常数，由边界条件确定。这就是重力作用下的液体平衡方程，通常称为流体静力学基本方程。该方程的适用范围是均质不可压缩流体在重力作用下的平衡状态。

1）各项的物理意义

z——单位重量流体具有的位能。

$\dfrac{p}{\rho g}$——单位重量流体具有的压强势能。

2）几何意义

z——单位重量流体具有的位置水头/m。

$\dfrac{p}{\rho g}$——单位重量流体具有的压强水头/m。

11.3.2 连通器内液体的平衡

所谓连通器就是液面以下互相连通的两个容器。连通器的平衡分以下 3 种情况讨论：

（1）连通器里有相同液体，液面上的压强相等，如图 11-9 所示。

由于液面处于平衡状态，A 点不移动，A 点左右两侧的静压强相等，即

$$p_{A1} = p_{A2}$$
$$p_{01} + \gamma \cdot h_1 = p_{02} + \gamma \cdot h_2$$

又由于

$$p_{01} = p_{02}$$

所以

$$h_1 = h_2$$

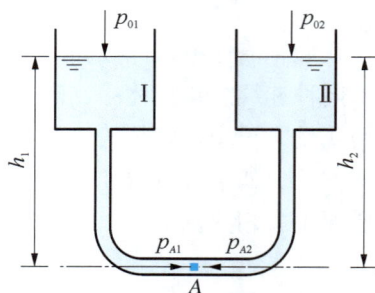

图 11-9 液面压强相等的连通器

这一关系说明：液面上压强相等，盛相同液体的连通器，液面高度相等。

同一液体的连通体中，静止液体的每一个水平面都是等压面。

（2）连通器里有相同液体，液面上的压强不等如图 11-10 所示。

A 点左右两侧的静压强相等，即

$$p_{01} + \gamma \cdot h_1 = p_{02} + \gamma \cdot h_2$$
$$p_{02} - p_{01} = \gamma \cdot (h_1 - h_2) = \gamma \cdot h$$

或

$$p_{02} = p_{01} + \gamma \cdot h$$

这一关系说明：盛相同液体的连通器，液面高度差所产生的压强等于液面上压强差。

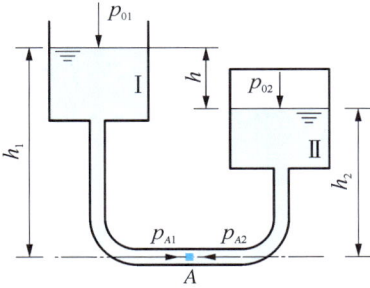

图 11-10　液面压强不等连通器　　　　图 11-11　盛不同液体的连通器

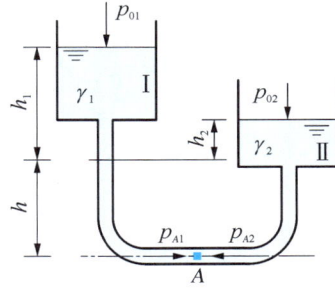

（3）连通器里有不相同液体，液面上的压强相等，如图 11-11 所示。

A 点左右两侧的静压强相等，即

$$p_{01} + \gamma_1 \cdot h_1 + \gamma_2 \cdot h = p_{02} + \gamma_2 \cdot h_2 + \gamma_2 \cdot h$$
$$p_{01} + \gamma_1 \cdot h_1 = p_{02} + \gamma_2 \cdot h_2$$

此式表明：两种不相混合静止流体的分界面也是等压面。

由于

$$p_{01} = p_{02}$$

所以

$$\gamma_1 \cdot h_1 = \gamma_2 \cdot h_2$$

即

$$\frac{\gamma_1}{\gamma_2} = \frac{h_2}{h_1}$$

这一关系说明：液面压强相等，盛不同液体的连通器，自分界面起，液面高度之比与液体容重成反比。利用这种关系，可以测定液体的容重或进行液柱高度的测量。

在图 11-12 中，储存于容器中液体受重力作用处于平衡状态，等压面均为水平面，但对

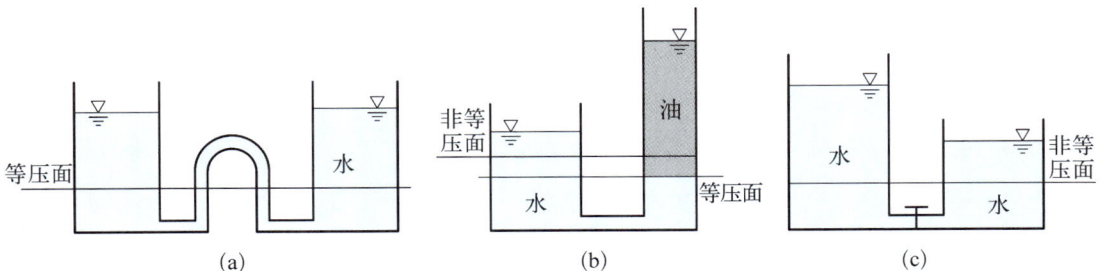

(a)　　　　　　　　　(b)　　　　　　　　　(c)

图 11-12　等压面与非等压面

于非同种液体的水平面或非连通体的水平面,均不是等压面。

11.4　流体静力学基本方程的应用

11.4.1　测压管

测量原理:在压强作用下,液体在玻璃管中上升 h 高度(见图 11-13)。设被测液体的密度为 ρ,大气压强为 p_0,液体的容重 $\gamma = \rho g$,可得 M 点的绝对压强为

$$p_M = p_0 + \gamma h$$

M 点的计示压强(相对压强)为

$$p_M - p_0 = \gamma h$$

于是,用测得的液柱高度 h,可得到容器中液体的计示压强及绝对压强。

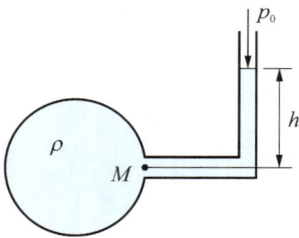

图 11-13　测压管

11.4.2　U 形管测压计

测量原理:下面分别介绍用 U 形管测压计测量 $p > p_0$ 和 $p < p_0$ 两种情况的测压原理。

1) 被测容器中的流体压强高于大气压强(即 $p > p_0$)

如图 11-14(a)所示,压强方程分别为

$$p_1 = p + \rho_1 g h_1$$
$$p_2 = p_0 + \rho_2 g h_2$$

由于

$$p_1 = p_2$$

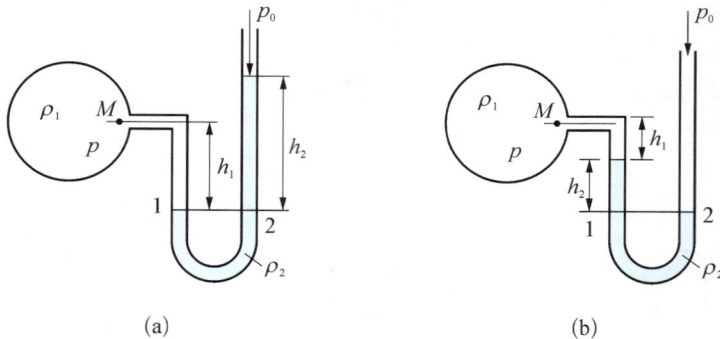

(a)　　　　　　　　　　　　(b)

图 11-14　U 形管测压计

(a) $p > p_0$;(b) $p < p_0$

所以

$$p + \rho_1 g h_1 = p_0 + \rho_2 g h_2$$

M 点的绝对压强为

$$p = p_0 + \rho_2 g h_2 - \rho_1 g h_1$$

M 点的相对压强为

$$p - p_0 = \rho_2 g h_2 - \rho_1 g h_1$$

2) 被测容器中的流体压强小于大气压强(即 $p < p_0$)

如图 11-14(b)所示,压强方程为

$$p_0 = p + \rho_1 g h_1 + \rho_2 g h_2$$

M 点的绝对压强为

$$p = p_0 - \rho_1 g h_1 - \rho_2 g h_2$$

M 点的真空或负压强为

$$p_0 - p = \rho_1 g h_1 + \rho_2 g h_2$$

11.5　重力和惯性力同时作用下液体的相对平衡

以上讨论了仅有重力作用时静止流体的压强分布规律,此节将要讨论同时有惯性力作用时压强的分布情况。

惯性力是达朗伯原理中引入的一种虚拟力,它与质量有关,也与运动(加速度、角速度和角加速度)有关。一般液体都盛入容器中,容器运动必然带动液体运动。如果参考系建立在容器上来分析液体压强分布,问题将大大地简化。如果此时液体相对容器没有相对运动,则称液体保持相对平衡。下面就几种典型运动形式容器中的液体相对平衡的压强分布进行讨论。

11.5.1　匀速直线运动容器中液体的相对平衡

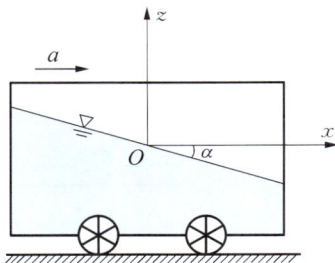

如图 11-15 所示,由于容器做匀速直线运动,没有加速度,故在液体上的质量力仅是重力。这种情况与静止流体相同,因此液体的压强分布情况也相同:

(1) 等压面(包括自由面)是水平面。

(2) 液体内任一点的压强由静压强的基本方程 $p = p_0 + \gamma h$ 确定。

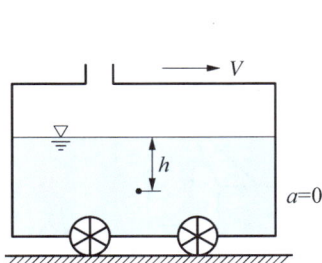

图 11-15　匀速直线运动容器　　　图 11-16　加速直线运动液体相对平衡

11.5.2 做匀加速直线运动容器中液体的相对平衡

假设容器以加速度 a 向前做直线运动(见图 11-16),这时容器内每一质点的质量力有:重力和惯性力。在 3 个方向单位质量力大小分别为

$$f_x = -a$$
$$f_y = 0$$
$$f_z = -g$$

根据欧拉平衡微分方程,得

$$\mathrm{d}p = \rho(-a\mathrm{d}x - g\mathrm{d}z) \tag{11-13}$$

等压面上 $\mathrm{d}p = 0$,即

$$a\mathrm{d}x = -g\mathrm{d}z$$

$$\frac{\mathrm{d}z}{\mathrm{d}x} = -\frac{a}{g}$$

等压面的倾角

$$\alpha = \arctan\frac{a}{g} \tag{11-14}$$

对式(11-13)积分得

$$p = -\rho(ax + gz) + C$$

当 $x = z = 0$ 时,$C = p_0$ 代入上式得

$$p = p_0 - \gamma\left(\frac{a}{g}x + z\right) \tag{11-15}$$

例 11-2　如图 11-17 所示底面积为 $b \times b = 0.2 \times 0.2 \text{ m}^2$ 的方口容器,自重 $G = 40 \text{ N}$,静止时装水高度 $h = 0.15 \text{ m}$,设容器在荷重 $W = 200 \text{ N}$ 的作用下沿平面滑动,容器与

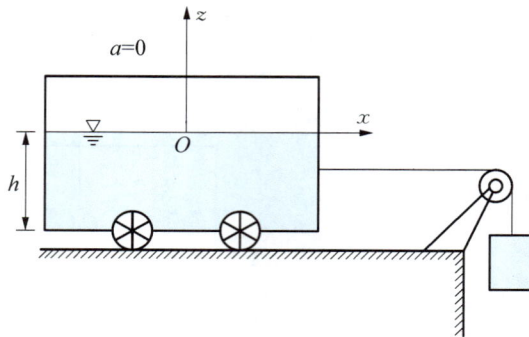

图 11-17　例 11-2 图

地面之间的摩擦系数 $f = 0.3$,试求:保证水不溢出容器的最小高度。

解:先求容器加速度 a。

设绳子张力为 T,容器及重物受力如图 11-18 所示。

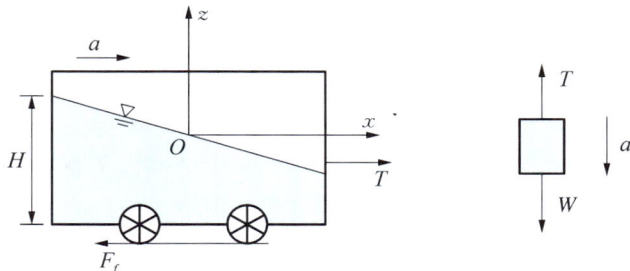

图 11-18 直线加速容器受力

根据牛顿第二定理得

$$对重物: W - T = \frac{W}{g}a$$

$$对容器: T - F_f = \frac{G + \gamma b^2 h}{g}a$$

解得:$a = 5.589 \text{ m/s}^2$

研究容器中的水,建立坐标,原点在静止时水面的中心。3 个方向单位质量力大小分别为

$$f_x = -a$$
$$f_y = 0$$
$$f_z = -g$$

根据欧拉平衡微分方程,得

$$\mathrm{d}p = \rho(-a\mathrm{d}x - g\mathrm{d}z)$$

积分得

$$p = -\rho a \cdot x - \rho g \cdot z + C$$

当 $x = 0$,$z = 0$,$p = 0$,故 $C = 0$。加速情况下,自由液面($p = 0$)方程为

$$z = -\frac{a}{g}x$$

当 $x = -\dfrac{b}{2}$,$z = H - h$ 满足方程时,将其代入上式得

$$H = h + \frac{ab}{2g} = 0.15 + \frac{5.589 \times 0.2}{2 \times 9.8} = 0.21 \text{ m}$$

11.5.3   绕定轴以匀角速度转动的容器中液体的相对平衡

如图 11-19 所示的盛液体的开口圆筒,以匀角速度 ω 绕中心垂直轴 z 旋转,液体的自由面由平面变成凹形曲面。由于作匀角速度转动,则所形成的凹形面相对圆筒壁没有相对运动,按相对静止来看待。

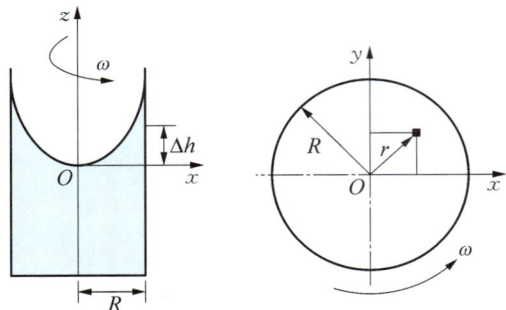

在液体中任取一质点,作用在该质点单位质量上的惯性力在三个坐标轴方向的分量分别为

$$f_x = \omega^2 x$$
$$f_y = \omega^2 y$$
$$f_z = -g$$

图 11-19   匀速旋转液体的相对平衡

根据欧拉平衡微分方程,得

$$\mathrm{d}p = \rho(\omega^2 x\,\mathrm{d}x + \omega^2 y\,\mathrm{d}y - g\,\mathrm{d}z) \tag{11-16}$$

在等压面上 $\mathrm{d}p = 0$,故

$$\omega^2 x\,\mathrm{d}x + \omega^2 y\,\mathrm{d}y - g\,\mathrm{d}z = 0$$

积分上式,得

$$\frac{1}{2}\omega^2(x^2 + y^2) - gz = C \tag{11-17}$$

或

$$\frac{1}{2}\omega^2 r^2 - gz = C \tag{11-18}$$

式(11-17)或(11-18)是抛物面方程。表明以等角速度绕中心对称轴旋转的液体相对壁面静止,等压面为抛物面。

对式(11-16)积分,得

$$p = \rho\left(\frac{1}{2}\omega^2 x^2 + \omega^2 y^2 - gz\right) + C = \rho\left(\frac{1}{2}\omega^2 r^2 - gz\right) + C$$

当 $x = y = z = 0$,$p = p_0$ 时,代入上式得 $C = p_0$

于是

$$p = p_0 + \gamma\left(\frac{1}{2g}\omega^2 r^2 - z\right) \tag{11-19}$$

式(11-19)表明,在旋转容器中的液体内,任一点的压强由两部分组成:一部分是表面

静压强 p_0，另一部分是相对压强 $\gamma\left(\dfrac{1}{2g}\omega^2 r^2 - z\right)$，而相对压强是由于惯性力造成的。

旋转自由面（$p = p_0$）的方程是

$$z = \frac{\omega^2 r^2}{2g} \tag{11-20}$$

显然，这是一个旋转的抛物面。当坐标原点取抛物面最低点时，z 值就是不同半径 r 处抛物面上质点高出原点的距离，也叫超高，也用 Δh 表示。可见在筒壁 $r = R$ 处超高值达最大。

$$\Delta h_{\max} = \frac{\omega^2 R^2}{2g} \tag{11-21}$$

例 11-3　设 U 形管绕 AB 竖直轴等速旋转，求当 AB 管的水银刚好下降到 A 点时，管的转速大小。

解：U 形管左边流体质点受到的质量力为惯性力 $r\omega^2$ 和重力 $-g$。建立坐标如图 11-20 所示。

等压面的方程为

$$\mathrm{d}p = \rho(\omega^2 r \mathrm{d}r - g\mathrm{d}z) = 0$$

积分得

$$z = \frac{\omega^2 r^2}{2g} + C$$

根据已知 $r = 0$，$z = 0$，故 $C = 0$
等压面方程为

$$z = \frac{\omega^2 r^2}{2g}$$

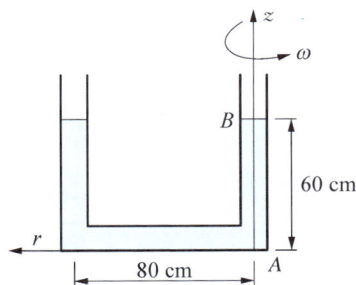

图 11-20　例 11-3 图

U 形管左边流体自由面尺寸为

$$r = 80 \text{ cm}, \ z = 120 \text{ cm}$$

代入等压面方程，得

$$\omega = \sqrt{\frac{2gz}{r^2}} = \sqrt{\frac{2 \times 9.8 \times 1.2}{0.8^2}} = 6.07 \text{ rad/s}$$

11.6　静止流体对平面的作用力

静止流体中没有切向力，所有压力都和所研究对象中的表面相垂直。如果压强在表面上是均匀分布,其合力的大小就等于压强与面积之积,并作用在表面的形心。但在液体中,压强分布一般是不均匀的,需要按照分布力系合力计算方法来计算。

静止液体作用在平面上的总压力分为静止液体作用在斜面、水平面和垂直面上的总压力三种,斜面是最普通的一种情况,水平面和垂直面是斜面的特殊情况。下面介绍静止液体作用在斜面上的总压力问题。

图 11-21 所示平板面积为 A,其形心在 C 点,y_C 为平板的形心 C 到 O 点的距离,称为形心坐标。图 11-21(b)是该平板的右视图,形心 C 在水面下的深度为 h_C 处。平板上的总压力作用在水面下深度 h_D 的 D 处位置。

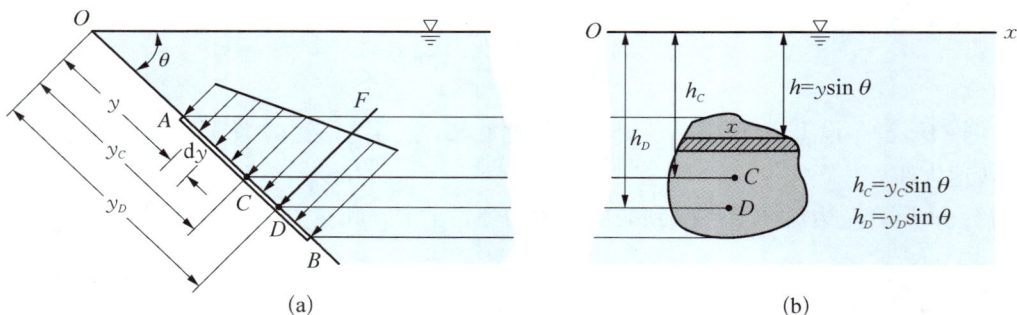

图 11-21   静止液体中倾斜平面上液体的总压力

11.6.1   计算流体作用在平板上力的大小

选择微小面元,其面积 $dA(dA = x\,dy)$ 上的作用力为

$$dF = p\,dA = \gamma h\,dA = \gamma \cdot y \cdot \sin\theta \cdot dA$$

积分上式,即可得静止液体作用在整个淹没平板上的总压力为

$$F = \int dF = \gamma\sin\theta\int y\,dA$$

由于 $\int y\,dA$ 表示平板对 Oz 轴的面积矩(静矩),即 $\int y\,dA = y_C A$,且 $h_C = y_C\sin\theta$,因而在一般情况下作用在任意形状平板上的作用力可写成

$$F = \gamma h_C A \qquad\qquad (11-22)$$

或

$$F = p_C A \qquad\qquad (11-23)$$

此式表明:作用在被液体淹没的任意平板上的总静压力 F 等于平板形心上的静压强 p_C 与平板受压面积 A 之积。

11.6.2   总压力作用点的确定

平板上压力合力作用点称为压力中心。设总静压力中心的作用位置在 D 点。如图

11-22所示,根据合力矩定理,所有力对 Ox 轴力矩等于合力对该轴的力矩

$$
\begin{aligned}
F \cdot y_D &= \int_A y \cdot p \cdot \mathrm{d}A \\
&= \int_A \gamma \sin\theta \cdot y^2 \mathrm{d}A \\
&= \gamma \sin\theta \int_A y^2 \mathrm{d}A \qquad (11-24)
\end{aligned}
$$

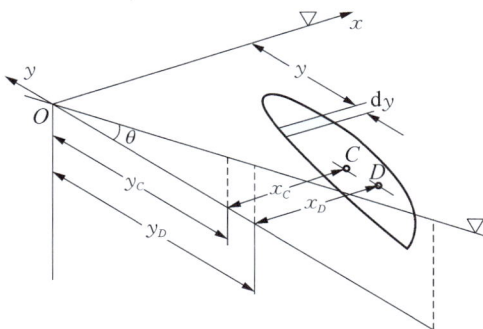

图 11-22　静止液体中倾斜平板上液体的总压力作用点 D

令 $I_O = \int_A y^2 \mathrm{d}A$,$I_O$ 表示平板对通过 O 点的 x 轴惯性矩。

由平行移轴定理得

$$
I_O = I_C + y_C^2 \cdot A
$$

式中,I_C 为平面面积对过形心轴(过形心 C 点平行于 x 轴)的惯性矩。

由惯性矩的平行移轴公式代入式(11-24),得

$$
F \cdot y_D = \gamma \sin\theta \cdot (I_C + y_C^2 \cdot A)
$$

$$
y_D = \frac{\gamma \sin\theta (I_C + y_C^2 \cdot A)}{F} = \frac{\gamma \sin\theta (I_C + y_C^2 \cdot A)}{\gamma y_C \sin\theta \cdot A} = y_C + \frac{I_C}{y_C \cdot A} \qquad (11-25)
$$

此式表明压力中心 D 在平面形心 C 之下。按照上述方法同理可求得压力中心的 x 坐标。平面上的压力对 y 轴之矩为

$$
F \cdot x_D = \int_A x\, p\, \mathrm{d}A
$$

将 $p = \gamma \cdot h = \gamma \cdot y\sin\theta$ 代入上式,得

$$
F \cdot x_D = \int_A \gamma \cdot x y \sin\theta \mathrm{d}A = \gamma \sin\theta \int_A x\, y\, \mathrm{d}A
$$

令 $I_{xy} = \int_A x\, y\, \mathrm{d}A$,则:

$$
x_D = \frac{\gamma \sin\theta \cdot I_{xy}}{F} = \frac{\gamma \sin\theta \cdot I_{xy}}{\gamma \cdot y_C \sin\theta \cdot A} = \frac{I_{xy}}{y_C \cdot A} \qquad (11-26)
$$

式(11-26)即为平板压力中心相对位置的确定公式。

矩形平板是常见的受压面,在此根据平行力系求合力的方法确定出平面压力中心相对位置。如图 11-23 所示,倾斜放置于液体中的矩形平面,长为 L,宽为 b,即平面受压面积为 $A = bL$。根据静压分布规律,先作出两种情况下平面的压强分布图。

对于图 11-23(a)平面所受总静压力的大小为

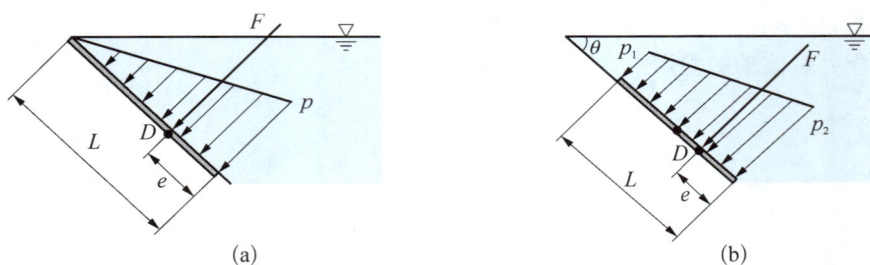

(a)　　　　　　　　　　　　(b)

图 11 - 23　平板压力图

$$F = \frac{1}{2}pA = p_C A = \gamma h_C A$$

根据合力矩定理,计算所有力对顶端的力矩:

$$F \times (L - e) = \int_0^L y \cdot p\,\mathrm{d}A = \int_0^L \gamma b \sin\theta \cdot y^2 \mathrm{d}y = \gamma b \sin\theta \int_0^L y^2 \mathrm{d}y = L \frac{Lb \cdot \gamma L\sin\theta}{3} = \frac{pA}{3}$$

得:

$$e = \frac{L}{3}$$

对于图 11 - 23(b)平板所受总静压力的大小为

$$F = \frac{(p_1 + p_2)A}{2} = \frac{\gamma A(h_1 + h_2)}{2} = \gamma h_C A \tag{11-27}$$

根据合力矩定理:

$$F \cdot e = p_1 A \cdot \frac{L}{2} + \frac{(p_2 - p_1)A}{2} \cdot \frac{L}{3}$$

得到

$$e = \frac{L}{3}\frac{2p_1 + p_2}{p_1 + p_2} = \frac{L}{3}\frac{2h_1 + h_2}{h_1 + h_2} \tag{11-28}$$

例 11 - 4　水面下 $h_A = 10$ m 处安装一平板闸门,如图 11 - 24 所示,门宽 $b = 4$ m,长度为 $L = 6$ m,方向与水平面成 60°,不计闸门自重,现将闸门沿斜面方向拖动所需的拉力 T

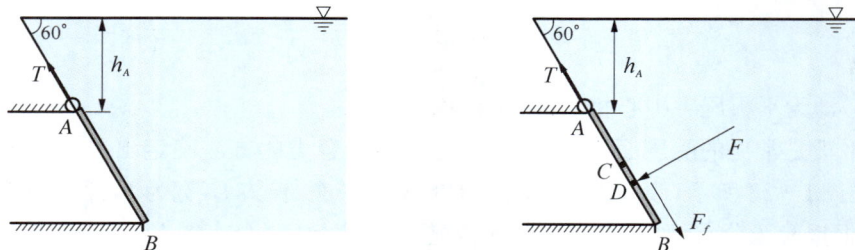

图 11 - 24　例 11 - 4 图

是多大？（闸门与门槽之间的摩擦系数 $f = 0.25$），门上总静压力的作用位置在哪一点？

解：方法一：

A 处静压

$$p_A = \gamma h_A = 9\ 800 \times 10 = 98\ 000(\text{Pa})$$

B 处静压

$$p_B = \gamma h_B = \gamma(h_A + L\sin 60°) = 9\ 800 \times (10 + 6\sin 60°) = 148\ 921(\text{Pa})$$

总静压

$$F = \frac{(p_A + p_B)bL}{2} = \frac{(98\ 000 + 148\ 921) \times 4 \times 6}{2} = 2\ 963\ 052(\text{N})$$

总静压力到板底边的距离

$$e = \frac{L}{3} \cdot \frac{2p_A + p_B}{p_A + p_B} = \frac{6}{3} \times \frac{2 \times 98\ 000 + 148\ 921}{98\ 000 + 148\ 921} = 2.79(\text{m})$$

总静压力到水面的斜距为

$$y_D = \left(\frac{h_A}{\sin 60°} + L\right) - e = \left(\frac{10}{\sin 60°} + 6\right) - 2.79 = 14.76(\text{m})$$

方法二：

平板对形心轴的惯性矩为

$$I_C = \frac{bL^3}{12} = \frac{4 \times 6^3}{12} = 72(\text{m}^4)$$

平板形心到水面的斜距为

$$y_C = \frac{h_A}{\sin 60°} + \frac{L}{2} = \frac{10}{\sin 60°} + \frac{6}{2} = 14.55(\text{m})$$

形心处的静压为

$$p_C = \gamma\left(h_A + \frac{L}{2}\sin 60°\right) = 9\ 800 \times \left(10 + \frac{6}{2} \times \frac{\sqrt{3}}{2}\right) = 123\ 460(\text{Pa})$$

总静压力的大小为

$$F = p_C \cdot A = 123\ 460 \times 4 \times 6 = 2\ 963\ 040(\text{N})$$

总静压力矩水面的斜距为

$$y_D = y_C + \frac{I_C}{y_C A} = 14.55 + \frac{72}{14.55 \times 4 \times 6} = 14.76(\text{m})$$

上述两种方法，计算结果完全相同。

沿斜面拖动闸门的拉力为

$$T = f \cdot F = 0.25 \times 2\ 963\ 040 = 740\ 760(\text{N}) = 741\ \text{kN}$$

11.7   静止流体对曲面的作用力

工程中受压面不仅有平面而且还有曲面,如船的壳体、油罐等,本章重点讨论规则形状曲面(柱面)壁受流体静压力计算。

图 11 - 25 所示曲面 $N_1 N_2 K_1 K_2$,其母线与 y 轴平行并垂直于纸面,母线长 b,$Q_1 Q_2 D_1 D_2$ 是曲面在竖直平面上的投影。现在讨论该曲面壁总静压力的大小和方向。

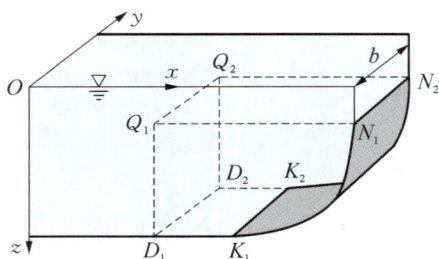

图 11 - 25   曲面在竖直面上投影

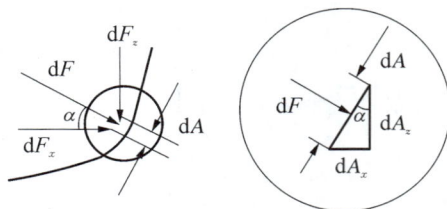

图 11 - 26   曲面微元投影面

如图 11 - 26 所示,在曲面上取一微元,其面积为 dA,将微元上的力 dF 分别沿水平方向和竖直方向分解,微元上的力在水平方向的投影为

$$dF_x = dF\cos\alpha$$

总静压力在水平方向分力为

$$F_x = \int dF_x = \int dF\cos\alpha$$

根据理论力学形心计算公式,得

$$\int h dA_z = h_C A_z$$

综合以上几式得

$$F_x = \int \gamma\cos\alpha h\, dA = \gamma \int h \cdot dA_z = \gamma h_C A_z = p_C A \tag{11-29}$$

式中,A_z 表示曲面在竖直平面(yOz 坐标面)上的投影面积,h_C 表示 A_z 面的形心在液面下的深度。p_C 表示 A_z 平面形心处的压强。

此式表明:作用在曲面壁上液体静压力在水平方向的分力 F_x,等于曲面在竖直平面的投影 A_z 面上的静压力。即静压力的水平分量由曲面在竖直平面上的投影面(见图 11 - 27 中

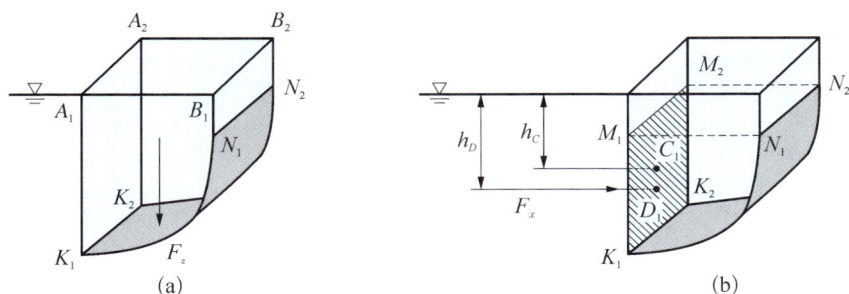

图 11 - 27　压力体、形心及压力中心位置

$K_1K_2M_1M_2$)上的静压力确定。

总静压力的垂直方向分力

$$\mathrm{d}F_z = \sin\alpha \cdot \mathrm{d}F = p\sin\alpha \mathrm{d}A = \gamma h \mathrm{d}A_x$$

微元上力在垂直方向的投影为

$$F_z = \gamma \int_{A_x} h \cdot \mathrm{d}A_x$$

令 $V = \int_{A_x} h \cdot \mathrm{d}A_x$，得到

$$F_z = \gamma V \qquad\qquad (11-30)$$

其中，V 表示曲面所托水体的体积。即以 $A_1B_1N_1K_1$ 面积为底，长为 b 的柱体体积，称其为压力体。关于 F_z 的指向有两种可能：或者向上，或者向下。这根据曲面受液体压力作用情况而定。F_z 力线过压力体的形心。

式(11-30)表明作用于曲面壁上的液体总静压力垂直分力等于压力体的体积所包含水的重量。令压力体底($A_1B_1K_1$)面积为 Ω，则压力体($A_1B_1K_1A_2B_2K_2$)的体积为

$$V = b \cdot \Omega$$

压力体仅作为计算曲面上垂直压力的一个数值当量。关于压力体的确定，必须按照以下内容来加以限定：压力体由以下边界曲面所包围，曲面线端点向液面做垂线所包含的平面以及向曲面宽度延伸所包含的空间。

当液体和压力体位于曲面异侧时，压力体称为虚压力体。如图 11-28(a)所示，F_{z1} 向上，意味曲面受到托举力。当液体和压力体位于曲面同侧时，压力体称为实压力体。如图 11-28(b)的 BE 曲面段，F_{z2} 方向向下。

当曲面为凹凸相间的复杂柱面时，在凹凸趋势发生转折处分开，分别计算各部分曲面垂直分力，最后求其代数和如图 11-28(b)所示。

根据力的合成定理，曲面所受总静压力的大小 F 为

$$F = \sqrt{F_x^2 + F_z^2} \qquad\qquad (11-31)$$

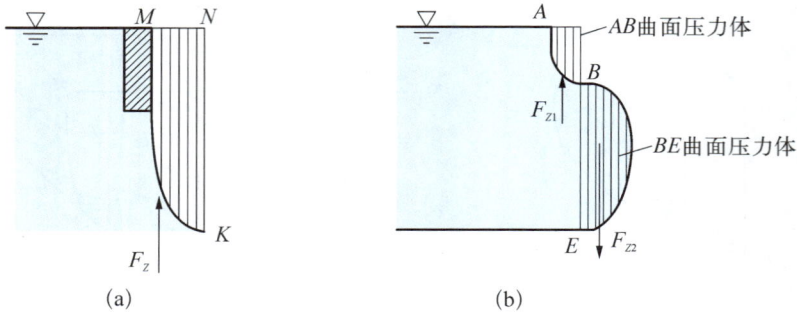

图 11-28   曲面的压力体

方向由总静压力与水平方向间的夹角 α 确定：

$$\alpha = \arctan \frac{F_z}{F_x}$$

$$或\ \alpha = \arcsin \frac{F_z}{F} \tag{11-32}$$

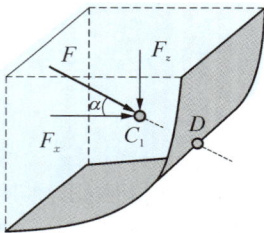

图 11-29   压力中心

如图 11-29 所示，总静压力的作用位置应是水平方向静压力 F_x 和竖直方向静压力 F_z 的交点 C_1 确定。过该点沿总静压力 F 延长线与曲面交于 D 点（压力中心）。在工程中一般只计算出水平方向静压力 F_x 和竖直方向静压力 F_z。

当受压面是空间曲面时，y 方向受到压力的计算方法与 x 方向相同，它等于曲面在 xOz 平面上投影上的总静压力 F_y。即曲面在 xOz 平面上投影图形形心处的压强与投影图形面积 A_y 之积。整个曲面受到的压力是由 F_x，F_y 和 F_z 3 个分力合成的。

例 11-5   如图 11-30 所示的一弧形闸门，圆心角为 $\theta = 45°$，半径为 $r = 2$ m，宽为 $_-.5$ m，闸门轴 A 恰与水面平齐，求作用在闸门上水的压力大小。

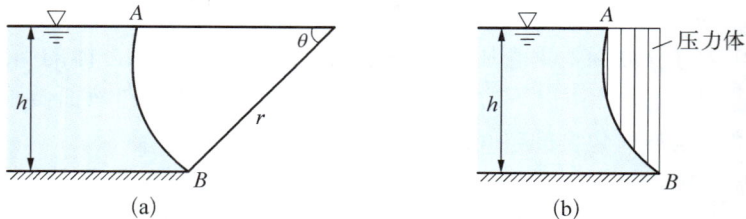

图 11-30   例 11-5 图

解：分别计算弧形闸门在水平及竖直方向上所受力。

（1）总静压力的水平方向分力为

$$P_x = p_C A = \gamma \frac{h}{2} \cdot hb = 9\ 800 \times \frac{\sin 45° \times 2}{2} \times \sqrt{2} \times 1.5 = 14\ 700 (\text{N})$$

（2）总静压力的垂直方向分力为

$$P_z = \gamma V = 9\ 800 \times \left(\frac{\pi}{8} \times 2^2 - \frac{1}{2} \times 2 \cos 45° \times 2 \sin 45° \right) \times 1.5 = 8\ 379(\text{N})$$

（3）总压力大小为

$$P = \sqrt{P_x^2 + P_z^2} = \sqrt{14\ 700^2 + 8\ 379^2} = 16\ 920(\text{N})$$

总压力与水平方向的夹角为

$$\alpha = \text{arctg}\left(\frac{P_z}{P_x} \right) = \text{arctg}\left(\frac{8\ 379}{14\ 700} \right) = 29.68°$$

例 11-6　如图 11-31 所示，有一个水平放置的圆柱体置于倾角为 $\alpha = 30°$ 斜面上，圆柱体的直径为 4 m，长 $L = 2$ m。其一侧与水作用，自由面高度与圆柱体顶端高度相同，求其所受流体作用力的水平和垂直分力大小。

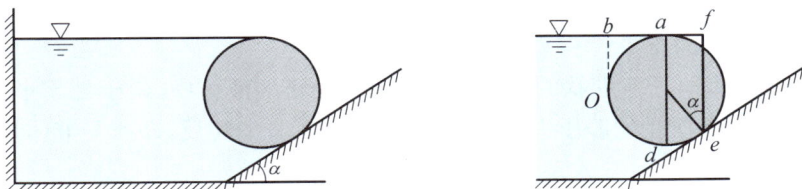

图 11-31　例 11-6 图

解：浸于水中的圆柱体在水平方向的投影面积为

$$ef = 2 + 2\cos 30° = 3.73(\text{m})$$

$$A_x = ef \times L = 3.73 \times 2 = 7.46(\text{m}^2)$$

如图 11-32 所示，计算浸于水中的圆柱体压力体的体积。

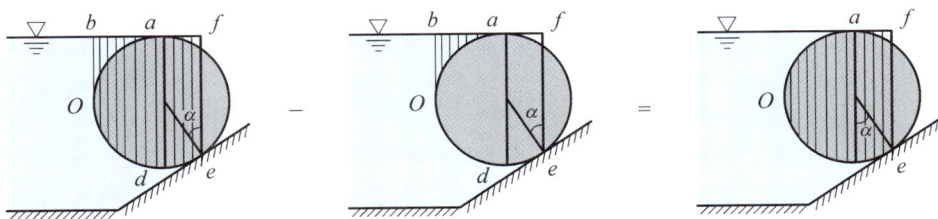

图 11-32　压力体分析图

$$V = A_{bOdef} \cdot L - A_{abO} \cdot L = \left(2 \times 2\sin 30° + \frac{210}{360}\pi \times 2^2 + \frac{1}{2} \times 1 \times 2\cos 30° \right) \times 2$$

$$= 20.38(\text{m}^3)$$

计算流体对圆柱体作用力在水平方向的投影的大小。

$$F_x = \gamma h_C \cdot A_x = 9.81 \times \frac{3.73}{2} \times 7.46 = 136.6 \text{ kN}$$

流体对圆柱体作用力在竖直方向的投影的大小为

$$F_z = Ode \text{ 表面上的力} - Oa \text{ 表面上的力}$$
$$= \gamma V = 9\,800 \text{ N/m}^3 \times 20.38 \text{ m}^3 = 199.72 \times 10^3 \text{ N} = 199.72 \text{ kN}$$

该力的方向向上。

11.8　阿基米德原理

当物体浸没于静止流体之中时,流体作用在物体上的总静压力,等于该物体全部被浸表面上所受液体静压力的总和。

阿基米德原理:浸在液体(或气体)里的物体受到向上的浮力 F 作用,浮力的大小等于被该物体排开的液体的重量。

如图 11-33 所示,任意形状的物体完全淹没于静止的液体中,由于处于平衡状态,则物体在 x 方向和 y 方向所受的静压力相对两侧对应相等、方向相反,即所受液体静压力在这两个方向的分量分别为

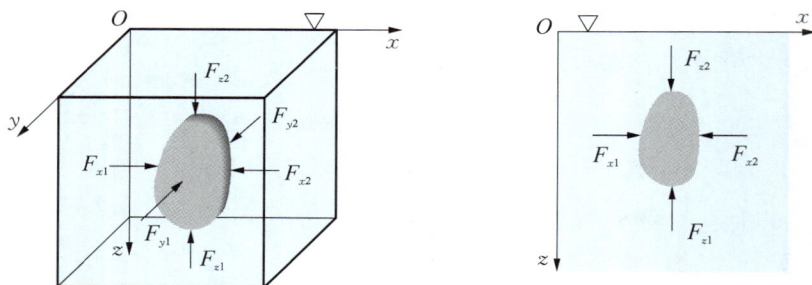

图 11-33　液面下物体受力

$$F_x = F_{x1} - F_{x2} = 0$$
$$F_y = F_{y1} - F_{y2} = 0$$

如图 11-34 所示,由于下半部与上半部压力体体积之差刚好等于物体的体积,在 z 方向液体静压力的分量为

$$F_z = F_{z2} - F_{z1} = \gamma(V_2 - V_1) = \gamma V$$

其中,V_2 具有表示下半部压力体的体积,V_1 表示上半部压力体的体积,V 表示物体浸没部分的体积。

由上可知,浸没于流体中的物体,作用于物体上的液体总静压力只有铅垂方向的力,该

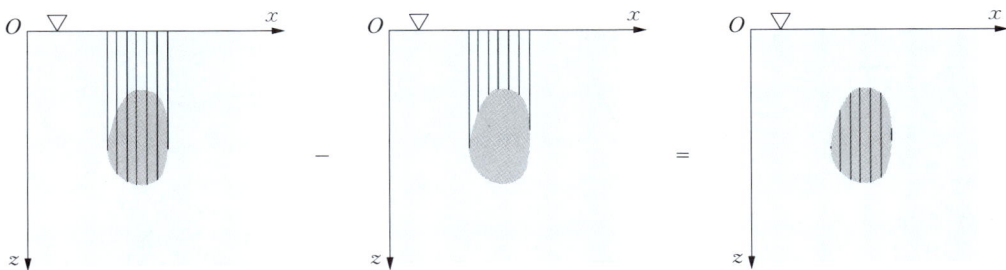

图 11-34 液面下物体的压力体

力的方向向上,具有托举作用,故称为浮力。浮力大小等于物体排开同体积液体的重量,即为阿基米德原理。浮力的作用点称为浮心。浮力的方向垂直向上。

11.9 物体在静止液体中的沉浮

在静止液体中物体受到重力 G 和浮力 $F = \gamma V$ 的作用,物体的浮沉取决于这两个力的相对大小。

如图 11-35(a)所示,当 $G > F$ 时,物体下沉直到底部,这样的物体叫沉体。

如图 11-35(b)所示,当 $G = F$ 时,物体在液体的任何程深度都可能停止下来,这样的物体叫潜体。

如图 11-35(c)所示,当 $G < F$ 时,物体将上浮,直到一部分露出水面。这样的物体叫浮体。

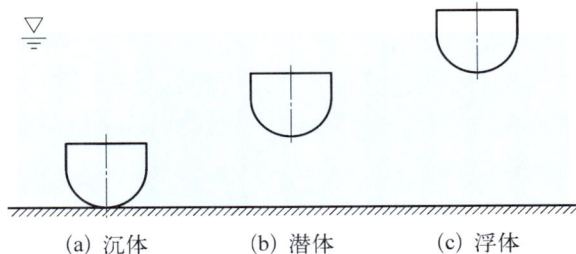

(a) 沉体   (b) 潜体   (c) 浮体

图 11-35 沉体、潜体与浮体

1) 潜体的平衡与稳定

潜体的平衡是指潜体在液体中既不上浮或下沉,也不发生转动的状态。一般而言,由于质量分布不均匀,物体的重心和浮心不在同一位置,但由于处于平衡,根据二力平衡公理,重力与浮力必定等值、反向、共线。

另外,潜体要有保持原有的平衡能力,即具有保持平衡的稳定性。物体的重心和浮心必须具备一定的条件。

如图 11-36 所示,重心 C 位于浮心 D 之上,当处于平衡的物体受到外界干扰发生倾斜时,此时重力与浮力组成一力偶,该力偶使得倾斜加剧。显然,重心位于浮心之上的设置方式使潜体不具备平衡稳定性。

如图 11-37 所示,重心 C 位于浮心 D 之下时,处于平衡的物体受到外界干扰发生倾斜,此时重力 G 与浮力 F 组成力偶,当外界干扰消失,该力偶具有恢复物体原有平衡状态的能力,又称恢复力矩。说明物体最初的平衡是具有稳定性的。

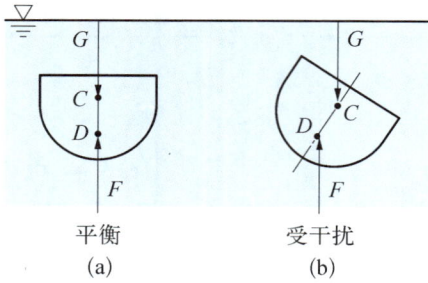

图 11‑36   潜体的不稳定性

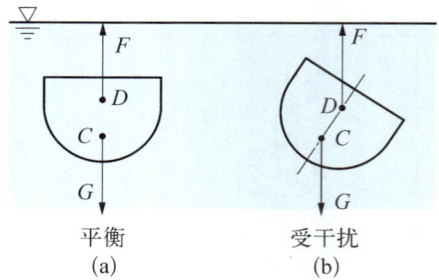

图 11‑37   潜体的稳定性

由以上分析可见,潜体的平衡稳定与重心与浮心的相对位置有关系。

2)浮体的平衡与稳定性

如图 11‑38 所示,浮体一部分淹没于液体中,一部分露出自由面之上,位于液体自由表面的物体。常见的如船舶等。大气压强是通过液体的传递而均匀地作用在物体的各个表面,其结果的静效应为零。而液体表面上方那部分物体所排开空气的重量,在计算浮力时忽略不计的。

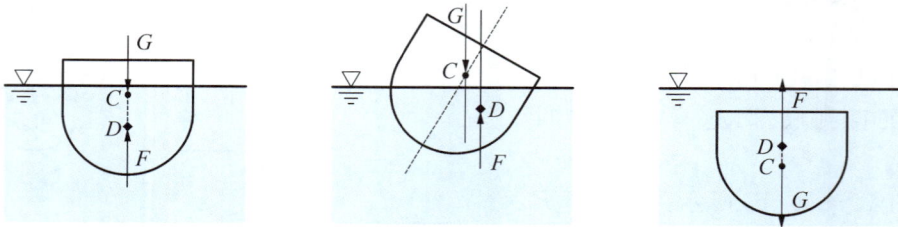

图 11‑38   浮体的平衡与稳定性

浮体与潜体受到相同的两个力:重力 G 和浮力 F。平衡条件均为:重力和浮力必满足大小相等、方向相反、作用线在同一直线上。但平衡的稳定条件两者却不同,也就是重心与浮心位置关系不同,下面以船舶为例就此问题进行讨论。

浮体在静止水中平衡时。相对于静止水面的位置称为浮态。船舶的浮态有:正浮、横倾、纵倾以及纵横倾。

(1)正浮。正浮是指浮体的基准平面平行于水面的漂浮状态,如图 11‑39 示,建立直角坐标 $Oxyz$ 固定于浮体,即 Ox 轴和 Oy 轴均平行于水面,浮体没有任何倾斜。

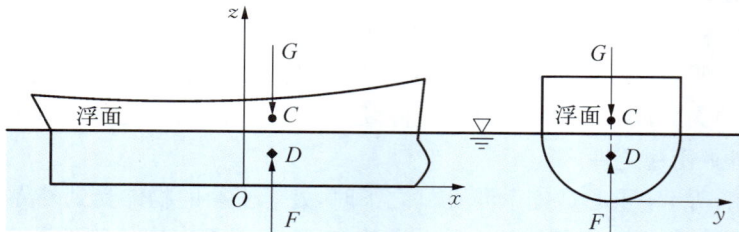

图 11‑39   船舶的正浮状态

船舶在正浮时(见图 11 - 40),通过重心 C 与浮心 D 的连线叫浮轴。重心与浮心之间的距离称为偏心距。重心的位置与浮体质量分布有关,浮心是物体排开水的那部分体积的形心,与浮体的几何形状有关。

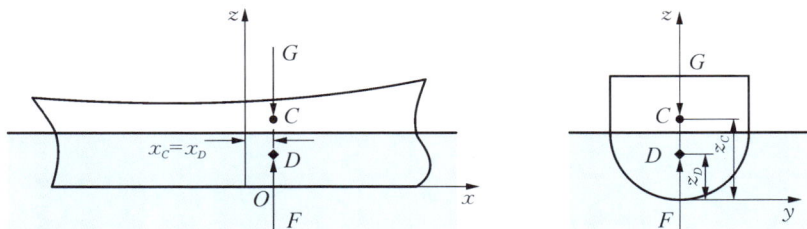

图 11 - 40   正浮的平衡状态

平衡方程为

$$W = \gamma \cdot V$$

$$x_C = x_D$$

$$y_C = y_D$$

(2)横倾。船舶自正浮位置向右舷或左舷倾斜的一种浮态,如图 11 - 41 所示,Oy 轴与水平面间的夹角为横倾角 θ。

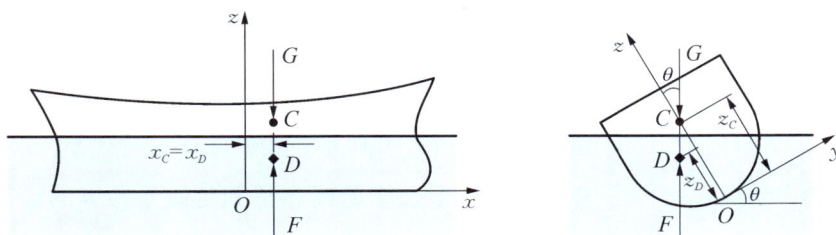

图 11 - 41   横倾

平衡方程为

$$W = \gamma \cdot V$$

$$\tan \theta = \frac{y_D - y_C}{z_C - z_D}$$

$$x_C = x_D$$

(3)纵倾。船舶自正浮位置向船尾方向或船首方向倾斜的一种浮态,如图 11 - 42 所示,Ox 轴与水面线之间的夹角为纵倾角 ψ。

平衡方程为

$$W = \gamma \cdot V$$

$$\tan \psi = \frac{x_D - x_C}{z_C - z_D}$$

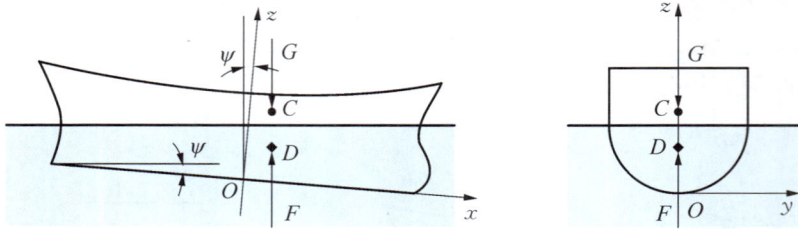

图 11-42   纵倾

$$y_C = y_D = 0$$

当正浮状态受到外界干扰,假定浮体有一个小倾角 θ,如图 11-43 所示。此时由于浮体出水部分的体积与入水部分的体积浮心的位置发生变化。重心与浮心不在同一条线上,它们形成力偶,此时浮力与浮轴交于点 Q,称定倾中心。正浮时的浮心 D 与定倾中心 Q 的距离 QD 称定倾半径 ρ,现在就重心在浮心之上的两种情况分析浮体的稳定性。

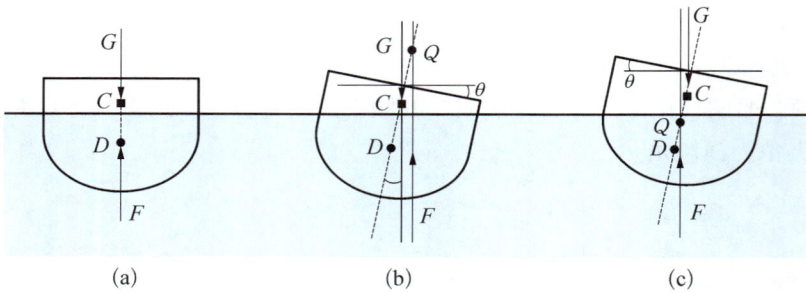

图 11-43   浮体平衡稳定分析图

根据理论力学重心坐标公式以及引入惯性矩的概念得到定倾半径 ρ 的计算公式。当 $\theta < 15°$ 时有

$$\rho = \frac{I_x}{V}$$

其中,I_x 为浮面绕此面形心轴的惯性矩。V 是浮体的排水体积。

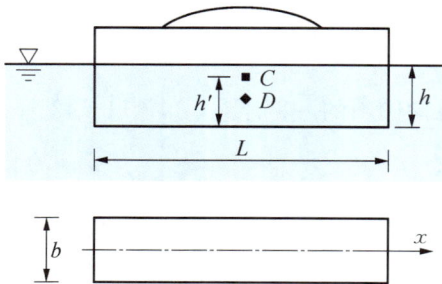

图 11-44   例 11-7 图

如图 11-43(b) 所示,若点 Q 位于 DC 的延长线上,即 $\rho > CD$,重力与浮力组成一恢复力矩,使浮体具有平衡稳定性。

如图 11-43(c) 所示,若点 Q 位于 DC 之间,即 $\rho < CD$,浮体不具有平衡稳定性。

例 11-7   一矩形平底船如图 11-44 所示,长 $L = 6$ m,宽 $b = 2$ m,未载货时吃水深度 0.15 m,载货时吃水深度 $h = 0.8$ m,载货时重心位置距船底的距离 $h' = 0.7$ m,求货物重量及平底船的稳定性。

解：（1）船身自重等于没载货时所排水的重量。

$$W = \gamma V = \gamma \cdot LbBh_0 = 9\ 800 \times 2 \times 6 \times 0.15 = 17\ 640\ \text{N}$$

载货后，船所受浮力大小为

$$F = \gamma \times Lbh = 9\ 800 \times 6 \times 2 \times 0.8 = 94\ 080\ \text{N}$$

所以货物重为

$$W' = F - W = 94\ 080 - 17\ 640 = 76\ 440\ \text{N}$$

（2）浮面对过该面形心 x 轴的惯性矩。其方程式为

$$I_x = \frac{Lb^3}{12} = \frac{6 \times 2^3}{12} = 4\ \text{m}^4$$

计算定倾半径 ρ：

$$\rho = \frac{I_x}{V} = \frac{4}{6 \times 2 \times 0.8} = 0.417(\text{m})$$

浮心距船底的高度为 $\dfrac{h}{2}$，所以重心与浮心之距为

$$CD = h' - \frac{h}{2} = 0.7 - 0.4 = 0.3(\text{m})$$

由于 $\rho > CD$，所以该船是稳定的。

习　题　11

题 11-1　绘出题 11-1 图中 ABC 及 $ABCD$ 面上的压强分布图。

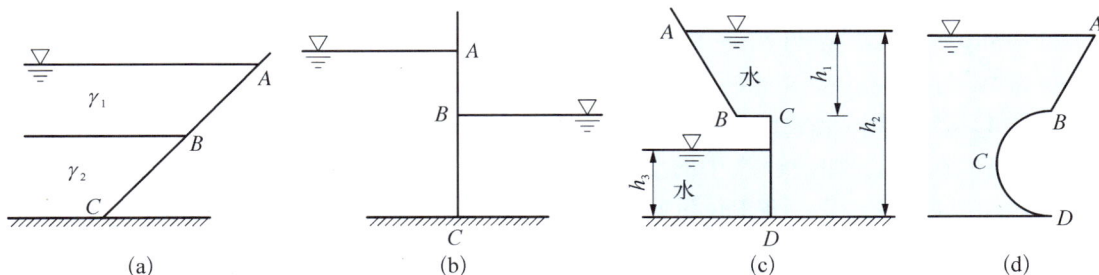

题 11-1 图

题 11-2　试画出题 11-2 图中各曲面上所受垂直水压力的压力体，并指示出垂直压力的方向。

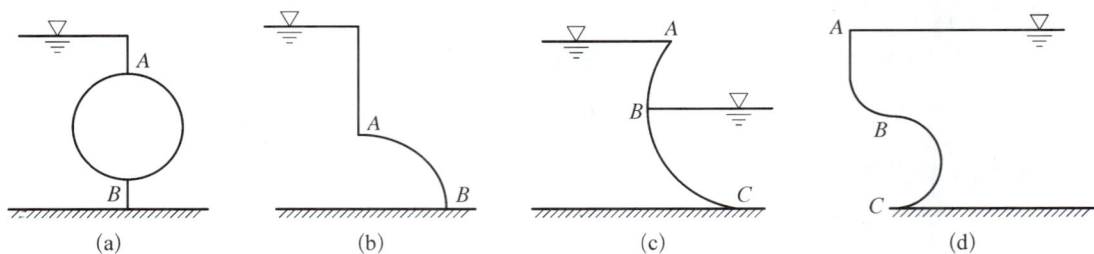

题 11-2 图

题 11-3　某储油罐中油的深度为 $h = 1.4$ m，油面上气体的绝对压强 $p_0 = 11.76$ N/cm²，油的密度 $\rho = 800$ kg/m³，试求油罐内压强最大处的绝对压强和相对压强。

题 11-4　如题 11-4 图所示，用 U 形水银差压计测量水管内 A，B 两点的压强差，已知水银面高差 $h = 10$ cm，$p_A - p_B = ?$

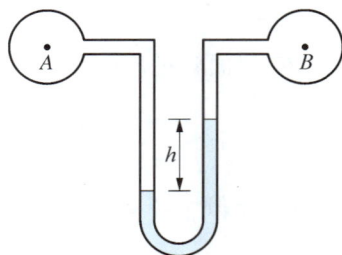

题 11-4 图

题 11-5　如题 11-5 图所示，4 种敞口盛水容器的底面积相同，水位高相同，容器中水的重量比为(自左向右)9∶1∶10∶2，试确定 4 种容器底部所受的总压的大小顺序。

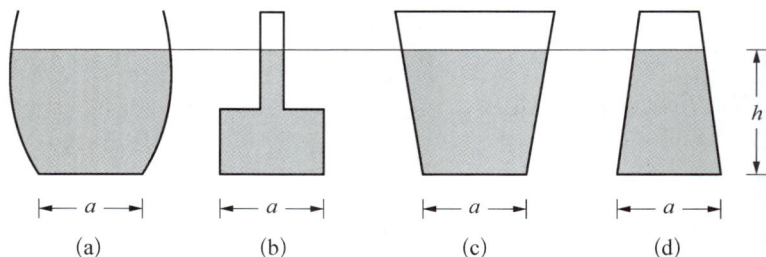

题 11-5 图

题 11-6　用水银 U 形管测压计测量压力水管中 A 点的压强，如图所示。若测得 $h_1 = 800$ mm，$h_2 = 900$ mm，并假定大气压强为 $p_a = 105$ N/m²，求 A 点的绝对压强。

题 11-7　用 U 形管测压计测定管 A 和管 B 的压强差，如题 11-6 图所示。如果管 A 中的压强是 $0.277\,4 \times 10^6$ Pa，管 B 中的压强是 1.372×10^6 Pa，试确定 U 形管测压计的读数 h 值。

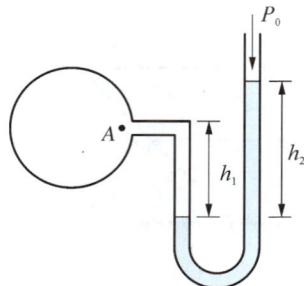

题 11-6 图

题 11-8　题 11-8 图所示为一密闭水箱，当 U 形管测压计的读数为 $h = 120$ mm 时，试确定压强表的读数 P。

题 11-9　相对密度为 0.75 的油流过题 11-9 图所示的喷嘴，如果 A 点的计示压强是 1.372×10^5 Pa，连接在喷嘴下方的 U 形管压力计中水银液面差 h 值应为多少？

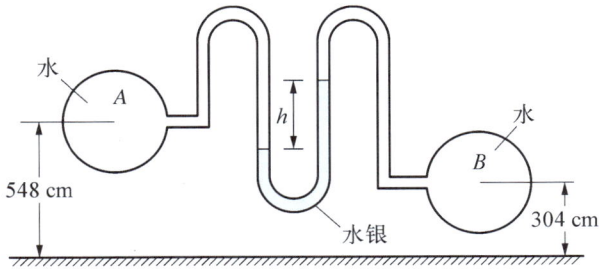

题 11 - 7 图

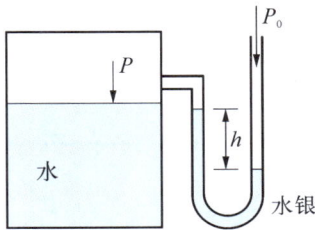

题 11 - 8 图

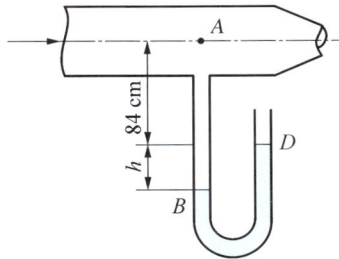

题 11 - 9 图

题 11 - 10   在一水平布置的管道上,取两个横截面 A 和 B,连接一 U 形管差压计,如题 11 - 10 图所示。如果管道中水流动时,U 形管差压计中水银液面高差是 59 cm,试计算管道截面 A 和 B 之间的压强差是多少?

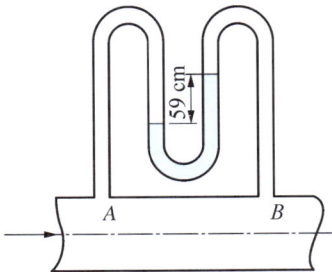

题 11 - 10 图

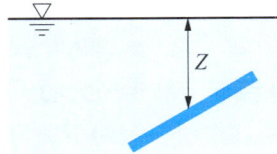

题 11 - 11 图

题 11 - 11   一平板浸没于密度为 ρ 的匀质静止流体中,如题 11 - 11 图所示。证明平板一侧流体的总压力为 $F = \rho g A Z$。式中 A 是平板面积,Z 是板的形心到自由液面的距离。

题 11 - 12   某处设置安全阀门如题 11 - 12 图所示,闸门宽 $b = 2$ m,重 $G = 19.6$ kN,水深 $h_1 = 1$ m,$h_2 = 2$ m,闸门可绕 A 点转动,求闸门打开所需向上的拉力 T 是多少?

题 11 - 13   矩形闸门 AB 可绕其顶端的 A 轴旋转,如题 11 - 13 图所示。由固定在闸门上的一个重物来保持闸门的关闭。已知闸门宽 120 cm,长 $AB = 90$ cm,整个闸门和重物共重 1 000 kg,重心在 G 点处,G 点与 A 点的水平距离为 $b = 30$ cm,闸门与水平面的夹角 $\theta = 60°$,求水深为何时闸门刚好打开?

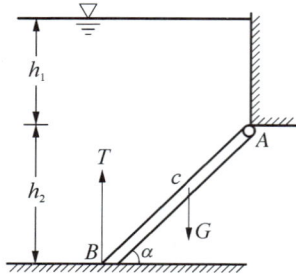

题 11 - 12 图

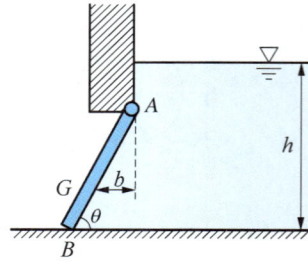

题 11 - 13 图

题 11 - 14　　如题 11 - 14 图所示,有一个圆形滚门,长(垂直图面方向)$b = 4$ m,直径 $D = 4$ m。两侧均有水对其作用,上游水深 4 m,下游水深 2 m,求作用在门上的总压力的大小。

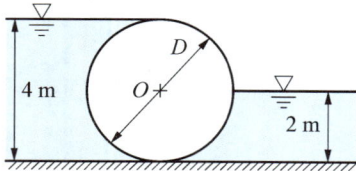

题 11 - 14 图

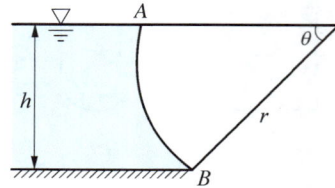

题 11 - 15 图

题 11 - 15　　一弧形闸门。圆心角 $\theta = 60°$,半径 $r = 2$ m,闸门转轴恰与水面齐平,求作用在闸门单位宽度上的静水总压。

题 11 - 16　　如题 11 - 16 图所示。弧形闸门 AB 宽 $b = 4$ m,半径 $r = 2$ m,中心角 $\theta = 45°$,OB 线水平。

(1) 求 AB 弧面上静水压力的大小。

(2) 若过 A 点作用一个向下的力 $G = 1\,000$ kg,不计摩擦,求维持闸门平衡需要在 A 点施加的切向力 T 应该是多少。

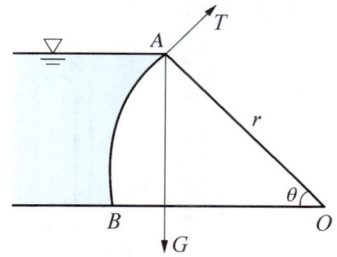

题 11 - 16 图

第12章　流体动力学

流体运动学是研究流体运动参数(如速度、加速度等)的变化规律。流体动力学是研究流体在外力作用下的运动规律。本章主要介绍流体运动学和流体动力学的基本知识,推导出流体动力学中的几个重要基本方程:连续性方程、动量方程和能量方程,这些方程是分析流体流动问题的基础。

我们把流体看作有无数流体质点组成的连续介质,且无间隙地充满所占的空间,把流体运动的空间称为流场。由于流体是连续介质,与之运动相关的运动量(如速度、加速度等),以及压强、密度、温度等物理参数一般情况下都是空间点坐标和时间的连续函数。

根据着眼点的不同,流体力学研究流体运动有两种不同的方法,一种是拉格朗日法(Lagrange),另一种是欧拉法(Euler)。

12.1　描述流体运动的两种方法

12.1.1　拉格朗日法

以运动着的流体质点为研究对象,跟踪观察该流体质点在不同位置时刻的流速、压力等变化规律,然后把足够的流体质点综合起来考虑获得整个流场的运动规律。这种跟踪每一个流体质点运动来寻求流体的运动规律的方法就是拉格朗日法。

设运动的任意流体质点 M 在空间的坐标 (x, y, z) 是该点起始坐标 (a, b, c) 与时间 t 的函数(见图 12-1),即该质点的运动方程为

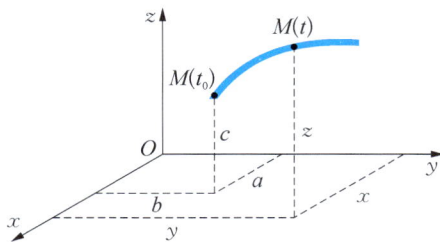

图 12-1　拉格朗日法点的坐标

$$
\begin{aligned}
x &= x(a, b, c, t) \\
y &= y(a, b, c, t) \\
z &= z(a, b, c, t)
\end{aligned}
\quad (12-1)
$$

若给定 (a, b, c),消去时间参数 t,就可以得到该点的轨迹方程:

$$f(x, y, z) = 0$$

将式(12-1)对时间求导,得到该点在任意时刻速度在各坐标轴上的分量:

$$u_x = \frac{\partial x}{\partial t} = u_x(a, b, c, t)$$

$$u_y = \frac{\partial y}{\partial t} = u_y(a, b, c, t) \qquad (12-2)$$

$$u_z = \frac{\partial z}{\partial t} = u_z(a, b, c, t)$$

将式(12-2)对时间求导,得到在任意时刻该点加速度在各坐标轴上的分量:

$$a_x = \frac{\partial u_x}{\partial t} = \frac{\partial^2 x}{\partial t^2} = a_x(a, b, c, t)$$

$$a_y = \frac{\partial u_y}{\partial t} = \frac{\partial^2 y}{\partial t^2} = a_y(a, b, c, t) \qquad (12-3)$$

$$a_z = \frac{\partial u_z}{\partial t} = \frac{\partial^2 z}{\partial t^2} = a_z(a, b, c, t)$$

拉格朗日方法的优点:可以描述所研究的点在不同时间运动轨迹上各流动参量的变化。缺点:不便于研究整个流场的特性。例如:将一小球放进一条河中观察在该时间段里一段河流的流动情况。这种方法就是采用拉格朗日法。

12.1.2 欧拉法

欧拉法着眼于流场中的空间点,研究某瞬时流体流经该空间每一个点时运动参数随时间的变化规律,以得出整个流场的运动规律。

欧拉法不是以选定的某一流体质点为研究对象,而是着眼一个选定的空间,以这个空间内的点(无数)为研究对象。当知道不同时刻空间上的点与流动有关的物理参数(速度、加速度、密度、压强等),也就掌握了整个流场。即欧拉法是着眼于流场空间点参数的变化来研究流体运动。

由于欧拉法是描写流场内不同位置(x, y, z)质点的流动参数(速度、加速度等)随时间t的变化,则流动参数应是空间坐标和时间的函数,如表12-1所示。

表 12-1   欧拉法对运动参数的描述

空间点的位置	空间点的速度	空间各点的压强	空间各点的密度
$x = x(x, y, z, t)$ $y = y(x, y, z, t)$ $z = z(x, y, z, t)$	$u_x = \dfrac{\mathrm{d}x}{\mathrm{d}t} = u_x(x, y, z, t)$ $u_y = \dfrac{\mathrm{d}y}{\mathrm{d}t} = u_y(x, y, z, t)$ $u_z = \dfrac{\mathrm{d}z}{\mathrm{d}t} = u_z(x, y, z, t)$	$p = p(x, y, z, t)$	$\rho = \rho(x, y, z, t)$

空间坐标x, y, z是流体质点位移的变量,它也是时间t的函数。所以对于流场中任一点的加速度有

$$a_x = \frac{\mathrm{d}u_x}{\mathrm{d}t} = \frac{\partial u_x}{\partial t} + u_x \frac{\partial u_x}{\partial x} + u_y \frac{\partial u_x}{\partial y} + u_z \frac{\partial u_x}{\partial z}$$

$$a_y = \frac{\mathrm{d}u_y}{\mathrm{d}t} = \frac{\partial u_y}{\partial t} + u_x \frac{\partial u_y}{\partial x} + u_y \frac{\partial u_y}{\partial y} + u_z \frac{\partial u_y}{\partial z} \qquad (12-4)$$

$$a_z = \frac{\mathrm{d}u_z}{\mathrm{d}t} = \frac{\partial u_z}{\partial t} + u_x \frac{\partial u_z}{\partial x} + u_y \frac{\partial u_z}{\partial y} + u_z \frac{\partial u_z}{\partial z}$$

用欧拉法描述流体运动时,流体质点的加速度式(12-4)等号右端第一项 $\frac{\partial u_x}{\partial t}$, $\frac{\partial u_y}{\partial t}$, $\frac{\partial u_z}{\partial t}$,称为当地加速度,表示在某一空间的某一位置上,流体质点速度随时间的变化率。后面三项 $u_x \frac{\partial u_i}{\partial x} + u_y \frac{\partial u_i}{\partial y} + u_z \frac{\partial u_i}{\partial z}$ $(i = x, y, z)$ 称为迁移加速度,它是由于流体质点所在空间位置的变化而引起的速度变化率。当地加速度和迁移加速度之和称为总加速度。

同理:压强、密度等也是随空间和时间的不同而变化的。本章主要讨论理想不可压缩流动,即讨论流体密度不随空间和时间而变化的情况。

在工程中一般只需弄清楚在某一空间位置上的流动情况,而不需要追究这些质点的轨迹,因此工程中采用欧拉法较多,分析也较为方便。

12.2 流体运动的基本概念

12.2.1 定常流动和非定常流动

在流场中流体质点通过任一空间位置时,流动参数不随时间变化的流动称为定常流动。即定常流中,流体质点的速度、压强和密度等流动参数仅是空间点坐标 x、y、z 的函数,而与时间 t 无关。这表明流场任何一点的流动参数不同,但它们是不随时间变化的。如图 12-2(a)所示,若水库的水位不发生变化,隧洞中的运动参数都不会随时间而变,隧洞中的流动称为定常流。

流场中如果流动参数随时间变化,这样的流动称为非定常流动。如图 12-2(b)所示,当

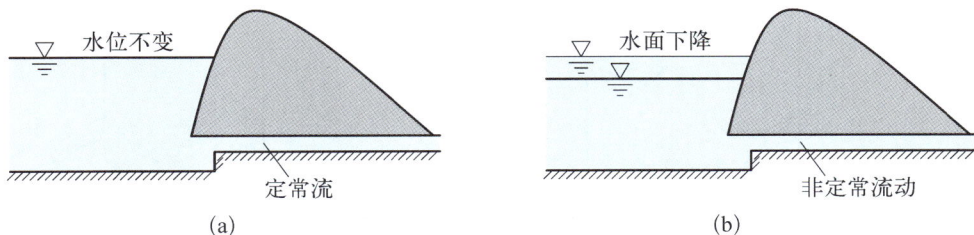

(a)   (b)

图 12-2 定常流与非定常流

水库水位随时间发生变化(例如下降)时,隧洞中的运动参数(如压强、速度等)随时间而变,隧洞中的流动称为非定常流动。例如海岸处的波浪,河口中的潮汐运动以及其他一些流体震动现象等也是非定常流。

12.2.2 迹线和流线

1)迹线

流体质点运动的不同时刻在空间留下的痕迹线称质点运动的迹线。采用拉格朗日法得到的运动方程所画出的曲线,就是迹线。

2)流线

某一瞬时的流场中,将无数个流体质点连接成一曲线,满足流体质点的速度沿着该曲线的切线方向。由此可知,流线在不同位置的切线代表这些位置上质点的速度方向,即流场在某一瞬时的流动方向。这样的线在流场中可以画无数条(欧拉法对流线的描述)。对无数个质点而言,速度沿着流线的切线,流线的法线方向不可能有质点的速度分量,因此,流场中的流线具有以下3个特点:

(1)在定常流中,流线是流体不可逾越的线。

(2)流场中流线不可能相交,也不能突然折转,它是一条光滑的连续曲线。

(3)定常流动时,流线形状不随时间变化,流线和迹线重合;非定常流动时,流线形状随时间变化,流线和迹线不重合。

绘制流场中流线的分布图称为流线图,流线图可以反映出流场的基本性质。流线图的特点:

(1)流线分布的疏密程度和流动横断面的面积大小有关。断面小的流线密集,断面大的流线稀疏。同时也反映了流速的大小:流线密处流速大,流线疏处流速小。

(2)流线的形状与固体边界的形状有关。流线离边界近的与边界形状相同,在边界形状变化急剧的位置,由于惯性的作用,边界附近的流体质点不可能完全沿着边界流动,因而发生流线与边界相脱离的现象,主流与边界之间形成漩涡区。

流线的概念比较抽象,可以通过图 12-3 来了解。水从水箱侧壁小孔中流出,假定把一根细丝线 AC 在孔的 A 点固定,丝线受水的冲动,形成一条图 12-3(a)所示的曲线。当水箱内水面随时间下降时,丝线所呈现的 AC 曲线是会发生改变,如图 12-3(b)所示,说明这部

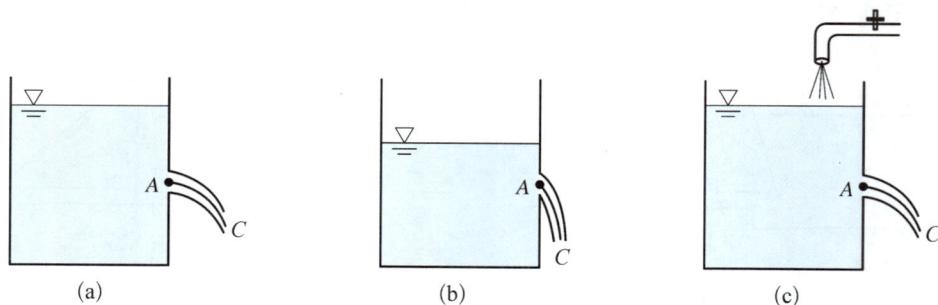

(a)   (b)   (c)

图 12-3　流线的变化

分流场是非定常流。若水箱上部以不变的速率往水箱中注水，以保持水平面位置不变，则丝线所形成的形状就不会随时间变化，如图 12 - 3(c)所示，说明这部分流场是定常流。

12.2.3 流线微分方程

现由矢量分析法导出流线微分方程。设在某一空间点上流体质点的速度矢量 $\vec{V} = u_x\vec{i} + u_y\vec{j} + u_z\vec{k}$，通过该点流线上的微元线段 $\mathrm{d}\vec{S} = \mathrm{d}x\vec{i} + \mathrm{d}y\vec{j} + \mathrm{d}z\vec{k}$，由流线的定义知，空间点上流体质点的速度与流线相切。根据矢量分析，这两个矢量的矢量积应等于零

$$\vec{V} \times \mathrm{d}\vec{S} = \begin{vmatrix} \vec{i} & \vec{j} & \vec{k} \\ u_x & u_y & u_z \\ \mathrm{d}x & \mathrm{d}y & \mathrm{d}z \end{vmatrix} = 0$$

得到

$$
\begin{aligned}
u_x\,\mathrm{d}y - u_y\,\mathrm{d}x &= 0 \\
u_y\,\mathrm{d}z - u_z\,\mathrm{d}y &= 0 \\
u_z\,\mathrm{d}x - u_x\,\mathrm{d}z &= 0
\end{aligned}
\tag{12-5}
$$

上式又可写成

$$\frac{\mathrm{d}x}{u_x} = \frac{\mathrm{d}y}{u_y} = \frac{\mathrm{d}z}{u_z} \tag{12-6}$$

这就是流线微分方程。

12.2.4 流管、流束和总流

如图 12 - 4(a)所示，在流体内作一微小的闭合曲线 $abcd$，通过 ab 和 cd 微元面作流线，这些流线组成一个管状表面，如图 12 - 4(b)所示，称之为流管。流管是由一系列相邻的流线围成。而流线不会相交，因此流管内外的流体都不会穿越管壁。

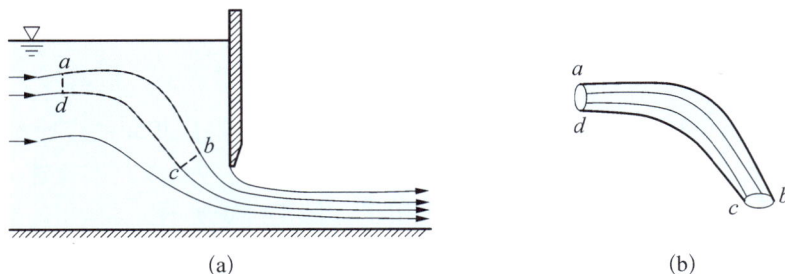

(a)　　　　　　　　　　　(b)

图 12 - 4　流管与流束

流束：过流管横截面上各点作流线，则得到充满流管的一束流线簇，称为流束。即充满在流管内部的流体。

有效断面(过流断面)：流束或总流上，垂直于流线的断面称为有效断面(过流断面)。

有效截面面积为无限小的流束和流管,称为微元流束和微元流管。无数微元流束的总和称为总流。

在每一个微元流束的有效截面上,各点运动要素相等。由于过流断面与微小流束或总流的流线正交,因此过流断面不一定是平面,只有当流线相互平行时,过流断面才为平面,否则为曲面。如图 12 - 5 所示。

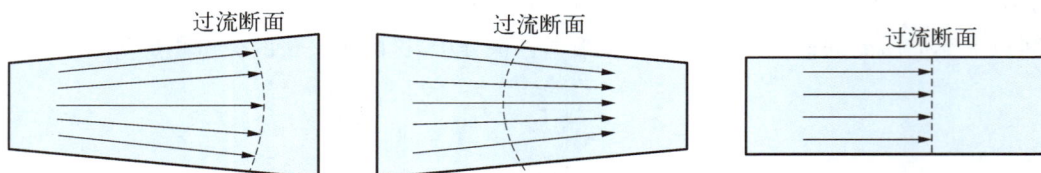

图 12 - 5   过流断面

12. 2. 5   流量和平均流速

流量有 3 种表达方法:

(1) 体积流量:单位时间内流过有效断面的流体体积,单位 m^3/s。

(2) 质量流量:单位时间内流过有效断面的流体质量,单位 kg/s。

(3) 重量流量:单位时间内流过有效断面的流体重量,单位 N/s。

由于微元流束有效截面上各点的流速 u 是相等的,所以通过微元流束有效截面积为 dA 的体积流量 dQ 和质量流量 dm 分别为

$$dQ = u \cdot dA, \quad dm = \int_A \rho dQ$$

由于流束是由无限多的微元流束组成的,所以通过流束有效截面面积为 A 的流体体积流量 Q 和质量流量 m 分别由以下积分求得,即

$$Q = \int_A u dA \qquad (12 - 7)$$

$$m = \int_A \rho u dA \qquad (12 - 8)$$

平均流速是一个假想的流速,即假定在过流断面上各点都以相同的流速流过,这时通过该有效截面上的体积流量仍与各点以真实流速 u 流动时所得到的体积流量相同,如图 12 - 6 所示。

若以 V 表示平均流速,按其定义可得

$$Q = \int_A u dA = \int_A V dA = V \int_A dA = VA$$

则

$$V = \frac{Q}{A} \qquad (12 - 9)$$

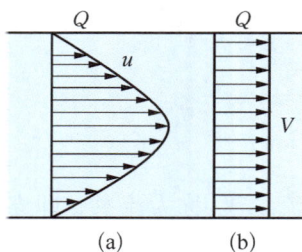

图 12 - 6   平均流速

即总流的流量除以过流断面的面积就是其平均流速。

一般而言,将流动都考虑三元流,这样问题比较复杂。工程流体力学采用简化法,既引入过流断面,把过流断面上各点的流速用断面平均流速去代替,这时总流可视为一元流(具有一个坐标自变量的流场,又可视为线流动)。用平均流速分析问题,然后对其产生所谓误差进行修正。实践证明,采用这种方法处理一般工程流体力学问题可以满足要求。

12.2.6　均匀流和非均匀流

根据流场中同一条流线各空间点上的流速是否相同,可将总流分为均匀流和非均匀流。若同一条流线各空间点上的流速相同则称为均匀流,否则称为非均匀流。由此可知在均匀流中,流线是彼此平行的直线,过流断面是平面。

12.2.7　渐变流与急变流

实际工程中液体的流动大多数都不是均匀流,在非均匀流中,按照流线沿流程变化的缓急程度又可分为渐变流和急变流。

在定常流中,有些水流因边界情况致使其流线之间的夹角 β(β 指两流线在某点切线夹角)很小,如图 12-7 所示,流线的曲率半径 R 很大,也就是说,流线趋于相互平行的直线,凡是具有这样特性的水流,称之为渐变流。反之,不具备上述条件的水流,则称为急变流。渐变流的极限情况是 $R \rightarrow \infty$,此时,流线变成相互平行的直线,这种水流称为均匀流。

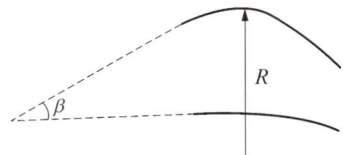

图 12-7　流线曲率半径

对于渐变流和急变流的区别,主要在于流线之间的夹角 β 和流线的曲率半径 R。一般无明确的定义,这与所研究问题要求的精度有关,精度要求不高时,凡流线弯曲度不大,接近平行,而且水流缓慢,离心力忽略时,都可认定该流动为渐变流。

如图 12-8 所示,当边界是平行或接近平行时,水流往往是渐变流,如直线管道中的流动。而弯管中的流液属于急变流。

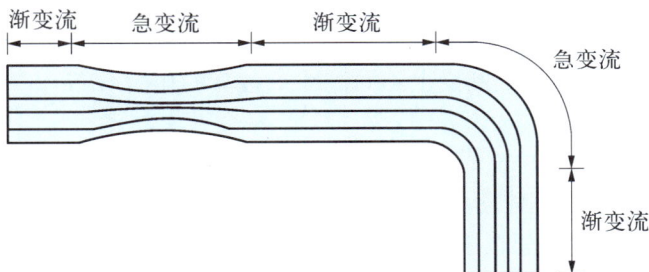

图 12-8　渐变流与急变流

1) 渐变流过流断面上流体动压强的分布特点

在实际恒定总流中取一个符合渐变流条件的过流断面,由于过流断面的流线接近于平行直线,故过流断面为垂直于流线的平面。如图 12-9 所示,在过流断面 N-N 方向上任取

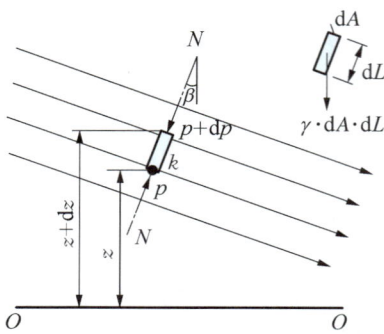

图 12-9 渐变流过流断面流体动压

一点 k，令点的标高为 z，该点流体的动压强 p，通过 k 点沿过流断面 $N-N$ 方向取底面积为 $\mathrm{d}A$ 高为 $\mathrm{d}L$ 的微元液柱体，过流断面 $N-N$ 方向与铅垂方向的夹角为 β。

微元液柱体的重量为 $\gamma\mathrm{d}A\mathrm{d}L$，顶面动压力 $(p+\mathrm{d}p)\mathrm{d}A$，底面动压力为 $p\mathrm{d}A$。由于流体是恒定渐变流，流线几乎没有弯曲，因此沿 $N-N$ 方向没有法向加速度，微元液柱体在 $N-N$ 方向无惯性力。根据理论力学知识得到微元液柱体沿 $N-N$ 方向所受力的代数和为零

$$(p+\mathrm{d}p)\cdot\mathrm{d}A-p\cdot\mathrm{d}A+\gamma\cdot\mathrm{d}A\cdot\mathrm{d}L\cdot\cos\beta=0$$

由于 $\mathrm{d}z=\mathrm{d}L\cos\beta$，上式化简得

$$\mathrm{d}p=-\gamma\cdot\mathrm{d}z$$

积分得

$$p=-\gamma z+C$$

或

$$z+\frac{p}{\gamma}=C \tag{12-10}$$

式(12-10)表明，在实际流体的恒定渐变流中，同一过流断面上动压强分布规律和流体静止时压强分布规律相同，或者说，在同一过流断面上任何点的 $z+\dfrac{p}{\gamma}$ 值相等。

渐变流过流断面上流体动压强的特性：

(1) 渐变流断面——渐变流的有效断面，接近平面。

(2) 流线曲率半径 R 很大，离心惯性力 $F_\mathrm{n}=\dfrac{v^2}{R}$ 可忽略。因此，质量力只有重力。

(3) 水力特性：渐变流有效断面上不同流线上各点的压力分布与静压力的分布规律相同，即满足 $z+\dfrac{p}{\gamma}=C$。

2) 急变流过流断面上流体动压强的分布特点

急变流与渐变流不同之处在于急变流流线的曲率较大，流体质点做曲线运动时有法向加速度，因此存在法向惯性力。

如图 12-10(a)所示，流线上凸的急变流，取一过流截面，在该截面上的各流线具有相同曲率的平行曲线，沿在过流断面 $N-N$ 方向上任取一点 k，令点的标高为 z，该点流体的动压强 p，通过 k 点沿过流断面 $N-N$ 方向取底面积为 $\mathrm{d}A$ 高为 h 的微元液柱体，微元液柱体的重量为 $\gamma h\cdot\mathrm{d}A$，微元液柱体沿 $N-N$ 方向惯性力为 $f\cdot\mathrm{d}A$，f 表示单位面积上的惯性力大

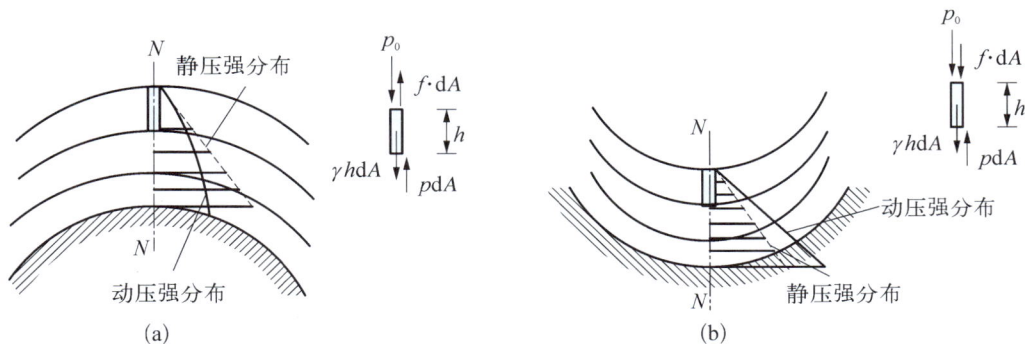

图 12 - 10   急变流过流断面上动压

小。根据达朗伯原理沿 N - N 方向建立方程

$$p\mathrm{d}A + f \cdot \mathrm{d}A - \gamma h \cdot \mathrm{d}A - p_0\mathrm{d}A = 0$$

化简得

$$p = p_0 + \gamma h - f$$

可见,流线上凸的急变流过流断面上,由于存在惯性力,任一点的动压强小于静水中同样深时的静压强。

同理,在图 12 - 10(b)所示流线下凸的情况中,可以得到

$$p = p_0 + \gamma h + f$$

可见,流线下凸的急变流过流断面上,由于存在向下的惯性力,任一点的动压强大于静水中同样深度的静压强。

12.3   定常流连续性方程

如图 12 - 11 所示,取一维流管,流管的侧面都有流线包围,因此,除了在流管两端面外,不会有流体穿过流管侧面。取一微小流束,设在 $\mathrm{d}t$ 时间内,流入微小流束微元面积 $\mathrm{d}A_1$ 的平均速度 u_1,流出微小流束微元面积 $\mathrm{d}A_2$ 的平均速度 u_2,流入流束的质量流量为 $\mathrm{d}m_1 =$

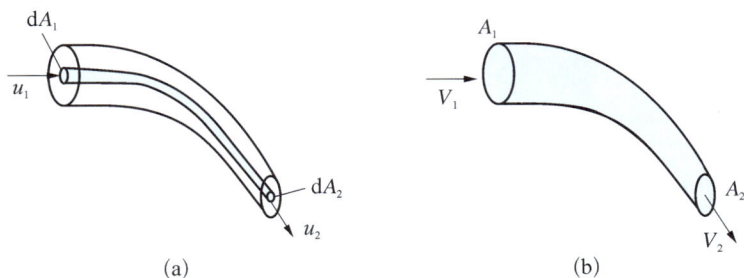

图 12 - 11   流管流量

$\rho_1 u_1 dA_1$，流出流束的质量流量为 $dm_2 = \rho_2 u_2 dA_2$。

对于定常流动的运动遵循质量守恒定理：流体在单位时间里流入流束的流量等于流出流束的流量。即

$$dm_1 = dm_2 = 常数$$

将上式对流入和流出端的面积积分得

$$\rho_1 u_1 A_1 = \rho_2 u_2 A_2 \tag{12-11}$$

其中，u_1 和 u_2 分别表示流入与流出微管端面的平均速度。式(12-11)适用于可压缩或不可压流的连续性方程。

对于不可压流而言，$\rho_1 = \rho_2 = 常数$。由此得到

$$u_1 A_1 = u_2 A_2 \tag{12-12}$$

这就是微小流束不可压流的连续性方程。

总流定常流连续性方程通过微小流束连续方程的积分得

$$\rho_1 V_1 A_1 = \rho_2 V_2 A_2 \tag{12-13}$$

可压缩定常流的连续性方程表明沿流程的质量流量保持不变。

对于不可压流而言，$\rho_1 = \rho_2 = 常数$。则得到总流的连续性方程为

$$V_1 A_1 = V_2 A_2 \tag{12-14}$$

其中，V_1 和 V_2 分别表示流入与流出过流断面的平均速度，流入与流出流管过流断面的面积分别为 A_1 和 A_2。

由(12-14)式可以看出，总流中单位时间内通过任意两过流断面的流量相等。用这个规律来解释：河道在浅水的地方，过流断面小，流速快；而在深水处，过流断面大，流速较缓慢。在宽阔水面处，水的流速低，而在窄的河道处流速较快。总流连续方程(12-14)式的适用条件：

（1）流体必须是连续的，中间无空间隙。如在汽化（空泡）现象时，流体不再连续，所以此情况连续方程不适用。

（2）流体必须是不可压缩的。被压缩的气体以及压力管道中发生水击现象时，均不能应用连续方程。

（3）流体是定常流。

管道或河渠有分叉时，如图12-12所示，流体仍遵循连续性原理。

总流的连续性方程可改写成

$$Q_1 = Q_2 + Q_3$$

或

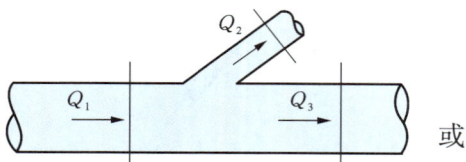

图 12-12   单位时间流体质量守恒

$$A_1 V_1 = A_2 V_2 + A_3 V_3$$

12.4　理想流体的动力学基础

虽然工程技术中的实际流体并不是理想流体,但在很多情况下,由于流体的黏性力比其他作用力小,在分析问题时忽略其影响。所以讨论理想流体不但具有指导意义,也具有实际意义。

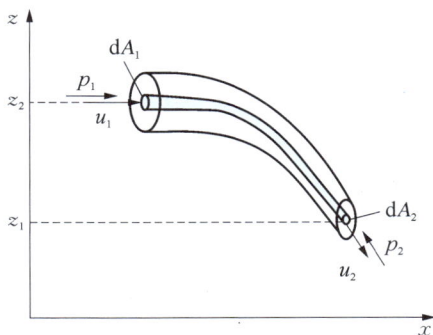

图 12 - 13　微小流束压力分析

先讨论理想流体沿流线的无摩擦定常运动。考虑沿流线方向作用在流管中一个流体微元上的力(见图 12 - 13),应用牛顿第二定律对此微元进行计算。

微小流束在时间 dt 内运动动能增量为

$$\frac{1}{2}(\rho dA_2 u_2 dt) \cdot u_2^2 - \frac{1}{2}(\rho dA_1 u_1 dt) \cdot u_1^2$$

$$= \frac{1}{2}\rho dQ(u_2^2 - u_1^2) \cdot dt = \gamma \cdot dQ\left(\frac{u_2^2}{2g} - \frac{u_1^2}{2g}\right) \cdot dt$$

外力所做的功包括:

两端面上压力做的功:$p_1 dA_1 u_1 dt - p_2 dA_2 u_2 dt = (p_1 - p_2)dQ \cdot dt$

质量力做的功:$\gamma \cdot (dA_1 u_1 dt) \cdot z_1 - \gamma \cdot (dA_2 u_2 dt) \cdot z_2 = \gamma \cdot dQdt \cdot (z_1 - z_2)$

根据动能定理得

$$(p_1 - p_2)dQ \cdot dt + \gamma \cdot dQdt \cdot (z_1 - z_2) = \gamma \cdot dQ \cdot dt\left(\frac{u_2^2}{2g} - \frac{u_1^2}{2g}\right)$$

上式各项同除以 $\gamma \cdot dQdt$,并移项得

$$z_1 + \frac{p_1}{\gamma} + \frac{u_1^2}{2g} = z_2 + \frac{p_2}{\gamma} + \frac{u_2^2}{2g} \tag{12 - 15}$$

这就是不可压缩理想定常流微小流束的能量方程。方程的左右两端分别代表微小流束任意选取的两个过流断面处单位重量液体所具有的全部机械能。此式表明:对于不可压缩、定常、理想流体,不同过流断面上单位时间流体所具有的能量相等。也称理想流体微小流束的伯努利方程。

12.5　实际定常流的能量方程

12.5.1　实际定常流微小流束的能量方程

实际流不但需要考虑流体的黏性,还要考虑流体流动时内摩擦力所做的功。而这部分

功因转化为热能被消耗掉了,因此这部分功不能转化为机械能,流体总能量沿运动方向减少。所以考虑到能量的损失,对实际流而言,假设单位重量流体从断面 1 到断面 2 损失的能量为 h'_w,则对于不可压缩、定常、实际流体微小流束的能量方程为

$$z_1 + \frac{p_1}{\gamma} + \frac{u_1^2}{2g} = z_2 + \frac{p_2}{\gamma} + \frac{u_2^2}{2g} + h'_w \tag{12-16}$$

12.5.2　实际定常流的能量方程

把微小流束的能量方程推广到整个总流。若微小流束的流量为 dQ,则每秒通过微小流束过流断面的流体重量为 γdQ,将式(12-16)两边同乘以 γdQ,并把上式沿总流的任意两个过流断面积分,便可推导出总流的能量方程。即

$$\int_Q \left(z_1 + \frac{p_1}{\gamma}\right)\gamma dQ + \int_Q \frac{u_1^2}{2g}\gamma dQ = \int_Q \left(z_2 + \frac{p_2}{\gamma}\right)\gamma dQ + \int_Q \frac{u_2^2}{2g}\gamma dQ + \int_Q h'_w \gamma dQ$$

$$\tag{12-17}$$

(1)若过流断面的流体是渐变流,则 $\left(z + \dfrac{p}{\gamma}\right) =$ 常数。在过流断面上有

$$\int_Q \left(z + \frac{p}{\gamma}\right)\gamma \cdot dQ = \left(z + \frac{p}{\gamma}\right)\gamma \int_Q dQ = \left(z + \frac{p}{\gamma}\right)\gamma \cdot Q$$

(2)流体每秒通过过流断面的动能是 $\displaystyle\int_Q \frac{u^2}{2g}\gamma dQ$,若用平均流速 V 来代替 u,则由于 $\displaystyle\int_A u^3 dA > V^3 A$,所以引入修正系数 α 使得 $\displaystyle\int_A u^3 dA = \alpha V^3 A$。即

$$\alpha = \frac{\displaystyle\int_A u^3 dA}{V^3 A}$$

α 为总流有效断面上实际动能与按平均流速计算得出的假想动能之比,是由于断面流速分布不均匀引起的。α 又称为动能修正系数,其值大小取决于过流断面上流速的分布情况,流速分布越均匀,其值越接近 1,不均匀时其值大于 1。

(3)假如用一个平均值 h_w 代替单位重量流体所损失的能量 h'_w,则

$$\int_Q h'_w \gamma dQ = h_w \gamma Q$$

将以上三项情况代入式(12-17)得

$$z_1 + \frac{p_1}{\gamma} + \frac{\alpha_1 V_1^2}{2g} = z_2 + \frac{p_2}{\gamma} + \frac{\alpha_2 V_2^2}{2g} + h_w \tag{12-18}$$

这就是不可压缩实际恒定总流的能量方程,又称伯努利方程。它反映了总流中不同

过流断面的压强和断面平均速度的变化规律及其相互关系。它与连续方程联合应用可以解决许多实际问题。为简单起见，约定 $\left(z+\dfrac{p}{\gamma}+\dfrac{V^2}{2g}\right)$ 中的参数取过流断面形心处的数值。

12.6　能量方程的意义

对于能量方程的每项意义，从不同角度给其定义。

1）物理意义

比位能 z：总流通过过流断面上单位重量流体所具有的平均位能。

比压能 $\left(\dfrac{p}{\gamma}\right)$：过流断面上单位重量流体所具有的压力能。

比势能 $\left(z+\dfrac{p}{\gamma}\right)$：比位能与比压能的总和。

比动能 $\left(\dfrac{\alpha V^2}{2g}\right)$：过流断面上单位重量流体所具有的平均动能。

比能损失(h_w)：单位重量流体从一个过流断面到另一个过流断面上克服流体阻力做的功损失的平均能量。

总比能 $\left(z+\dfrac{p}{\gamma}+\dfrac{\alpha V^2}{2g}\right)$：单位重量流体所具有的总机械能。即比位能、比压能与比动能之和。

2）几何意义

伯努利方程中每一项比能和损失都具有长度的因次，它们可用液柱高度来表示，称为水头。

第一项 z 表示单位重量流体的位置水头。

第二项 $\dfrac{p}{\gamma}$ 表示单位重量流体的压强水头。

第三项 $\dfrac{\alpha V^2}{2g}$ 与前两项一样也具有长度的量纲。它表示所研究流体由于具有速度 V，在无阻力的情况下，单位重量流体所能垂直上升的最大高度，称之为速度水头。

位置水头、压强水头和速度水头之和 $z+\dfrac{p}{\gamma}+\dfrac{\alpha V^2}{2g}$ 称为总水头。

h_w 称之为水头损失。

上述各项具有长度量纲。流体沿流程能量转化的情况能形象地用几何线段反映出来，称之为水头线。它是能量方程的几何表示，水头线可直观地反映各能量转化关系。

一般以位置为纵坐标，以一定比例沿流程将各过流断面上的位置水头、压强水头和速度水头分别标绘于相应位置的横坐标上，得到的就是水头线。如图 12-14 所示。

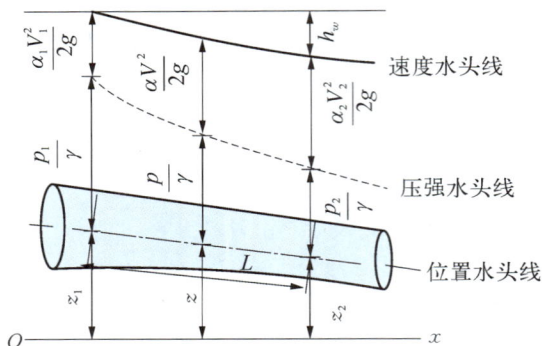

图 12 - 14　水头线

总水头必定是一条逐渐下降的线,因为总水头是随沿程减小的。而压强水头线可能上升也可能下降,这与所在总流的几何边界变化有关。

总水头沿流程的降低($H_1 - H_2$)与流程长度 L 之比称为总水头线坡度,常用 J 表示。总水头线是直线时,有

$$J = \frac{H_1 - H_2}{L} = \frac{h_w}{L} \quad (12-19)$$

可见,总水头坡度 J 是表示单位流程上的水头损失。

对于明渠(液面与大气相通的实际液流)中的渐变流,其测压管水头线就是水面线。

因此,伯努利方程也可叙述为:理想不可压缩流体在重力作用下作定常流动时,沿同一流线上各点的单位重量流体所具有的位置水头、压强水头和速度水头之和保持不变,即总水头是一常数。

流体的连续性方程是质量守恒定律的一个特殊形式,对于不同的液流情形,连续性方程有不同的表现形式。

应用能量方程(伯努利方程)的适用条件及注意事项:

(1)流体是不可压缩定常流。

(2)作用在流体上的惯性力只有重力。

(3)选取的两过流断面必须在渐变流段。

(4)两过流断面之间可以包含急变流,但没有分流出去或汇流进入,即无能量输入或支出。所选取的流断面之间的流量保持不变。

(5)不存在相对运动。

如果流体流动过程中有额外的能量消耗,或外界加入,则实际流体的总能量方程应是将这部分能量减去或加入。

$$z_1 + \frac{p_1}{\gamma} + \frac{\alpha_1 V_1^2}{2g} = z_2 + \frac{p_2}{\gamma} + \frac{\alpha_2 V_2^2}{2g} + h_w \pm \gamma W \quad (12-20)$$

其中,W 表示单位重量流体所获得的能量(相应要加上),或失去的能量(相应要减去)。

注意事项:

(1)由于基准面是任意选择,所以位置水头的大小是相对的。为了避免位置水头出现负值及减少工作量,一般把基准面选取在最低断面的代表点处。

(2)能量方程中的 $\dfrac{p}{\gamma}$,可以用相对压强也可以用绝对压强,但方程中采用同一种形式。

(3)由于同一个过流断面上任意一点的 $z + \dfrac{p}{\gamma}$ 是常数,所以一般选择断面中心轴处作

为计算点较方便。

求解不可压缩流体流动问题,要用到连续性方程和能量方程。需要注意以下内容:

(1) 选定一个基准面,一般选用任何一个位置较低方便使用的平面。

(2) 如果某一截面的面积比其他面积大很多,其速度可近似假设为零,例如水平面。

(3) 静止液体的自由面上及体内任意点的压强已知,射流中的压强与周围介质压强相同。

例 12 - 1　如图 12 - 15 示,从水塔引出的水管末端连接上一个消防水枪,将水枪置于和水塔液面高度差为 $H = 10$ m 的地方,若水管及喷水枪系统的水头损失为 3 m,试问喷水枪所喷的液体最高能达到的高度 h 是多少?(不计在空气中能量损失)

解:取水塔液面为一个过流断面,设为 1 面,该过流断面上的速度较小,视为 0,另取水被喷至最高位置端为 2 断面,液体在此位置的流速为 0,以水枪出口处水平面为基准面,写出两端面的能量方程。

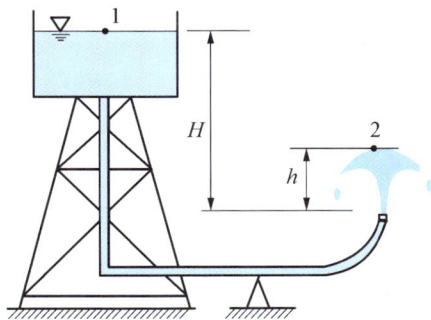

图 12 - 15　例 12 - 1 图

$$H + \frac{p_1}{\gamma} + \frac{\alpha_1 V_1^2}{2g} = h + \frac{p_2}{\gamma} + \frac{\alpha_2 V_2^2}{2g} + h_w$$

其中,$z_1 = 10$ m,$z_2 = h$,$p_1 = p_2 = 0$,$V_1 = V_2 = 0$,$h_w = 3$ m,$\alpha_1 = \alpha_2 = 1.0$
代入方程

$$10 + 0 + 0 = h + 0 + 0 + 3$$

得到:$h = 7$ m。

例 12 - 2　如图 12 - 16 所示有一水箱盛水深 1.5 m,水箱底部接一个长 2 m 立管,不考虑水头损失,并取 $\alpha_1 = \alpha_2 = 0$,试求:

(1) 立管出口处水的流速;

(2) 离立管出口 1 m 处水的流速。

解:(1) 计算立管出口处水的流速。以立管出口为基准面,列出断面 1 与断面 2 的能量方程。

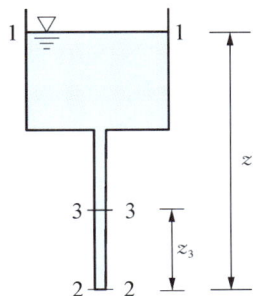

$$z_1 + \frac{p_1}{\gamma} + \frac{\alpha_1 V_1^2}{2g} = z_2 + \frac{p_2}{\gamma} + \frac{\alpha_2 V_2^2}{2g} + h_w$$

其中:$z_1 = 1.5 + 2 = 3.5$ m,$z_2 = 0$,$p_1 = p_2 = 0$,$V_1 \approx 0$,$h_w = 0$,$\alpha_1 = \alpha_2 = 1.0$
代入方程

$$3.5 + 0 + 0 = 0 + 0 + \frac{V_2^2}{2g} + 0$$

图 12 - 16　例 12 - 2 图　得到:$V_2 = \sqrt{2 \times 3.5 \times 9.8} = 8.28 (\text{m/s})$

（2）计算离立管出口 1 m 处水的流速。以立管出口为基准面，列出断面 3 与断面 2 的能量方程。

$$z_3 + \frac{p_3}{\gamma} + \frac{\alpha_3 V_3^2}{2g} = z_2 + \frac{p_2}{\gamma} + \frac{\alpha_2 V_2^2}{2g} + h_w$$

其中：$z_3 = 1\,\text{m}$，$z_2 = 0$，$p_2 = 0$，$h_w = 0$，$\alpha_1 = \alpha_2 = 1.0$
代入方程

$$z_3 + \frac{p_3}{\gamma} + \frac{V_3^2}{2g} = 0 + 0 + \frac{V_2^2}{2g} + 0$$

根据连续性定理：$V_3 A = V_2 A$ 知 $V_3 = V_2$。代入上式得

$$p_3 = -\gamma z_3 = -9\ 800 \times 1 = -9\ 800\,(\text{N/m}^2)$$

负号表明比当地大气压低，说明该处处于真空状态。

例 12 - 3　有渠道流动如图 12 - 17 所示，假设没有压头损失，求每一米渠道宽度的流量。

解：取渠底为基准平面，水面代表直匀流区的水力坡线，能量线比水面高出。假设没有压头损失，能量线就是水平线，从截面 1 到截面 2 写出能量方程。

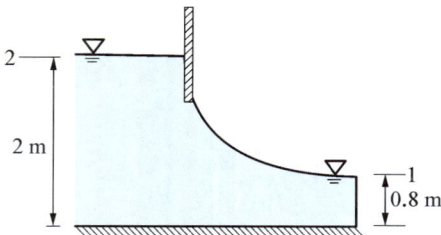

图 12 - 17　例 12 - 3 图

$$0 + 2 + \frac{V_2^2}{2g} = 0 + 0.8 + \frac{V_1^2}{2g}$$

连续性方程为

$$(2 \times 1)V_2 = (0.8 \times 1)V_1$$

联立两式得

$$V_2 = 2.12\,\text{m/s},\ V_1 = 5.29\,(\text{m/s})$$

每一米渠道宽度的流量为

$$Q = A_2 V_2 = (2 \times 1) \times 2.12 = 4.24\,(\text{m}^3/\text{s})$$

3）应用伯努利方程解题步骤

（1）顺流体方向取三个面：

① 水平基准面，作为 z 的基准，通常取两计算断面中位置较低的断面。

② 计算断面 I：未知量所在断面。

③ 计算断面 II：已知条件比较充分的断面。

（2）伯努利方程求解注意事项：

① 计算点为所取有效断面的中心点。

② 方程两端的压力应取同一基准;单位应统一。

③ 对于水池或者液罐等,由于其液面面积远大于管道断面面积,根据连续性方程,水池、液罐液面流速在流量守恒情况下远小于管道流速,可近似认为其流速等于零。因此,水池、液罐液面已知条件相对比较充分,常作为计算断面之一。

12.7 伯努利方程的应用

12.7.1 毕托管测流速

在水流中测定流速的方法之一就是用毕托管,这是根据它的发明者亨利·毕托(1695~1771,法国物理学家)命名。在流体中固定不动的物体的前驻点由于该点的流速等于零,因此该点的压力 p_A 最大,沿 BA 流线建立能量方程得

$$\frac{p}{\gamma} + \frac{V^2}{2g} = \frac{p_A}{\gamma}$$

其中,p、V 分别为未干扰来流的静压及速度。

由于 $z_2 = \dfrac{p_A}{\gamma}$,$z_1 = \dfrac{p}{\gamma}$,因此有

$$\Delta h = z_2 - z_1 = \frac{(p_A - p)}{\gamma} = \frac{V^2}{2g}$$

$$V = \sqrt{2g\Delta h} \tag{12-21}$$

对于有压的管道需要测静压如图 12-18(a)所示,就可以通过这个关系得到不可压缩理想流的速度。对于平行射流或明渠流,只需要一个管道测出其高出液面的高度 Δh 即可计算。因为在管中高出自由面的等于管的前端的速度水头。毕托管即为通过量测管状探头上正对来流与侧壁开口的两个小孔之间由流速水头形成的压差,以测算流速的仪器如图 12-18(b)所示。

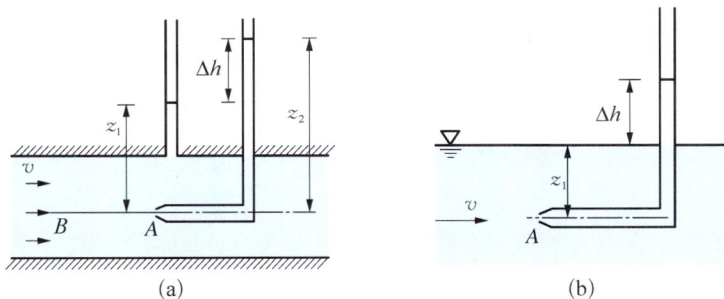

图 12-18 毕托管测流速

12.7.2　文丘里流量计

收缩管是将压力水头转换成速度水头的一种有效的装置,而扩散段是将流速水头转换成压力水头。将这两种情况合起来就是文丘里管。这是以意大利物理学家 Giovanni B. Venturi(1746～1822)名字命名的。如图 12‐19 所示,它是由一个收缩段、喉管以及后面连接一个扩散段组成。收缩管中速度增大同时压力降低,在后面扩散段中速度减少同时压力增加。这个装置称为文丘里流量计。在此讨论不可压缩液体流量的测量。

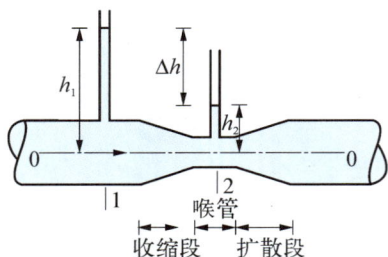

图 12‐19　文丘里流量计

在理想条件下(不计水头损失,即 $h_w = 0$,且 $\alpha_1 = \alpha_2 = 1.0$),断面 1 和断面 2 的伯努利方程为

$$z_1 + \frac{p_1}{\gamma} + \frac{V_1^2}{2g} = z_2 + \frac{p_2}{\gamma} + \frac{V_2^2}{2g}$$

代入连续性方程得到

$$V_2 = \sqrt{\frac{1}{1 - (A_2/A_1)^2}} \cdot \sqrt{2g\left[\left(\frac{p_1}{\gamma} + z_1\right) - \left(\frac{p_2}{\gamma} + z_2\right)\right]} \qquad (12\text{‐}22)$$

选管的中心线为基准面,即:$z_1 = 0$, $z_2 = 0$。两测压管中液柱高度就是两断面中心点压强水头。即

$$h_1 = \frac{p_1}{\gamma}, \ h_2 = \frac{p_2}{\gamma}$$

由式(12‐22)得

$$V_2 = \sqrt{\frac{2g\Delta h}{1 - (A_2/A_1)^2}} = \sqrt{\frac{2g\Delta h}{1 - \left(\dfrac{d_2}{d_1}\right)^4}}$$

文丘里流量计的流量为

$$Q = A_2 V_2 = \frac{\pi d_2^2}{4} \cdot \sqrt{\frac{2g\Delta h}{1 - \left(\dfrac{d_2}{d_1}\right)^4}}$$

令

$$k = \frac{\pi d_2^2}{4} \cdot \sqrt{\frac{2g}{1 - \left(\dfrac{d_2}{d_1}\right)^4}}$$

则

$$Q = k\sqrt{\Delta h} \qquad (12-23)$$

可见当管直径即喉管直径确定，k 值就确定，只要测出管道断面与喉管断面液柱高度差就能计算出流量大小。

若考虑水头损失，则实际流量将小于式(12-23)所算结果。需要用修正系数 μ 来修正这个误差，μ 称为文丘里修正系数，一般约为 0.95～0.98。此时流量的计算为

$$Q = \mu k\sqrt{\Delta h}$$

12.7.3 螺旋桨的推力

我们知道当螺旋桨旋转时，桨叶叶片上会产生推力(或拉力)。那么，桨叶上的力是如何产生的呢？下面来进行分析。

图 12-20(a)是螺旋桨的侧视图，(b)图是桨叶 $n-n$ 剖面的形状，类似飞机机翼翼型。由于剖面处于同一水平面，因此位置水头相同(z 相同)，并有 $\alpha_1 = \alpha_2 = 0$，在忽略损失的情况下有以下关系：

$$\frac{p_A}{\gamma} + \frac{V_A^2}{2g} = \frac{p_0}{\gamma} + \frac{V_0^2}{2g} = \frac{p_B}{\gamma} + \frac{V_B^2}{2g}$$

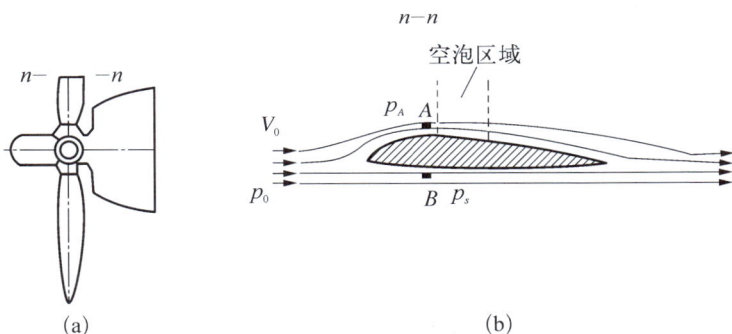

图 12-20　螺旋桨桨叶面压强差

由于剖面上表面弯曲程度大于下表面，翼型上下面不对称，因此上表面流管比下表面细，根据连续性定理，$V_A > V_B$，因此 $p_A < p_B$，从而形成压强差 $(p_B - p_A) > 0$，上下表面的压力差在速度方向的投影就是螺旋桨的拉力。

当然，此推力的大小与翼型剖面形状有关外，还与来流的速度方向有关，这在相关专业的内容中详细分析。

12.7.4 空泡现象

在管路狭小处或船用推进器上发现材料容易损坏。以螺旋桨为例，当螺旋桨的转速增加到某一定值时，桨叶剖面上表面上的最大流速处(流管最小处)的压力降到该处温度下的饱和蒸汽压力时，在其后会有白色气泡产生。随着螺旋桨转速的继续提高，图 12-21 所示

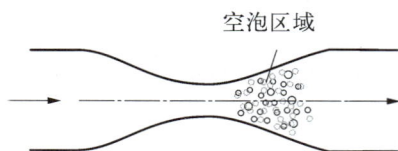

图 12 - 21 空泡

的气泡区域会逐渐扩大,并伴有强烈震动和噪声,这就是螺旋桨的空泡现象。

空泡现象产生的原因由伯努利方程可知:狭小截面处速度增大,压强减少。当速度达到一定值时,压强减少到液体的汽化压力(即饱和蒸汽压力),液体化为蒸汽,形成气泡。在狭小截面后端,截面增大,流体经过时流速减少,压力增高,之前被汽化的气泡中蒸汽突然结为液体,气泡形成真空,周围液体压力增加,于是真空气泡遭到撞击,由于此压强很大,产生巨大的声响和震动。在这样的环境中,材料表面因撞击、震动等影响被迅速破坏的现象称为气蚀。

在液压传动系统也会产生空泡和气蚀现象。液压油的汽化压力较低,产生空泡的可能性一般较少,但在实际中,往往压力高于汽化压力时也会有空泡现象产生,这是由于溶解于油液中的空气分离出来的缘故。因此降低空泡和气蚀现象主要手段就是防止局部压力过低,降低油液中空气的含量。

空泡的产生不但会改变水的流动形态,降低螺旋桨、喷水推进器等的推进效率,还会降低船舶航速。同时,空泡在气压高的地方会爆裂,产生强烈冲击。空泡的长期作用还会使金属表面出现凹坑,金属体表受剥蚀,影响驾驶员以及乘客的安全和舒适。降低了螺旋桨的使用性能,而且使船体的强度降低,影响其使用寿命。

目前科学家发现了这些气泡的危害后,经过研究将其变害为宝。他们研究发现,如果利用一定的技术手段使超空泡现象产生的气泡把物体包裹起来,形成一种"气体外衣",使物体始终航行在自己制造的"超空泡"内部,最大限度地避免水的阻力,从而提升速度,突破速度的极限。目前使用的一种超空泡武器——超空泡鱼雷就是这种理论下研制出来的。

12.8　定常流的动量方程

前面讨论了连续性定理和能量方程。在此讨论动力学中另一个重要方程——动量方程。

根据牛顿第二定理知,作用在物体上所有外力之和等于物体质量与物体加速度乘积,即

$$\sum \vec{F} = m\vec{a}$$

令 $\mathrm{d}\vec{k} = \mathrm{d}(m\vec{V})$,则

$$\sum \vec{F} = m\frac{\mathrm{d}\vec{V}}{\mathrm{d}t} = \frac{\mathrm{d}(m\vec{V})}{\mathrm{d}t} = \frac{\mathrm{d}\vec{k}}{\mathrm{d}t} \tag{12-24}$$

即:作用在物体上所有外力之和等于物体动量对时间的导数,如图 12-22 所示。

$$\mathrm{d}\vec{k} = \vec{k}_{2-2'} - \vec{k}_{1-1'} = \int_{A_2} \rho \vec{u}_2 u_2 \mathrm{d}t \mathrm{d}A_2 - \int_{A_1} \rho \vec{u}_1 u_1 \mathrm{d}t \mathrm{d}A_1$$

$$= \rho \mathrm{d}t \left(\int_{A_2} \vec{u}_2 u_2 \mathrm{d}A_2 - \int_{A_1} \vec{u}_1 u_1 \mathrm{d}A_1 \right)$$

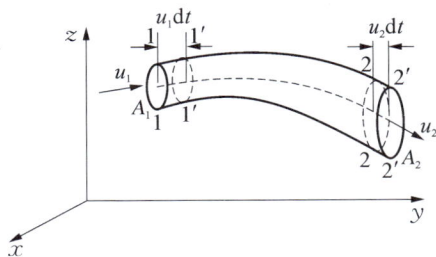

图 12‑22　单位时间动量的变化

用断面的平均流速 V 代替上式中的速度 u。根据连续性定理：单位时间内进入与流出的流量相等，即

$$Q = \int_{A_1} u_1 \mathrm{d}A_1 = \int_{A_2} u_2 \mathrm{d}A_2$$

代入上式得

$$\mathrm{d}\vec{k} = \rho \mathrm{d}t \cdot \beta_2 \vec{V}_2 \int_{A_2} u_2 \mathrm{d}A_2 - \rho \mathrm{d}t \cdot \beta_1 \vec{V}_1 \int_{A_1} u_1 \mathrm{d}A_1 = \rho(\beta_2 \vec{V}_2 - \beta_1 \vec{V}_1) Q \cdot \mathrm{d}t \quad (12-25)$$

β_1，β_2 称作动量修正系数，用于修正平均流速所产生的动量误差。由式(12‑24)、(12‑25) 得到的定常流的动量方程为

$$\sum \vec{F} = \rho Q(\beta_2 \vec{V}_2 - \beta_1 \vec{V}_1) \quad (12-26)$$

将此式向各坐标轴投影得到代数形式的动量方程为

$$\sum F_x = \rho Q(\beta_2 V_{2x} - \beta_1 V_{1x})$$
$$\sum F_y = \rho Q(\beta_2 V_{2y} - \beta_1 V_{1y}) \quad (12-27)$$
$$\sum F_z = \rho Q(\beta_2 V_{2z} - \beta_1 V_{1z})$$

例 12‑4　射流垂直冲击固定平面板，如图 12‑23 所示，当射流接触平面后，沿板面向四周散开，求射流对平板的作用力大小。

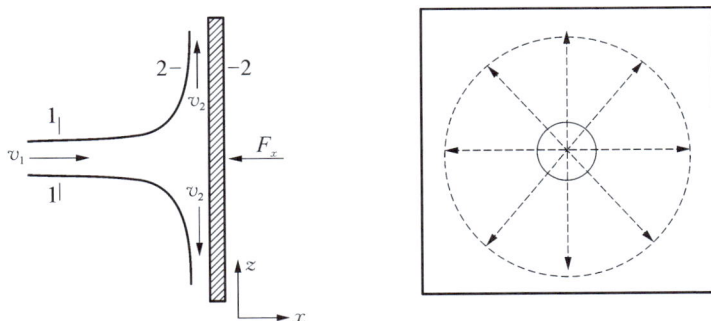

图 12‑23　例 12‑4 图

解：分析 1‑1 和 2‑2 断面间流体的外力。射流四周及冲击后水流的表面都是大气压，所以该处的相对压强等于零。假设不考虑定板的摩擦和空气的阻力，射流的方向是水平的，水流在水平方向（x 轴方向）受到板的反作用力。由于流体重力远小于板对其反作用，所以

重力忽略。

根据式(12-27)得到

$$-F_x = \rho Q(0 - v_1)$$

所以

$$F_x = \rho Q v_1$$

习　题　12

题 12-1　用皮托管和静压管测量管道中水的流速,如题12-1图所示。若U形管中的液体为四氯化碳(其密度是水的1.6倍),并测得液面差 $\Delta h = 350$ mm,试求管道中心的水的流速。

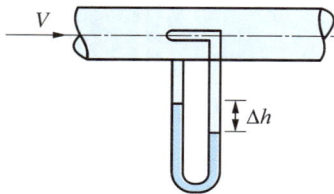

题 12-1 图

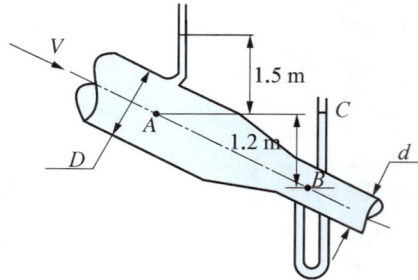

题 12-2 图

题 12-2　若原油在管道截面 A 处以流速为 2.4 m/s 流动,如题12-2图所示,大直径 $D = 150$ mm,小直径 $d = 100$ mm。不计水头损失,试求开口U形管 C 内的液面高度。

题 12-3　如题12-3图所示,管中流量 $Q = 48$ m³/h,直径 $d = 75$ mm,要使图中两块压强表的读数相同,不计水头损失,收缩处的直径应为多少?

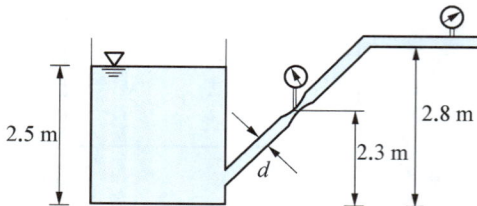

题 12-3 图

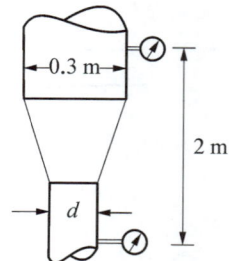

题 12-4 图

题 12-4　水在竖直管道中流动,如题12-4图所示。已知水在管径 $D = 0.3$ m 处的流速为 2 m/s,要使两压强表读数相同,渐缩管后的直径 d 应为多少?

题 12-5　空气以流量 $Q = 2.12\ \mathrm{m^3/s}$ 在管中流动,空气密度 $\rho = 1.22\ \mathrm{kg/m^3}$,如题 12-5 图所示。若使水从水槽中吸入管道,试求截面面积 A_1 的值。

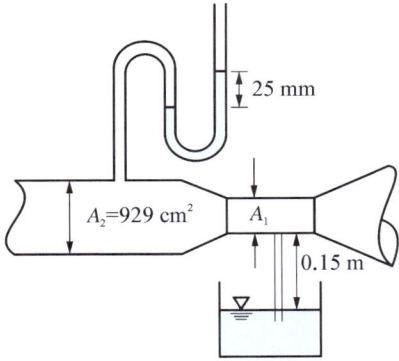

题 12-5 图

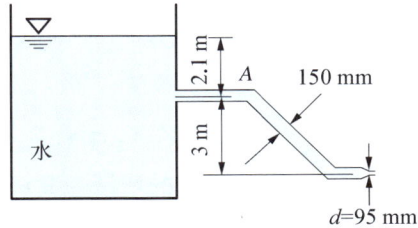

题 12-6 图

题 12-6　如题 12-6 图所示,计算在下列两种情况下 A 点的计示压强:

(1) 管道出口有喷嘴时(如题 12-6 图所示,$d = 95\ \mathrm{mm}$);

(2) 管道出口无喷嘴时($d = 150\ \mathrm{mm}$)。

题 12-7　如题 12-7 图所示,水在无摩擦的管道系统中流动,若水的汽化压强为 7 367 Pa(绝对值),大气压强为 99 974 Pa,水的密度 $\rho = 992\ \mathrm{kg/m^3}$,试求保证水在管中不发生汽化的最大高度 h 和最小直径 d_1。

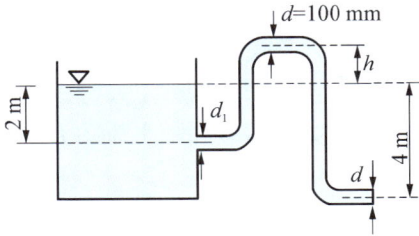

题 12-7 图

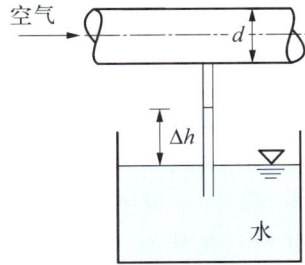

题 12-8 图

题 12-8　离心风机可采用集流器测量流量,如题 12-8 图所示。已知风机吸入侧管道直径 $d = 350\ \mathrm{mm}$,插入水槽中的玻璃管上升高度 $\Delta h = 100\ \mathrm{mm}$,空气的密度 $\rho = 1.2\ \mathrm{kg/m^3}$,求空气流量。

题 12-9　如题 12-9 图所示,一变直径水平放置的 90°弯管。已知 $d_1 = 200\ \mathrm{mm}$,$d_2 = 100\ \mathrm{mm}$,管中水的计示压强 $p_1 = 0.2\ \mathrm{MPa}$,入口流量 $Q_1 = 226\ \mathrm{m^3/h}$。求水流对弯管管壁的作用力。

题 12-10　题 12-10 图所示为输送海水的管道,管径 $d = 0.2\ \mathrm{m}$,进口平均速度 $V = 1\ \mathrm{m/s}$,如果从此管中分出流量 $Q_1 = 12\ \mathrm{m^3/s}$,问管中尚余流量 Q_2 等于多少?

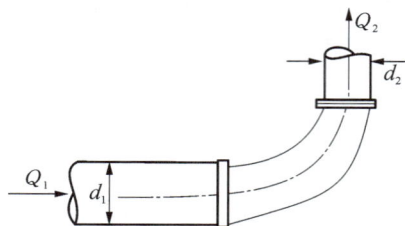

题 12 – 9 图

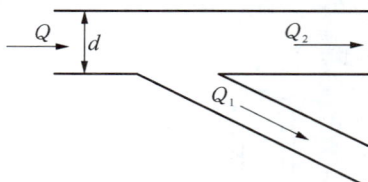

题 12 – 10 图

题 12 – 11   如题 12 – 11 图所示,矩形断面的平底渠道,其宽度 B 为 2.7 m,渠底在某断面处抬高 0.5 m,抬高前的水深为 2 m,抬高后水面降低 0.15 m,如忽略边壁和底部阻力,试求:

（1）渠道的流量。

（2）水流对底坎的推力 R。

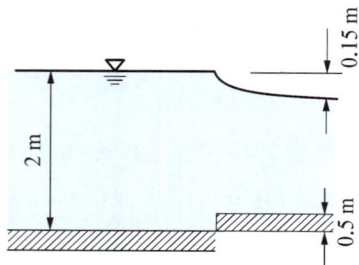

题 12 – 11 图

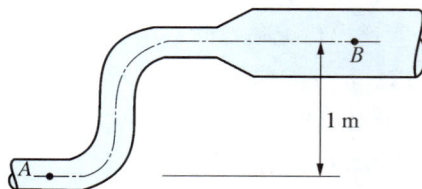

题 12 – 12 图

题 12 – 12   如题 12 – 12 图所示,连通的水管小管直径 $d_A = 0.2$ m,A 点的压强 $p_A = 6.86$ N/cm²,大管的直径 $d_B = 0.4$ m,B 点的压强 $p_B = 3.92$ N/cm²,大管横断面的平均流速 $V_B = 1$ m/s,B 点比 A 点高出 1 m,求两断面的总水头差,并判断水流的方向。

题 12 – 13   一储蓄水箱连接直径为 $d = 10$ cm 的水管如题 12 – 13 图所示。当阀门全关时,压力计读数为 0.5 个大气压强（相对大气压）,在阀门开启后,保持管内流动为恒定沉,压力计读数为 0.2 个大气压,设压力计前段的水头损失为 0.5 m,求管中流体的流量。

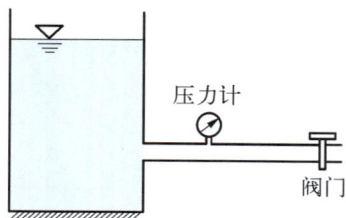

题 12 – 13 图

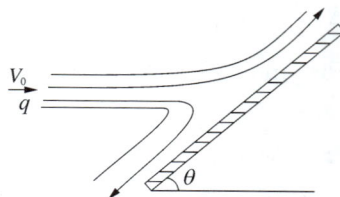

题 12 – 14 图

题 12 – 14   如题 12 – 14 图所示,水平方向的射流冲击一斜置(与水平夹角为 θ)的光滑平板,已知射流的来流速度 V_0,流量 q,密度 ρ,不计重力及动能损失,求射流对平板的作用力。

附录 型钢规格表

表1 热轧等边角钢(GB9787-1988)

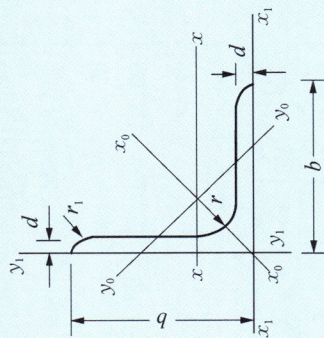

符号意义:
b—边宽度;
d—边厚度;
r—内圆弧半径;
r₁—边端内圆弧半径;

I—惯性矩;
i—惯性半径;
W—弯曲截面系数;
z_0—重心位置距离。

| 角钢号数 | 尺寸/mm | | | 截面面积/cm² | 理论质量/(kg/m) | 外表面积/(m²/m) | 参考数值 | | | | | | | | | | |
| | b | d | r | | | | $x-x$ | | | x_0-x_0 | | | y_0-y_0 | | | x_1-x_1 | z_0/cm |
							I_x/cm⁴	i_x/cm	W_x/cm³	I_{x0}/cm⁴	i_{x0}/cm	W_{x0}/cm³	I_{y0}/cm⁴	i_{y0}/cm	W_{y0}/cm³	I_{x1}/cm⁴	
2	20	3	3.5	1.132	0.889	0.078	0.40	0.59	0.29	0.63	0.75	0.45	0.17	0.39	0.20	0.81	0.60
	20	4		1.459	1.145	0.077	0.50	0.58	0.36	0.78	0.73	0.55	0.22	0.38	0.24	1.09	0.64
2.5	25	3		1.432	1.124	0.098	0.82	0.76	0.46	1.29	0.95	0.73	0.34	0.49	0.33	1.57	0.73
	25	4		1.859	1.459	0.097	1.03	0.74	0.59	1.62	0.93	0.92	0.43	0.48	0.40	2.11	0.76

（续表）

角钢号数	尺寸/mm b	d	r	截面面积/cm²	理论质量/(kg/m)	外表面积/(m²/m)	$x-x$ I_x/cm⁴	i_x/cm	W_x/cm³	x_0-x_0 I_{x0}/cm⁴	i_{x0}/cm	W_{x0}/cm³	y_0-y_0 I_{y0}/cm⁴	i_{y0}/cm	W_{y0}/cm³	x_1-x_1 I_{x1}/cm⁴	z_0/cm
3.0	30	3	4.5	1.749	1.373	0.117	1.46	0.91	0.68	2.31	1.15	1.09	0.61	0.59	0.51	2.71	0.85
	30	4	4.5	2.276	1.786	0.117	1.84	0.90	0.87	2.92	1.13	1.37	0.77	0.58	0.62	3.63	0.89
3.6	36	3	4.5	2.109	1.656	0.141	2.58	1.11	0.99	4.09	1.39	1.61	1.07	0.71	0.76	4.68	1.00
	36	4	4.5	2.756	2.163	0.141	3.29	1.09	1.28	5.22	1.38	2.05	1.37	0.70	0.93	6.25	1.04
	36	5	4.5	3.382	2.654	0.141	3.95	1.08	1.56	6.24	1.36	2.45	1.65	0.70	1.09	7.84	1.07
4.0	40	3	5	2.359	1.852	0.157	3.58	1.23	1.23	5.69	1.55	2.01	1.49	0.79	0.96	6.41	1.09
	40	4	5	3.086	2.422	0.157	4.60	1.22	1.60	7.29	1.54	2.58	1.91	0.79	1.19	8.56	1.13
	40	5	5	3.791	2.976	0.156	5.53	1.21	1.96	8.76	1.52	3.10	2.30	0.78	1.39	10.74	1.17
4.5	45	3	5	2.659	2.088	0.177	5.17	1.40	1.58	8.20	1.76	2.58	2.14	0.89	1.24	9.12	1.22
	45	4	5	3.486	2.736	0.177	6.65	1.38	2.05	10.56	1.74	3.32	2.75	0.89	1.54	12.18	1.26
	45	5	5	4.292	3.369	0.176	8.04	1.37	2.51	12.74	1.72	4.00	3.33	0.88	1.81	15.25	1.30
	45	6	5	5.076	3.985	0.176	9.33	1.36	2.95	14.76	1.70	4.64	3.89	0.88	2.06	18.36	1.33
5	50	3	5.5	2.971	2.332	0.197	7.18	1.55	1.96	11.37	1.96	3.22	2.98	1.00	1.57	12.50	1.34
	50	4	5.5	3.897	3.059	0.197	9.26	1.54	2.56	14.70	1.94	4.16	3.82	0.99	1.96	16.60	1.38
	50	5	5.5	4.803	3.770	0.196	11.21	1.53	3.13	17.79	1.92	5.03	4.64	0.98	2.31	20.90	1.42
	50	6	5.5	5.688	4.465	0.196	13.05	1.52	3.68	20.68	1.96	5.85	5.42	0.98	2.63	25.14	1.46
5.6	56	3	6	3.343	2.624	0.221	10.91	1.75	2.48	16.14	2.20	4.08	4.24	1.13	2.02	17.56	1.48
	56	4	6	4.390	3.446	0.220	13.18	1.73	3.24	20.92	2.18	5.28	5.46	1.11	2.52	23.43	1.53
	56	5	6	5.41	4.251	0.220	16.02	1.72	3.97	25.42	2.17	6.42	6.61	1.10	2.98	29.33	1.57
	56	6	7	8.36	6.568	0.219	23.63	1.68	6.03	37.37	2.11	9.44	9.89	1.09	4.16	47.24	1.68

（续表）

角钢号数	尺寸/mm			截面面积/cm²	理论质量/(kg/m)	外表面积/(m²/m)	参考数值												
	b	d	r				$x-x$			x_0-x_0			y_0-y_0			x_1-x_1	z_0/cm		
							I_x/cm^4	i_x/cm	W_x/cm^3	I_{x0}/cm^4	i_{x0}/cm	W_{x0}/cm^3	I_{y0}/cm^4	i_{y0}/cm	W_{y0}/cm^3	I_{x1}/cm^4		
6.3	63	4	7	4.978	3.907	0.248	19.03	1.96	4.13	30.17	2.46	6.78	7.89	1.26	3.29	33.35	1.70
		5		6.143	4.822	0.248	23.17	1.94	5.08	36.77	2.45	8.25	9.57	1.25	3.90	41.73	1.74
		6		7.228	5.721	0.247	27.12	1.93	6.00	43.03	2.43	9.66	11.20	1.24	4.46	50.14	1.78
		8		9.515	7.469	0.247	34.46	1.90	7.75	54.56	2.40	12.25	14.33	1.23	5.47	67.11	1.85
		10		11.657	9.151	0.246	41.09	1.88	9.39	64.85	2.36	14.56	17.33	1.22	6.36	84.31	1.93
7	70	4	8	5.57	4.372	0.275	26.39	2.18	5.14	41.80	2.74	8.44	10.99	1.40	4.17	45.74	1.86
		5		6.875	5.397	0.275	32.21	2.16	6.32	51.08	2.73	10.32	13.34	1.39	4.95	57.21	1.91
		6		8.160	6.406	0.275	37.77	2.15	7.48	59.93	2.71	12.11	15.61	1.38	5.67	68.73	1.95
		7		9.424	7.398	0.275	43.09	2.14	8.59	68.35	2.69	13.81	17.82	1.38	6.34	80.29	1.99
		8		10.667	8.373	0.274	48.17	2.12	9.68	76.37	2.68	15.43	19.98	1.37	6.98	91.92	2.03
7.5	75	5	9	7.367	5.818	0.295	39.97	2.33	7.32	63.30	2.92	11.94	16.63	1.50	5.77	70.56	2.04
		6		8.797	6.905	0.294	46.95	2.31	8.64	74.38	2.90	14.02	19.51	1.49	6.67	84.55	2.07
		7		10.160	7.976	0.294	53.57	2.30	9.93	84.96	2.89	16.02	22.18	1.48	7.44	98.71	2.11
		8		11.503	9.030	0.294	59.96	2.28	11.20	95.07	2.88	17.93	24.86	1.47	8.19	112.97	2.15
		10		14.126	11.089	0.293	71.98	2.26	13.64	113.92	2.84	21.48	30.05	1.46	9.56	141.71	2.22
8	50	5	9	7.912	6.211	0.315	48.79	2.48	8.34	77.33	3.13	13.67	20.25	1.60	6.66	85.36	2.15
		6		9.397	7.376	0.314	57.35	2.47	9.87	90.98	3.11	16.08	23.72	1.59	7.65	102.50	2.19
		7		10.86	8.525	0.314	65.58	2.46	11.37	104.07	3.10	18.40	27.09	1.58	8.58	119.70	2.23
		8		12.303	9.658	0.314	73.49	2.44	12.83	116.6	3.08	20.61	30.39	1.57	9.46	136.97	2.27
		10		14.126	11.089	0.283	71.98	2.26	13.64	113.92	2.84	21.48	30.05	1.46	9.56	141.71	2.22

表 2　热轧工字钢(GB706－1988)

符号意义
h——高度；
b——腿宽度；
d——腰厚度；
δ——平均腿厚度；
r——内圆弧半径；
I——惯性矩；
S——半截面静矩；
i——惯性半径；
r_1——腿端圆弧半径；
W——弯曲截面系数。

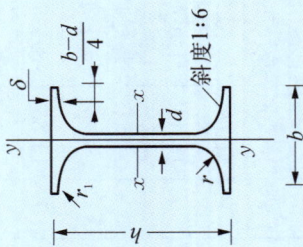

型号	尺寸/mm						截面面积/cm²	理论重量/(kg/m)	参 考 数 值						
	h	b	d	δ	r	r_1			$x-x$				$y-y$		
									I_x/cm⁴	W_x/cm³	i_x/cm	$I_x:S_x$/cm	I_y/cm⁴	W_y/cm³	i_y/cm
10	100	68	4.5	7.6	6.5	3.3	14.3	11.2	245.0	49	4.14	8.59	33	9.72	1.52
12.6	126	74	5	8.4	7.0	3.5	18.1	14.2	488.43	77.529	5.195	10.85	46.906	12.677	1.609
14	140	80	5.5	9.1	7.5	3.8	21.5	16.9	712	102	5.76	12	64.4	16.1	1.73
16	160	88	6.0	9.9	8.0	4.0	26.1	20.5	1 130	141	6.58	13.8	93.1	21.2	1.89
18	180	94	6.5	10.7	8.5	4.3	30.6	24.1	1 660	185	7.36	15.4	122	26	2.0
20a	200	100	7	11.4	9	4.5	35.5	27.9	2 370	247	8.15	17.2	158	31.5	2.12
20b	200	102	9	11.4	9	4.5	39.5	31.1	2 500	250	7.96	16.9	169	33.1	2.06
22a	220	110	7.5	12.3	9.5	4.8	42	33	3 400	309	8.99	18.9	225	40.9	2.31
22b	220	112	9.5	12.3	9.5	4.8	46.4	36.4	3 570	325	8.78	18.7	239	42.7	2.27
25a	250	116	8	13	10	5	48.5	38.1	5 023.54	410.88	10.18	21.58	280.046	48.283	2.403
25b	250	118	10	13	10	5	53.5	42	5 283.96	422.72	9.983	21.27	309.297	52.423	2.404
28a	280	122	8.5	13.7	10.5	5.3	55.45	43.4	7 114.4	508.15	1132	24.62	345.051	56.565	2.495
28b	280	124	10.5	13.7	10.5	5.3	61.05	47.9	7 480	534.29	11.08	24.24	379.496	61.209	2.493

斜度1:6
$\dfrac{b-d}{4}$

（续表）

| 型号 | 尺寸/mm | | | | | | 截面面积/cm² | 理论重量/(kg/m) | 参考数值 | | | | | | |
| | h | b | d | δ | r | r₁ | | | x-x | | | | y-y | | |
型号	h	b	d	δ	r	r₁	截面面积/cm²	理论重量/(kg/m)	I_x/cm⁴	W_x/cm³	i_x/cm	$I_x:S_x$/cm	I_y/cm⁴	W_y/cm³	i_y/cm
32a	320	130	9.5	15	11.5	5.8	67.05	52.7	11 075.5	692.2	12.84	27.46	459.93	70.758	2.619
32b	320	132	11.5	15	11.5	5.8	73.45	57.7	11 621.4	726.33	12.58	27.09	501.53	75.989	2.614
32c	320	134	13.5	15	11.5	5.8	79.95	62.8	12 167.5	760.47	12.34	26.77	543.81	81.166	2.608
36a	360	136	10	15.8	12	6	76.3	59.9	15 760	875	14.4	30.7	552	81.2	2.69
36b	360	138	12	15.8	12	6	83.5	65.6	16 530	919	14.1	30.3	582	84.3	2.64
36c	360	140	14	15.8	12	6	90.7	71.2	17 310	962	13.8	29.9	612	87.4	2.6
40a	400	142	10.5	16.5	12.5	6.3	86.1	67.6	21 720	1 090	15.9	34.1	660	93.2	2.77
40b	400	144	12.5	16.5	12.5	6.3	94.1	73.8	22 780	1 140	15.6	33.6	692	96.2	2.71
40c	400	146	14.5	16.5	12.5	6.3	102	80.1	23 850	1 190	15.2	33.2	727	99.6	2.65
45a	450	150	11.5	18	13.5	6.8	102	80.4	32 240	1 430	17.7	38.6	855	114	2.89
45b	450	152	13.5	18	13.5	6.8	111	87.4	33 760	1 500	17.4	38	894	118	2.84
45c	450	154	15.5	18	13.5	6.8	120	94.5	35 280	1 570	17.1	37.6	938	122	2.79
50a	500	158	12	20	14	7	119	93.6	46 470	1 860	19.7	42.8	1 120	142	3.07
50b	500	160	14	20	14	7	129	101	48 560	1 940	19.4	42.4	1 170	146	3.01
50c	500	162	16	20	14	7	139	109	50 640	2 080	19.0	41.8	1 220	151	2.96
56a	560	166	12.5	21	14.5	7.3	135.25	106.2	65 585.6	2 342.31	22.02	47.73	1 370.16	165.08	3.182
56b	560	168	14.5	21	14.5	7.3	146.45	115	68 512.5	2 446.69	21.63	47.17	1 486.75	127.25	3.162
56c	560	170	16.5	21	14.5	7.3	157.85	123.9	71 439.4	2 551.41	21.27	46.66	1 558.39	183.34	3.158
63a	630	176	13	22	15	7.5	154.9	121.6	93 916.2	2 981.47	24.62	54.17	1 700.55	193.24	3.314
63b	630	178	15	22	15	7.5	167.5	131.5	98 083.6	3 163.38	24.2	53.51	1 812.07	203.6	3.289
63c	630	180	17	22	15	7.5	180.1	141.0	102 251.1	3 298.42	23.82	52.92	1 924.91	213.88	3.268

参 考 文 献

［1］程靳. 工程力学［M］. 北京：机械工业出版，2002.

［2］莫淑华，习宝琳. 工程力学（材料力学）［M］. 北京：人民交通出版社，1998.

［3］顾致平. 工程力学［M］. 西安：西北工业大学出版社，2004.

［4］韩瑞功. 工程力学［M］. 北京：清华大学出版社，2004.

［5］沈养中. 工程力学（第1分册）［M］. 北京：高等教育出版社，2003.

［6］戴泽墩. 工程力学基础Ⅰ：理论力学［M］. 北京：北京理工大学出版社，2004.

［7］西南交通大学应用力学与工程系. 工程力学教程［M］. 北京：高等教育出版社，2004.

［8］俞嘉虎. 流体力学［M］. 北京：人民交通出版社，2002.

［9］张秉荣，章剑青. 工程力学［M］. 北京：机械工业出版社，2003.

［10］徐广民. 工程力学［M］. 北京：中国铁道出版社，2001.

［11］单祖辉. 工程力学（静力学与材料力学）［M］. 北京：高等教育出版社，2004.

［12］（美）约翰 D. 安德森（John D. Anderson）. 计算流体力学基础及其应用［M］. 吴颂平，刘赵森，译. 北京：机械工业出版，2007.